优良乡土树种及繁育技术

张文军　朱亚杰　李建成　李继东　万少侠　主编

黄河水利出版社
·郑州·

1.白皮松树全貌，万少侠摄影
2.白皮松树叶片与果实，万少侠摄影
3.白皮松树干脱皮，李凯摄影
4.白皮松树，万少侠摄影
5.白皮松树干，万少侠摄影
6.白榆树，万少侠摄影
7.白榆树幼果，李凯摄影
8.茶树，万少侠摄影

1.板栗树叶片与果实，李凯摄影

2.板栗树果实，李凯摄影

3.板栗树雄花序，李凯摄影

4.板栗树，祁建华摄影

5.侧柏树幼果，万少侠摄影

6.侧柏树，祁建华摄影

7.臭椿树叶片与种子，祁建华摄影

8.臭春树，万少侠摄影

1.枫香树叶片，李凯摄影

2.枫香树叶片与果实，李凯摄影

3.枫杨树，万少侠摄影

4.枫杨树叶片与果实，万少侠摄影

5.杜仲树，祁建华摄影

6.杜仲树叶与幼果，李凯摄影

7.杜仲树叶，万少侠摄影

8.构树果实，李凯摄影

9.构树叶片与果实，祁建华摄影

1.桂花树叶片与果实，万少侠摄影

2.桂花树幼果，万少侠摄影

3.桂花树花，万少侠摄影

4.桂花树，万少侠摄影

5.国槐树花，万少侠摄影

6.国槐树，万少侠摄影

7.花椒树成熟的果实，万少侠摄影

8.花椒树与幼果，祁建华摄影

1.黄连木树幼果，万少侠摄影

2.黄连木树成熟果实，李凯摄影

3.黄连木树，祁建华摄影

4.黄栌树叶片，万少侠摄影

5.黄栌树花，李凯摄影

6.黄栌树叶片与果实，万少侠摄影

7.榉树全貌，万少侠摄影

8.榉树叶片，万少侠摄影

1.蜡梅树花，李凯摄影

2.蜡梅树果实，李凯摄影

3.毛白杨树全貌，万少侠摄影

4.毛白杨树叶片，万少侠摄影

5.毛白杨树雄花序，李凯摄影

6.梨树叶与花，万少侠摄影

7.梨树花，万少侠摄影

8.连翘树花，万少侠摄影

9.连翘树，李凯摄影

1.楝树，祁建华摄影

2.楝树叶片，万少侠摄影

3.楝树果实，李凯摄影

4.楝树花，李凯摄影

5.楝树叶片与幼果，万少侠摄影

6.木槿树叶片与花，万少侠摄影

7.木槿树，万少侠摄影

8.木槿树叶片与花，万少侠摄影

1.泡桐树，万少侠摄影
2.泡桐树花，祁建华摄影
3.泡桐树，祁建华摄影
4.泡桐树与果实，万少侠摄影
5.七叶树花，李凯摄影
6.七叶树，李凯摄影
7.苹果树叶片与果实，李凯摄影
8.朴树叶片与果实，李凯摄影
9.水曲柳树，李凯摄影

1.楸树叶片与幼果，祁建华摄影
2.楸树花，李凯摄影
3.楸树，祁建华摄影
4.山核桃树叶片与果实，万少侠摄影
5.山核桃树，万少侠摄影
6.桑树果实，万少侠摄影
7.桑树花，万少侠摄影
8.桑树，祁建华摄影

1.山楂树叶片与幼果，祁建华摄影
2.山楂树花，李凯摄影
3.山楂树果实，万少侠摄影
4.山茱萸树果实，李凯摄影
5.山茱萸树花，李凯摄影
6.李树与果实，万少侠摄影
7.柿树叶片与幼果，祁建华摄影
8.柿树果实，万少侠摄影

1.栓皮栎树叶片与雄花絮，李凯摄影
2.栓皮栎树，李凯摄影
3.桃树花，祁建华摄影
4.桃树叶片与果实，万少侠摄影
5.桃树叶片与果实，李凯摄影
6.桃树花，李凯摄影
7.乌桕树叶片与果实，万少侠摄影
8.乌桕树秋季叶片与果实，万少侠摄影
9.乌桕树花，李凯摄影

1.五角枫树，李凯摄影
2.五角枫树叶片，李凯摄影
3.油松树，祁建华摄影
4.油松树针叶，李凯摄影
5.垂柳树，万少侠摄影
6.旱柳树，万少侠摄影
7.梧桐树叶片与花，万少侠摄影
8.梧桐树果实，万少侠摄影
9.梧桐树花，祁建华摄影
10.梧桐树，李凯摄影

1.杏树与幼果，祁建华摄影

2.杏树叶片与幼果，万少侠摄影

3.杏树叶片与成熟果实，万少侠摄影

4.杏树花，李凯摄影

5.香椿树叶片与果实，万少侠摄影

6.香椿树叶片与花，李凯摄影

7.香椿树，万少侠摄影

8.香椿树木，李凯摄影

1.银杏树，万少侠摄影
2.银杏树果实，万少侠摄影
3.银杏树叶片，祁建华摄影
4.银杏幼树，万少侠摄影
5.杉木树，祁建华摄影
6.枣树叶片与果实，李凯摄影
7.流苏树叶片与花，李凯摄影
8.麻栎树叶片，李凯摄影
9.无患子树叶片与幼果，李凯摄影

1.皂荚树全貌，万少侠摄影

2.皂荚树，祁建华摄影

3.皂荚树叶片与果实，李凯摄影

4.皂角树花，李凯摄影

5.梓树叶片与果实，李凯摄影

6.青檀树叶片与果实，李凯摄影

7.紫荆树叶片与花，祁建华摄影

8.紫荆树果实，万少侠摄影

《优良乡土树种及繁育技术》
编委会

主　　编　张文军　朱亚杰　李建成　李继东　万少侠

副 主 编　（排名不分先后）

李　伟　吕慧娟　赵二云　吴晓军　汪　云
刘二冬　王书征　张晓东　刘玉红　张红涛
成濮生　廖秉华　祁建华　孙　玮　张继玲
刘铁干　杜红莉　朱克斌　白鑫鑫　赵明华
孙玉丽　宋　侠　刘小鸟　姜建霞　薛　景
张海洋　谷松雅　李红梅　魏　巍　马志强
葛岩红　陈智慧

编写人员　（排名不分先后）

雍丽珍　郭　蕊　武晓静　刘伟平　宋　蕾
辛春霞　陈建霞　李大力　闫立静　刘鹏辉
卢科企　张振杰　梁玲利　张光海　刁乾涛
李新涛　张金霞　王新丽　鲁雪丽　林　峰
胡清妍　程喜华　张海英　朱　斌　张佳伟
栗苗苗　尹　华　沈　红　郭占军　赵　磊
吕艳辉　朱星红　王松艳　樊春华　张志彬
丁　鸽　马元旭　王帅民　万名锐　范大整
周　甜　张召辉　张爱玲　赵淑霞　师玉彪
杨黎慧　李　凯　王璞玉　王淑娜　秦玉峰

前 言

优良乡土树种(Superior indigenous tree species),是指本地区天然分布的树种,或者是已引种多年,且在当地一直表现良好的外来树种;中原地区主要分布的优良乡土树种有100多种,如国槐、黄连木、乌桕、臭椿、香椿、楝树、桂花、柏树、松树等。

选择优良的乡土树种进行园林绿化、植树造林,尤其是速生阔叶树种进行绿化建设;同时,适当从相似的生物、地理、气候等地带引进优质高效、性能稳定的适生树种,实行适地栽植,并与乡土树种一起营造人工混交林,可以大大改变树种单一的格局,从而提高该地区植被系统的生态功能;减少病虫害的发生与危害。由于优良乡土树种适应性、抗逆性强,是外来树种无法比拟的。具有稳定生态功能和较高生产力的植被群落,关键在于适宜植物种类的选择。为此,一个地区的植树造林,如果缺乏多样的适应性强的优良乡土种类的种植,将导致该地区生物多样性的单一,生态稳定性差,不利于保持和发展持久的生态环境建设效力。

当前,习近平总书记对生态文明建设做出重要指示强调,生态文明建设是“五位一体”总体布局和“四个全面”战略布局的重要内容。各地区各部门要切实贯彻新发展理念,树立“绿水青山就是金山银山”的强烈意识,把生态文明建设纳入制度化、法治化轨道。加快推动绿色、循环、低碳发展,为建设美丽中国、维护全球生态安全做出更大贡献。

可见,在生态文明建设、乡村振兴战略和适地适树原则要求下,需要大量优良乡土树种苗木。因此,必须做好乡土树种发展规划,大力推进乡土树种良种,建立乡土树种保障性苗圃工作,迫在眉睫。据《中国绿色时报》报道:“我国人工林面积稳居世界首位,对森林覆盖率持续增长贡献巨大。但人工林多为单一物种或外来的经济林木,存在很多问题。”全国政协委员黄延楠在代表农工党中央提交的提案中呼吁,要从长远的国家战略和人民福祉考虑,充分开发和利用乡土树种,进行生态林业建设。黄延楠说,与天然林相比,单一种植的人工林本身生物多样性很低,几乎不可能为濒危生物提供栖息地,其本身也很容易受到病原菌、害虫和气候变化的影响。如果种植的是外来树种,将比乡土树种损耗更多的地下水,在水资源匮乏地区造林,可能会在一定程度上起到防风固沙和储存碳汇的作用,但会以丧失其他生态功能为代价。黄延楠提出两点建议:一是林业部门牵头对全国乡土树种培育栽植进行整体规划,出台指导性意见。引导地方政府将过去对提高森林覆盖率的单一追求转变为提高具有生态服务功能的森林覆盖率的复合目标,将单一外来物种的种植模式转变为由当地多个乡土树种组成的近自然林混合种植模式。二是把种植乡土树种作为民生产业扶持发展,建立奖励机制,对符合条件的乡土树种苗木基地、运用乡土树种进行多物种混交造林的机构和组织,给予一定奖励。支持各地按照基地化、标准化和产业化的要求,引进有实力公司,培育龙头企业,建设一批乡土珍贵树种种植基地。鼓励有关科研机构,按照不同的植被类型进行试验试点,建设一定规模的试验示范区。在各地扶持一批有特色有效益的专业化种植村,大面积推广优良乡土树种栽植。

2016年12月至2020年6月,我们成立专业调查队,按照《河南省林木种质资源普查实施细则》及《林木种质资源普查技术规程》,开展了乡土树种现状调查。调查中,我们发现乡土树种分布范围广,抗逆性强,在林业生态建设中起到了重要的作用。但是也存在一些问题:一是生长在村庄、河畔、山沟、丘陵等环境较差的地方,集约化经营程度不够;二是多数分散孤立生长,常年任其风吹雨打,部分100年生以上的古树出现空洞;三是生长势衰弱,缺乏管理,有病虫害发生,又因乡土树种生长不能速生,林农不愿投入人力物力进行抚育,致使生长势逐渐为濒危状态。另一方面,乡土树种资源在造林中应用率低,以大量以速生杨为主种植的人工林,尽管速生,但是收益差,病虫害严重;同时,造成生物多样性很低,几乎不可能为濒危生物提供栖息地,其本身也很容易受到病原菌、害虫和气候变化的影响。根据实践证明,如果种植的是外来树种,将比乡土树种损耗更多的地下水,在水资源匮乏的山区造林,可能会在一定程度上起到防风固沙和保持水土的作用,但会以丧失其他生态功能为代价。

为了加强园林绿化、造林成果的管理,提高绿化效益,满足现代化林业生态建设的高速度、高质量发展植树造林和城市、乡村绿化美化的需要,大力发展乡土树种,培育繁殖优良乡土树种,提供科学技术支撑,我们组织由河南农业大学李继东副教授、河南城建学院张文军副教授、平顶山市林业技术推广站李建成高级工程师、驻马店市上蔡县林业发展服务中心朱亚杰高级工程师、平顶山市舞钢市林业工作站万少侠教授级高级工程师等园林、林业、农业等行业具有丰富的专业技术经验的教授、专家、技术人员编写了《优良乡土树种及繁育技术》这本书。本书主要介绍了中原地区优良乡土树种及繁育技术,共分3章,57个树种;第一章为常绿树种,共计7个树种;第二章为落叶树种,共计38个树种;第三章为果树树种,共计12个树种。我们从每一种乡土树种的形态特征、生长习性入手,全面介绍了该树种主要生长分布、优质苗木最新繁育技术管理、主要病虫害的发生与新技术防治、生态药物的应用技术及乡土树种的作用价值等。全书文字简洁明了、通俗易懂,并配有主要乡土树种彩色图片,达到图文并茂;同时,便于园林、科技、大中专学生、林农、果农、林业合作社等人员能尽快认识乡土树种和掌握乡土树种的苗木繁育管理、主要病虫害防治技术等。本书可供园林绿化公司、国有林场苗圃、苗木繁育合作社、造林大户、职业中专学生等学习参考。

由于时间仓促,加之实践经验有限,本书不当之处在所难免,敬请专家和老师、林农朋友们指正。

编　者

2020年6月

目　录

第一章　常绿树种

一、桂花

桂花，学名 *Osmanthus fragrans*，木樨科、木樨属，常绿小乔木或灌木，又名岩桂、木樨等，是中原地区优良乡土树种。

（一）生态特征

桂花，常绿小乔木或灌木，平均高达 8～15 m，树冠可达 3.5～4.5 m。盆栽桂花高达 1.2～3 m，树冠可达 2～3 m。树高平均 3～16 m，枝干灰色；叶，对生、革质，长鸭子蛋圆形，长 5～11 cm，宽 1.9～4.2 cm，全缘；树皮粗糙，灰褐色或灰白色，有时显出皮孔。一般呈灌木状生长，在密植的苗圃或修枝修剪后，可生长成明显主干。桂花分枝性强，但分枝点低，9 月开花，花期 9～10 月，聚集生长于叶腋，花淡黄白。其中金桂的花色金黄色；银桂的花色银白色；丹桂的花色木红色；果实椭圆形，长 1～1.5 cm，第二年 5 月成熟，核果鸭子蛋圆形，熟时紫黑色。

（二）生长习性

桂花喜光，稍耐阴；喜温暖湿润气候，要求年降水量 1 000 mm 左右，年平均温度 14～18 ℃，7 月平均温度 22～26 ℃，1 月平均温度 0 ℃以上，能耐短期-12 ℃左右的低温，空气湿润对生长发育极为有利，干旱、高温则影响开花。强日照或过分荫蔽对生长都不利。喜肥沃、排水良好的中性或微酸性的沙壤土，碱性土、重黏土或洼地都不宜种植。

（三）主要分布

桂花在中原地区主要分布于许昌、漯河、平顶山、驻马店、信阳、南阳、周口等地；原产于我国西南部，已有两千多年的栽培历史，长江流域及以南各省都有栽培；在我国主要分布于河南、广西、湖南、贵州、浙江、湖北、安徽、江苏、福建、台湾等省区，山东崂山也有栽培，又是杭州、苏州等城市的市花。

（四）苗木繁育

桂花优质苗木繁育技术主要包括播种繁育、扦插繁育、嫁接繁育或压条繁育。扦插繁育，可采取春季扦插或夏季扦插，春季扦插用一年生发育充实的枝条扦插，夏季扦插用当年生的嫩枝扦插。嫁接繁育，用女贞、流苏或小叶女贞作砧木，接口要低。扦插繁育的苗木或嫁接繁育的苗木均可以提早开花。

1. 播种繁育

（1）优质种子的采集。桂花种子为核果，长椭圆形，有棱，一般4~5月成熟。成熟时，外种皮由绿色变为紫黑色，并从树上脱落。种子可以从树上采摘，也可以在地上拾捡，但要做到随落随拾，否则春季气候干燥，种子容易失水而失去播种价值，影响出芽率。

（2）种子处理。桂花种子采回后，要立即进行调制。成熟的果实外种皮较软，可以立即用水冲洗，洗净果皮，除去漂浮在水面上的空粒和小粒种子，拣除杂质，然后放在室内阴干。注意不要在太阳下晾晒，因为桂花种子种皮上没有蜡质层，很容易失水而干瘪，从而失去生理活性。

（3）种子储藏。桂花种子具有生理后熟的特性，必须经过适当的储藏催芽才能播种育苗。桂花种子储藏一般有沙藏和水藏两种方式，沙藏就是用湿沙层层覆盖；水藏就是把种子用透气而又不容易沤烂的袋子盛装，扎紧袋口，放入冷水中，最好是流水中。经常检查，看种子是否失水或霉烂变质。沙藏种子的地点最好先在阴凉通风处，并堆放在土地或沙土地上，不要堆放在水泥地上。水藏的种子袋不要露出水面，夏天种子袋要远离水面的高温水层，以免种子发芽，受热腐烂。

（4）种子催芽。种子催芽的目的是使种子能迅速而整齐地发芽，可将消毒后的种子放入50 ℃左右的温水中浸4小时，然后取出放入箩筐内，用湿布或稻草覆盖，置于18~24 ℃的温度条件下催芽。待有半数种子种壳开裂或稍露胚根时，就可以进行播种。在催芽的过程中，要经常翻动种子，使上层和下层的温度和湿度保持一致，以使出芽整齐。

（5）大田播种。播种时，把上一年储藏的种子于2~4月在大田播种。当种子裂口露白时方可进行播种育苗。一般采用条播法，即在苗床上做横向或纵向的条沟，沟宽12 cm、深3 cm；在沟内每隔6~8 cm播1粒催芽后的种子。播种时要将种脐侧放，以免胚根和幼茎弯曲，影响幼苗的生长。一般挖宽条沟，行距20~25 cm、宽10~12 cm，每亩播种18~20 kg，可产苗木25 000~28 000株。

2. 苗木肥水管理

（1）种子播种管理。大田播种后，要随即覆盖细土，盖土厚度以不超过种子横径的2~3倍为宜；盖土后整平畦面，以免积水；再盖上薄层稻草，以不见泥土为度，并张绳压紧，防止盖草被风吹走；然后用细眼喷壶充分喷水，至土壤湿透为止。盖草和喷水可保持土壤湿润，避免土壤板结，促使种子早发芽和早出土。

（2）苗木生长期管理。应加强肥水管理，中耕除草宜勤，夏伏期遇天旱应灌溉培土，成年树每年至少应施肥3次，花后修剪过密枝和夏秋徒长枝，春季萌发前应修剪病虫枝、枯弱枝。栽植地应避免烟尘的危害，否则难以开花。花芽着生在当年的春梢上，隔年枝条花芽少、质差。特别注意，当有观赏的景观时，要选择嫁接苗木或扦插苗木，嫁接苗木或扦插苗木3~5年即可开花，实生苗15~18年以上才开花。

3. 主要病虫害的发生与防治

1）主要虫害的发生与防治

（1）主要虫害的发生。桂花大树虫害很少。但是，其幼苗生长期，主要发生的虫害是蚜虫。蚜虫1年1~3代，繁殖快，危害重。它吸食作物汁液，使植株衰弱枯萎，危害叶片，轻时，造成叶片卷曲，严重时，缓慢落叶，苗木生长不良。

（2）主要虫害的防治。主要防治办法是，把桃叶加水浸泡一昼夜，加少量生石灰，过滤后喷洒；另外，把洗衣粉加水防治，对蚜虫等有较强的触杀作用。每亩用洗衣粉400~500倍溶液60~80 kg，连喷2~3次，可起到良好的防治作用；或喷布灭蚜威1 000倍液防治，效果也很显著。

2）主要病害的发生与防治

（1）主要病害的发生。桂花苗木因连作，苗木苗圃容易发生褐斑病和立枯病，造成叶片大量枯黄脱落，或苗木根颈和根部皮层腐烂而导致全株枯死。因此，病害防治工作不可忽视。

（2）主要病害的防治。主要病害是褐斑病和立枯病，可用65%代森锰锌可湿性粉剂0.2%溶液喷雾防治，白粉病可用15%粉锈宁可湿性粉剂0.05%~0.067%溶液喷雾防治。

（五）培育的目的

（1）景观绿化作用。桂花树姿丰满，四季常绿，花色半黄色或橙红色，花香芬芳，是很好的绿化树种；同时，集绿化、美化、香化于一体，是观赏与实用兼备的优良园林树种及珍贵的传统香花树种；尤其是在园林绿化中，多种植于风景区、社区、庭园、公园、道路两侧等地，起到美化作用；在农村房前对植是传统美化方法，即所谓“两桂当庭”“双桂流芳”“桂花迎贵人”。

（2）食用作用。桂花清可绝尘，浓能远溢，堪称一绝。尤其是仲秋时节，丛桂怒放，夜静轮圆之际，把酒赏桂，陈香扑鼻，令人神清气爽。另外，桂花气味芳馨，可提取桂花精油，制桂花浸膏，可用于食物、化妆品的生产。花用作药物有散寒破结、化痰生津的功效。果榨油，食用。桂花是非常具有观赏价值的植物树种，对有毒气体有一定的抗性，但不耐烟尘。根系发达，萌芽力强，寿命长。

二、白皮松

白皮松，学名*pinus bungeana* zucc，松科、松属，常绿乔木，又名白骨松、虎皮松、三针松、白果松等，是中原地区优良乡土树种。

（一）形态特征

白皮松，常绿乔木，高达25~30 m，胸径2~3 m。树冠宽塔形至伞形。主干明显或近基部分叉；幼树树皮灰绿色、平滑，长大后树皮成不规则薄片脱落，内皮灰白色，外皮灰绿色。一年生枝灰绿色，平滑无毛。针叶粗硬，3针一束，长5~10 cm，两面有气孔线；树脂道边生或中生并存；叶鞘早落。球果锥状卵圆形，单生，熟时淡黄褐色；种鳞先端肥厚，鳞盾有横脊，鳞脐有三角状短尖刺，种子灰褐色，种翅短易脱落。花期4~5月；果球形，第二年10~11月成熟。

（二）生长习性

白皮松为喜光树种，幼树能耐阴。喜凉爽气候，能耐-30 ℃低温，不耐湿热。在肥沃深厚的钙质土或黄土上生长良好（pH 值 7~8），耐干旱，不耐积水和盐土。在长江流域的长势不如华北地区，常分枝过多，结籽不良。病虫害少，对二氧化硫及烟尘的抗性较强。深根性树种，生长慢，寿命长。

（三）主要分布

白皮松在中原地区主要分布于舞钢、栾川、卢氏、灵宝、鲁山等地；既是中原地区优良乡土树种，又是我国特产树种，分布于山西省吕梁山、太行山等地海拔 1 200~1 850 m 地带，陕西秦岭、甘肃南部、四川北部海拔 1 000 m 左右地带。既可组成纯林，又可与侧柏、槲栎、栓皮栎伴生。东北的辽宁南部、北京、河北、山东至长江流域广泛栽培。

（四）苗木繁育

白皮松苗木既可播种繁殖，又可嫁接繁育。一般多用播种繁殖。

1. 苗圃地的选地与整地

（1）苗圃地的选择。白皮松幼苗怕涝，苗圃地应选择排水良好、地势平坦、土层深厚的沙壤土，重黏土地、盐碱土地、低洼积水地不宜作育苗地。

（2）苗圃地的整地。苗圃地要做到深翻整平耙细，施足底肥，每亩施入农家肥 7 000~8 000 kg，如腐熟的圈肥、堆肥。或将过磷酸钙与饼肥或土杂肥等混合使用，效果更好。整地前，每亩撒施 10~15 kg 硫酸亚铁粉末，翻入土壤中，起到杀菌消毒的作用。土地整好后，制作打畦，畦最好为南北向，便于苗木通风透光，畦埂高 23~25 cm，畦宽 1.0~1.2 m，以备播种。

2. 大田播种与苗木保护管理

（1）播种繁育。2 月下旬至 3 月上旬即可播种，春季解冻后立即开展大田播种，早春气温低，可减少松苗立枯病的发生。白皮松幼苗由于怕涝，应采用高床播种，防止幼苗生长期受淹死亡；同时，播前浇足底水，保证足够的水分，促进播种发芽；播种量为，每 10 m^2 用 0.5~1.2 kg 种子，可产苗 1 000~2 000 株。撒播后覆土 1~1.5 cm，然后，罩上塑料薄膜，可提高发芽率。待幼苗出齐后，逐渐加大通风时间，以至全部去掉薄膜。播种后幼苗带壳出土，15~20 天自行脱落，这段时间要防止鸟害。夏季，5~9 月，幼苗期应搭棚遮阴，防止日灼；冬季，10 月至 11 月上旬，入冬前要埋土防寒。小苗主根长、侧根稀少，故移栽时应少伤侧根，否则易枯死。

（2）嫁接繁育。砧木主要选用黑松或油松。如采用嫩枝嫁接繁殖，应将白皮松嫩枝嫁接到油松大龄砧木上。白皮松嫩枝嫁接到 3~4 年生油松砧木上，一般成活率可达 85%~95%，具有良好的亲和力，生长快。白皮松接穗应选母树生长健壮的新梢，其粗度以 0.5 cm 为好。嫁接后新生幼苗要搭棚遮阴，苗期生长缓慢，幼苗至少要移植两次，以促进侧根的生长，有利于定植成活。待苗高 1.2~1.5 m 时即可出圃。

（3）苗期管理。播种幼苗出齐后，逐渐加大苗床通风时间，通过炼苗增强其抗性。白皮松喜光，但幼苗较耐阴，去掉薄膜后应随即盖上遮阴网，以防高温日灼和立枯病的危害。2年生苗裸根移植时要保护好根系，避免其根系吹干损伤，应随掘随栽，以后每数年要转垛一次，以促生须根，有利于定植成活。一般绿化都用10年生以上的大苗。移植以初冬休眠时和早春开冻时最佳，用大苗时必须带土球移植，栽植胸径12 cm以下的大苗，需挖一个高100~120 cm、直径150 cm的土球，用草绳缠绕固土，搬运过程中要防止土球破碎，种植后要立桩缚扎固定。

（4）施肥浇水。幼苗生长期，5~9月，久旱不雨或夏季高温要及时浇水。除草要掌握除早、除小、除净的原则，株间除草用手拔，以防伤害幼苗。撒播苗拔草后要适当覆土，以防裂缝。条播苗除草和松土结合进行，间苗和补苗同时并举，而后要及时排水。白皮松幼苗施肥应以基肥为主，追肥为辅。从5月中旬至7月底的生长旺期进行2~3次追肥，以氮肥为主，追施腐熟的人粪尿或猪粪尿每亩200~300 kg，及时浇水，加速肥料的分解；如果施入腐熟饼肥，每亩施肥量在5~15 kg和尿素3~4 kg，施肥后要及时浇水。8~9月，苗木生长后期停施氮肥，增施磷、钾肥，以促进苗木木质化，还可用0.3%~0.5%磷酸二氢钾溶液喷洒叶面。

白皮松幼苗生长缓慢，宜密植，如需继续培育大规格大苗，则在定植前还要经过2~3次移栽。2年生苗可在早春顶芽尚未萌动前带土移栽，株行距20~60 cm，不伤顶芽，栽后连浇2~3次水，6~7天后再浇一次水。4~5年生苗，可进行第二次带土球移栽，株行距60~120 cm。成活后要保持树根周围土壤疏松，每株施腐熟有机肥100~120 kg，埋土后浇透水，之后加强管理，促进生长，培育壮苗。

3. 主要病虫害的发生与防治

1）松大蚜的发生与防治

（1）发生危害。松大蚜成虫为黑色，虫卵从深绿色变为黑色，卵在松针上过冬。4月初孵化出弱蚜（新生幼蚜虫），为害松针基部。松大蚜危害最为严重的时期在4月中旬至5月中旬。松大蚜成虫刺吸树木汁液，可引发煤污病。1~2年生嫩枝、幼树是松大蚜主要侵害对象，严重时可以造成树势衰弱、死亡。

（2）防治技术。一是抚育管理，尤其是幼龄林，11~12月，剪除着卵叶，集中烧毁，消灭虫源。在3月中旬以后，可以喷洒2.5%溴氯菊酯乳油5 000倍液，或40%灭蚜威乳油1 000倍液，抑制虫卵孵化。最佳防治时期从4月初开始，9~10天，喷洒10%吡虫啉1 000~1 300倍液，或灭蚜威乳油1 000倍液，或20%溴氰菊酯乳油3 000倍液。在树干基部打孔注射或刮去老皮在树干上涂5~10 cm宽的药环，均可收到较好的效果。定期浇水，补偿水分散失。强化日常管理，补充养分，增强白皮松抵御能力。加强生物防治技术的推广，在虫害不严重时，可以考虑运用瓢虫、食蚜虻等松大蚜的天敌进行生物防治。若虫害严重，则要立即采取专项治理措施。

2）松梢螟的发生与防治

（1）发生危害。松梢螟成虫灰褐色，幼虫淡褐色到淡绿色。松梢螟可钻蛀白皮松主梢，让松梢枯死，引发侧梢丛生。侧梢的向上生长，可能导致树干弯曲，严重者还会引起树干断裂。松梢螟幼虫在被害梢蛀道内或枝条基部伤口越冬。

（2）防治技术。松梢螟一般对6~10年生幼龄林危害最重，尤其是对郁闭度较小、立地条件差、生长不良的林分危害更重。因此，适当密植，加强抚育，使幼林提早郁闭，可减轻危害。对被害严重的幼林，在冬季可剪除被害梢，集中烧毁，杀死越冬幼虫，减少虫口基数。受害严重的林分中，在幼虫或幼虫转移为害期间，喷施杀螟松1 000~1 300倍液。6月中下旬，成虫产卵期间要集中喷洒菊杀乳油2~3次，50%菊杀乳油1 000倍液，每9~12天1次。成虫出现期，每隔10~20天喷洒1次杀螟松1 200~1 300倍液，杀成虫及初孵幼虫，另外或采用黑光灯、性信息素诱杀成虫。

（五）培育的目的

白皮松树姿优美，树干斑驳、苍劲奇特，是东亚特有的珍贵三针松。

（1）景观作用。古时多用于皇陵、寺庙，在那里遗留很多白皮松古树。宜在风景区配怪石、奇洞、险峰造风景林。可孤植草坪，列植在陵园作纪念树。配置在古建筑旁显得幽静庄重，为我国古典园林中常见的树种。也可群植片林或几株丛植作背景。其树姿优美，树皮奇特，可供观赏。它适于庭院中堂前、亭侧栽植，使苍松奇峰相映成趣，颇为壮观。干皮斑驳美观，针叶短粗亮丽，是一个不错的历史园林绿化传统树种。

（2）用材作用。白皮松木材花纹美丽，供建筑、家具、文具用材。纹理直，轻软，加工后有光泽和花纹，供细木工用。

（3）食用价值。种子可食或榨油。

三、侧柏

侧柏，学名*platycladus orientalis*，侧柏科，侧柏属，又名香柏树、扁柏树、柏树，常绿乔木，是中原地区优良乡土树种，又是我国最古老的园林树种之一。

（一）形态特征

侧柏树姿优美，枝叶苍翠，树高达8~28 m，胸径30~100 cm以上。树皮灰褐色，薄条片状裂。树叶呈现鳞状，亮绿色；中央叶呈现菱形，树叶背面有腺槽，当两侧叶与中央叶交互对生时；树叶直展扁平，排成平面，两面相似；全为鳞形叶，长1~3 mm，交叉对生，先端钝尖。雌雄同株、异花，异花单独生长于枝叶顶部，球果呈现卵形，当接近成熟后，由蓝绿色变为白粉色，种子成熟后红褐色开裂。种子卵状椭圆形，深褐色，种子鳞呈现红褐色，成熟后张开，种子脱出，其种子熟后变为木质而硬，有棱脊、无翅；树冠圆锥形，树皮薄，成薄条状或鳞片剥落，分枝多，上举而扩展，树皮条片状纵裂，呈现灰褐色。枝条排列整齐，成垂直的扁平面；侧柏幼树树冠呈现尖塔形，成熟后，枝叶扁平，呈现广圆形，花期为3~4月，种熟期为9~10月。

（二）生长习性

侧柏属于温带阳性植物，其野生和人工栽培在浅山丘陵都十分常见。侧柏喜欢生长在光照充足、土壤肥沃、湿润的地方，其特性为抗盐碱、耐寒以及耐旱、耐贫瘠，在干燥的山地中，其生长速度缓慢。侧柏侧根比较发达，寿命长，耐修剪以及萌芽性强。幼树和树苗具有耐阴能力，抗风能力较差，抗寒性较强，不耐水淹，可以在微碱性以及微酸性的土壤环境下成长，是园林绿化的优良树种。

（三）主要分布

侧柏在中原地区主要分布于平顶山、漯河、驻马店、许昌、洛阳、郑州、开封、新乡、安阳、三门峡、南阳等地；在我国主要分布于内蒙古、吉林、辽宁、河北、山西、山东、江苏、浙江、福建、安徽、江西、河南、陕西、甘肃、四川、云南、贵州、湖北、湖南、广东北部及广西北部等地。西藏德庆、达孜等地有栽培。在吉林垂直分布达海拔 250 m，在河北、山东、山西等地达 1 000~1 200 m，在河南、陕西等地达 1 500 m，在云南中部及西北部达 3 300 m。分布于海拔 400 m 以下者生长良好。

（四）苗木繁育

侧柏优质苗木繁育，以种子大田播种繁育为主，也可以采用苗木嫁接和保护地枝条扦插。以下介绍种子繁育技术。

1. 苗圃地的选择与整地

（1）采收种子 。种子的采收一定要选择 25~30 年以上的健壮、无病虫危害、成熟母树上的种子，通常侧柏种子在 9 月下旬至 10 月中旬成熟，而出种率基本为 1/10，1 kg种子 42 000~45 000 粒。

（2）整地做畦。育苗地应平坦、土壤肥沃。苗圃地选好后，深翻整平，并结合整地施足基肥。基肥的用量一般为优质土杂肥 4 000~5 000 kg。圃地整好后进行做畦，畦东西行向，以便遮阴。同时，搭建高 3. 0~3. 5 m 的黑色遮阴棚进行遮阴防晒。

（3）浸种催芽。播种前侧柏种子先放到 45 ℃的温水中浸泡 12~24 小时，并将空粒种子及杂质除去。第二天将种子用水冲洗干净，装入麻袋或草包中，用湿麻袋盖好进行催芽，催芽期间每天用温水冲洗 1~2 次。若种子数量较多，也可在空地上挖一个宽 50~80 cm、深 20~25 cm、长度视种子多少而定的沟，将种子与 3 倍的湿沙混合好后，铺放入沟内，厚度 15 cm 左右，上面用草帘等物覆盖，并经常洒水保持湿润，沟内种子每天上下翻动 2~3 次，使其温、湿度均衡，通气良好。催芽后的种子一般 6~7 天以后，有 1/3 的种子裂嘴露白时即可播种。

2. 大田播种与苗木保护管理

（1）夏季播种繁育。在 7~8 月，正值雨季，侧柏育苗一般不受干旱影响，土壤墒情较好即可繁育。但是，夏季正值烈日高温期，不利于侧柏发芽生长。为创造适于侧柏发芽生长的局部环境，可以搭设遮阴棚进行育苗。

（2）夏季播种方法。侧柏种子有很多空粒，基本要经过水选以及催芽处理后进行播种，为了保证苗木的产量和质量，要加大播种量，当种子净度达到 90%以上时，其发芽概率会大大增加，每亩地的播种量要达到 10 kg。在播种前要灌透底水，采用条播进行播种。同时，在一些比较干旱的地区可以选择低床育苗，垄播：垄面宽 30 cm，垄底宽 60 cm，可采取单行或者双行的形式，单行条播播幅要达到 15~16 cm，双行条播播幅要达到4~5 cm。床作播种，床高达到14 ~15 cm，床面宽要达到0.9~1.0 m，床长要达到18~20 m，其中每床纵向条播为3~5行，行间距保持10 cm。在播种之前，要保证开沟深浅相同，下种注意均匀，覆土厚度为1.0~1.5 cm，盖好覆土后进行镇压，保证种子与土壤接触密切，促进种子萌发。

（3）秋季播种繁育。8月下旬至9月上旬进行。这一时期雨季即将结束，天气渐凉，育苗时无须进行间作或搭棚遮阴，而且土壤墒情也较好，水源也较丰富。抓住这一有利时机，选择土层深厚肥沃、排水良好、靠近水源的地块，在提前做好腾茬整地和施肥工作的基础上，及时进行浸种催芽播种，时间宜早不宜迟，尽量延长冬前幼苗的生长时期。

（4）秋季播种方法。为充分利用光照条件，以南北行向为好。播种时按30 cm的行距开沟，沟宽7~8 cm，深2~3 cm，先用脚踏平沟底，灌足底水，待水渗下后，再在沟内撒播已催好芽的种子。一般每亩用种量为10 kg左右。播种后将播种行培成10~15 cm高的土垄。培垄播种育苗的好处是：大雨不易拍，暴雨不怕涝，无雨可保墒。

（5）苗木管理。当种子发芽即将出土时，应及时将所培的土垄扒平，使种子上边保持0.5~1.0 cm厚的土层，这样便于种子出苗。幼苗出土后，应加强管理，干旱时及时浇水。9月下旬，幼苗可长出20多个针叶，苗高3~4 cm，苗茎已形成木质部，具有抗寒、耐旱的越冬能力。第二年3月下旬苗木发芽早，生长快，到7月可用于雨季造林，苗高达30~40 cm即可出圃。

（6）施肥浇水。苗木在生长期一定要合理追肥，一年内施加硫酸铵2~3次，苗木进入速生前的时期内施加1次，15~20天后追施1次，注意在追肥后，一定要用水冲洗，避免苗木烧伤。同时，侧柏处于幼苗时期要适当密留，如果苗木过于密集会影响树木生长，每平方米留株数量为150株。苗木处于生长期要注意松土和除草，当前，我国除草主要通过化学药剂，要合理控制用药量。松土深度要保持在11.5 cm，应在浇水后以及降雨后进行，不要碰伤根系。

（7）大苗培育。为了培育大苗，侧柏要进行2~3次移植，进而培育出冠形优美、生育健壮以及根系发达的大苗。在3~4月进行移植，这是存活率较高的季节，要根据苗木的生长情况以及大小选择移植方法，当前常用的移植方法有挖坑移植、开沟移植以及窄缝移植等。移植后要对苗木进行科学管理，及时追肥、除草、灌水、松土，促进侧柏苗木健壮生长，可以提早出圃销售，获得经济效益。

3. 主要病虫害的发生与防治

1）主要虫害的发生与防治

（1）侧柏毒蛾的发生危害。侧柏毒蛾，又名侧柏毛虫、柏毒蛾，是柏类树木的主要食叶害虫之一。主要危害侧柏的嫩芽、嫩枝和老叶。受害林木枝梢枯秃，发黄变干，生长势衰退，似干枯状。1~3年内不长新枝。1年发生1~2代，以幼虫和卵在柏树皮缝和叶上过冬。次年3月下旬开始活动，孵化为害，将叶咬成断茬或缺刻状，嫩枝的韧皮部常被食光，咬伤处多呈黄绿色，严重时可以把整株树叶吃光，造成树势衰弱，加速树木死亡。

（2）侧柏毒蛾的防治方法。冬季对柏树及时修枝修剪，间伐病虫害树木；在虫害幼虫发生期，及时通过人工捕捉进行消灭；夏季树木生长期，侧柏毒蛾成虫具有趋光性，可以在林间设置黑光灯进行诱杀，效果显著；同时，在虫害的发生密度集中期，及时采用苦参碱800~1 000倍液，进行树冠喷洒防治。

（3）侧柏大蚜的发生危害。侧柏大蚜，又名柏大蚜。河南1年发生2~3代，主要危害枝叶，其繁殖能力强、速度快，适宜的天气条件下，全年发生虫害，虫害严重时将会直接危害柏树的生长，导致大部分幼苗的死亡。

（4）侧柏大蚜的防治方法。使用25%的阿克泰水分散剂或20%的灭蚜威1 000倍液药剂进行喷洒防治，效果良好。

（5）双条杉天牛的发生危害。双条杉天牛，又名老水牛。侧柏的主要蛀干害虫，一般2年发生1代，幼虫在树干中蛀干危害。

（6）双条杉天牛的防治方法。一是药物防治，5月下旬至8月为其成虫期，在虫口密度高、郁闭度大的林区，可用敌敌畏烟剂熏杀。初孵幼虫期，可用25%杀虫脒水剂的100倍液或敌敌畏1~2倍液或用1∶9柴油水混合喷湿1~3 m以下树干或重点喷流脂处，效果很好。二是人工捕捉，8~9月，在初孵幼虫为害处，用小刀刮破树皮，搜杀幼虫。也可用木锤敲击流脂处，击死初孵幼虫；越冬成虫还未外出活动前，在上一年发生虫害的林地，用白涂剂刷1~2 m以下的树干预防成虫产卵。5~7月，越冬成虫外出活动交尾时期，在林内捕捉成虫。

2）主要病害的发生与防治

侧柏的主要病害是侧柏叶枯病，是苗木生长期的主要病害之一。

（1）侧柏叶枯病的发生。在春季幼苗或侧柏林发生危害。由上一年的病菌侵染当年生新叶，幼嫩细枝亦往往与鳞叶同时出现症状，最后连同鳞叶一起枯死脱落。主要表现，病菌侵染后，当年不出现症状，经秋冬之后，第二年3月叶迅速枯萎。潜伏期长达250~300天。6月中旬前后，在枯死鳞叶和细枝上产生黑色颗粒状物，遇潮湿天气吸水膨胀呈橄榄色杯状物，即为病菌的子囊盘。受害鳞叶多由先端逐渐向下枯黄，或是从鳞叶中部、茎部首先失绿，然后向全叶发展，由黄变褐枯死。在细枝上则呈段斑状变褐，最后枯死。受害部位树冠内部和下部发生严重，当年秋梢基本不受害。

侧柏受害主要表现，树冠似火烧状的凋枯，病叶大批脱落，枝条枯死。在主干或枝干上萌发出一丛丛的小枝叶，俗称“树胡子”。连续数年受害引起全株逐渐干枯或枯死。

（2）侧柏叶枯病的防治方法。11~12月，及时适度修枝，改善侧柏的生长环境，降低侵染源；3~4月，增施肥料，促进生长；6~8月，苗木进入快速生长期，及时喷施40%灭病威或40%多菌灵或40%百菌清500倍液进行防治。

（五）培育的目的

（1）绿化环保作用。侧柏引种栽培、野生生长均有。喜生于湿润、肥沃、排水良好的钙质土壤，耐寒、耐旱、抗盐碱，在平地或悬崖峭壁上都能生长；在干燥、贫瘠的山地上，生长缓慢，植株细弱。其属浅根性植物，但是侧根发达，萌芽性强，耐修剪，寿命长，具有绿化荒山、保持水土、抗烟尘、抗二氧化硫和氯化氢等有害气体等用途。

（2）景观欣赏作用。侧柏树姿优美，枝叶苍翠，广泛用于盆景和城乡小区、道路绿化带、园林绿篱、纪念堂馆、陵墓以及寺庙等地，具有良好的观赏价值。

（3）家具用材作用。侧柏木质具有良好的软硬度，耐腐力强，有香气，木质细致，可以用于细木工、家具制作以及建筑等行业。

（4）药用食用作用。侧柏树的树皮、叶子、树根以及种子可以作为药材，其种子榨油也可以用于药用或食用。

四、茶树

茶树，学名 *Camellia sinensis*，山茶科、山茶属，又名山茶树、茶叶树，常绿灌木或乔木树种，是中原地区优良乡土树种，又是我国最古老的树种之一。

（一）形态特性

茶树，灌木或小乔木，其叶子呈椭圆形，边缘有锯齿，叶间开五瓣白花，果实扁圆，呈三角形，果实开裂后露出种子。嫩枝无毛。叶革质，长圆形或椭圆形，长 4~12 cm，宽 2~5 cm，先端钝或尖锐，基部楔形，上面发亮，下面无毛或初时有柔毛，侧脉 5~7 对，边缘有锯齿，叶柄长 3~8 mm，无毛。花 1~3 朵腋生，白色，花柄长 4~6 mm，有时稍长；苞片 2 片，早落；萼片 5 片，阔卵形至圆形，长 3~4 mm，无毛，宿存；花瓣 5~6 片，阔卵形，长 1~1.6 cm，基部略连合，背面无毛，有时有短柔毛；雄蕊长 8~13 mm，基部连生 1~2 mm；子房密生白毛；花柱无毛，先端 3 裂，裂片长 2~4 mm。蒴果 3 球形或 1~2 球形，高 1.1~1.5 cm，每球有种子 1~2 粒。花期 10 月至第二年 2 月。茶树，在热带地区也有乔木型茶树高达 15~30 m，基部树围 1.5 m 以上，树龄可达数百年至上千年。栽培茶树，因采叶制茶，往往通过修剪来控制纵向生长，所以树高一般在 0.8~1.2 m。茶树树龄一般在 50~60 年。

（二）生长习性

茶树喜排水良好的沙质壤土，有机质含量 1%~2%以上，通气性、透水性或蓄水性能好，酸碱度 pH 值 4.5~6.5 为宜；年降水量在 1 500 mm 以上，降水量不足和过多都有影响；光照不能太强，也不能太弱，对紫外线有特殊嗜好，因而高山出好茶；气温日平均需 10 ℃，最低不能低于-10 ℃；年平均温度在 18~25 ℃。山区丘陵，雨量充沛，云雾多，空气湿度大，光照强，在 500~1 000 m 生长良好，1 000 m 以上的高山种植在寒冷气温下有冻害。一般选择偏南坡为好，坡度不宜太大，一般要求 25~30 ℃以下。茶树是多年生常绿木本植物，茶树品种按树形、叶片大小和发芽迟早三个主要性状，可分为乔木型、小乔木型、灌木型。

（三）主要分布

茶树在中原地区主要分布于信阳、平顶山、驻马店、新乡、安阳、三门峡、南阳等地；在我国主要分布于山东、江苏、浙江、福建、安徽、江西、河南、陕西、甘肃、四川、云南、贵州、湖北、湖南、广东北部及广西北部等地。在海拔400~1 000 m生长良好。

（四）苗木繁育

茶树优质苗木繁育，主要是以种子大田播种繁育和压条繁育。

1. 茶树种子繁育

茶树种子繁育苗木，既可采用种子直播，又可集中种子育苗大田移栽。采用种子直播的苗木，其能省略育苗与移栽工序所耗劳力和费用，且幼苗生活能力较强。同时，方便育苗移栽，可集约化管理和培育管理，种植造林并可选择壮苗，使林区或茶园定植的苗木较均匀、生长健壮一致，从而达到丰产丰收。

（1）整地做畦。育苗地应平坦、土壤肥沃。苗圃地选好后，深翻整平，并结合整地施足基肥。基肥的用量一般为优质土杂肥3 500~4 500 kg。圃地整好后进行做畦，畦以南北行向为好。

（2）种子培育。茶树采用种子繁育，首先要培育优质种子，获得质优、量大的茶种子，就必须抓好对采收茶种子的茶园的管理，促进茶树开花旺盛、坐果率高而种子饱满。种子质量的好坏，其生活力的高低，取决于茶种子的采收时期及采收后的管理和储运。

（3）采收种子。种子的采收，一定要选择生长20~40年的健壮、无病虫危害、成熟母树上的种子。做到适时采收，其物质积累多、子粒饱满而发芽率高，苗生长健壮。茶种子采后若不立即播种，则要妥善储存（在5 ℃左右，相对湿度60%~65%，茶种子含水率30%~40%条件下储存），否则茶种子变质而失去生活力。茶种子若运往他地，要做好包装，注意运输条件，以防茶种子劣变。

（4）种子处理。做好种子处理，使种子出芽整齐、苗木生长一致。即将经储藏的茶种子在播种前用化学、物理和生物的方法，给予种子有利的刺激，促使种子萌芽迅速、生长健壮、减少病虫害和增强抗逆能力等。

（5）大田播种。由于茶种子脂肪含量高，且上胚轴顶土能力弱，所以种子播种深度和播种粒数对出苗率影响较大。播种盖土深度为3~5 cm，秋冬播比春播稍深，而沙土比黏土深。穴播为宜，穴的行距为15~20 cm，穴距10 cm左右，每穴播茶种子大叶种2~3粒，中小叶种3~5粒。播种后要达到壮苗、齐苗和全苗，需做好苗期的除草、施肥、遮阴、防旱、防寒工作。

2. 压条繁育

茶树压条繁育，是采用茶树枝条，压入土中，待生根后分离成苗，其主要优点是操作技术简单易行，无须特殊的设备和专门的苗圃；对于茶园中少量缺株的现象，可直接在园中压条补缺。即压枝与母树相连，发根和茶苗生长过程中所需的养分与水分都可依靠母树供应，因而发根容易，成活率高，育成的茶苗根系发达，生长健壮，特别适合于一些发根困难的名贵品种的繁殖；繁殖周期短，一般在春季或初夏压条，当年秋或第二年春即可移栽。主要缺点是繁殖系数低，对母树产量影响较大。压条繁育技术与压条的时期及方法对茶苗成活率有很大影响。

1）压条时期

在春季 2~3 月、夏季 6~7 月、秋季 9~10 月进行压条，成活率通常在 80%~90%以上，甚至可达 100%。最适宜的时期，以春茶后，立夏至芒种压条最好，压条数量多，发根快，成活率高；春茶前，雨水至春分压条次之；秋茶后，白露至寒露也可以压条。浙江、安徽等茶区认为 2~4 月压条最好。

2）压条的方法

（1）弧形压条。把母树上的枝条呈弓形牵引到地面埋入土中，故又称弓形压条。此法对母树影响较小，繁殖的茶苗均匀、健壮，但繁殖系数小，1 株母树 1 次能繁殖 10 多株，多者也不过 30 株。此方式适用于茶园中就地补缺和小规模繁殖。具体操作方法是：在母树周围开深 10~15 cm、宽 30 cm 左右的浅沟。选取长度在 40 cm 以上、茎粗 3~5 mm 的红棕色长枝，摘除下段叶片，将中间适当部位扭伤作为发根部位，以使光合产物在向下输送过程中受阻累积于此，从而促进发根。扭伤处理时，用拇指和食指捏住要扭伤的部位，成 45°角侧扭，以微闻破裂声为度，切不可过重。将经扭伤处理的枝条牵拉到沟中，扭伤部位置于沟底，用“竹马”固定后覆土压实，使枝条顶端 10~15 cm 露在土外，保留 4~5 片叶片。

（2）水平压条。即一株母树一次可繁殖数十株乃至百余株，而且这种方法对母树的影响较堆压条轻；不足之处是茶苗大小不匀。其特点是所压枝条的各节上都能生根长出茶苗，因而繁殖系数较大。具体技术方法是：春茶前对上年长成的新枝进行打顶摘心，促进腋芽萌发，当腋芽萌发到一芽二三叶时即可压条。压条时先在母树周围开 6~7 cm 深的浅沟，沟宽随枝条长度而定，一般为 40~50 cm。然后将母树的枝条向地面牵引，使其平卧沟中，并将各节上新梢扶直向上，薄盖一层土，以保持每个新梢都露出地面。当新梢长到 15 cm 左右时，再培土 5~10 cm，并压实。不久压枝的各个茎节便会生根，最后将其分别剪断，便成一株株茶苗。

（3）堆土压条。在 2~3 月间选择上年春茶后的母树，将枝条向四周分开，用黄泥土堆入茶丛中间，踏实成 30~40 cm 高的馒头形，使枝条下段都被泥土包埋，仅露出顶端 5~10 cm 的枝梢。堆土压条，其特点是操作简便，繁殖系数大，1 株母树 1 次可繁殖数十株到上百株茶苗，适合较大规模的繁殖，但对母树生长影响较大，不能连年繁殖。

3）压条的管理

压条育苗的管理，虽不像扦插育苗那样要求严格，但也不能掉以轻心；否则，也会影响压条的成活率及茶苗质量。

（1）及时培土，加固压条。压条裸露、反弹是压条繁殖中经常发生的问题，如果不及时采取补救措施，便成为无效压枝。主要原因是雨水冲刷，使土壤流失。因此，压条后要注意经常检查，特别是大雨之后，发现枝条裸露时，及时培土压实。

（2）适时追肥。压条发根后即开始追肥，以满足母树和幼苗生长的需求。追肥要淡肥勤施，每 14~15 天施一次；肥料以稀释 5~10 倍的腐熟人粪尿为好，也可施用含量为 0.5%的尿素、1%硫酸铵。每亩施用 1 500 kg 液肥；施用时，将液肥直接浇于母树根际和压条附近，尽量避免沾到叶片上。

（3）拔除杂草。压条周围的杂草要用人工及时拔除，不宜用锄头，以免松动或锄伤压条。要拔早、拔小，草长大后不仅拔起费力，而且容易松动压条，影响新生幼苗苗木生长。

（4）抗旱保苗。虽说压条与母树相连，水分可通过母树供应，对旱害的抵抗力较强，但遇到严重旱情时，母树本身的水分得不到满足，幼苗更易受旱害。因此，在干旱季节要及时浇水，保证母树和幼苗对水分的需求。必要时还要对幼苗进行遮阴，以防烈日灼伤。

总之，茶树的压条繁殖，看似简单，但每一个细节、每一个环节都很关键，因为这样才能保证茶苗的成活率，保证以后茶叶的产量和品质。

3. 主要病虫害的发生与防治

茶树病虫害防治，做到严格按防治指标用药，不能见虫见病就急于用药，做到科学防治。

1）主要病虫害的发生

病害主要是轮斑病、茶枯病，这两种病害是越冬菌源在第二年3月发生，4~6月进入危害期，危害枝干或叶片；主要虫害是蚜虫、茶毛虫、毒蛾和茶小卷叶蛾等。蚜虫、茶毛虫、毒蛾等越冬虫卵块和茶小卷叶蛾越冬蛹第二年4~6月危害嫩芽或叶片；轻时嫩芽或叶片残缺不全，严重时芽或叶片全无，像火烧一样，致使茶树干枯或死亡。

2）主要病虫害的防治

（1）合理密植。一般采用单行条植法，行距1.5 m，丛距0.33 m，每丛3株，每亩栽苗4 000~5 000株。根系带土移栽，适当深埋，以埋没根颈为度，舒展根系，适当压紧，使植株生长健壮，发育良好，抗病虫能力相应提高。

（2）加强管理。平衡施肥，按产定量。施足基肥，以有机肥为主，少施化肥，尽量控制氮肥施用量。

（3）修剪管理。适时修剪和清园。每年都要适时修剪，剪去病虫枝叶，清除枯死病枝；轻修剪长度为3~10 cm，中剪枝为现有树高的一半，深修剪离地面20~30 cm。修剪的病虫枝梢深埋或火烧处理，以减少轮斑病、茶枯病的越冬菌源，减少茶蚜、茶毛虫、茶黑毒蛾的越冬虫卵块和茶小卷叶蛾的越冬基数。深翻中耕培土，不仅能改善土壤墒情，有利于茶树根系生长，而且能破坏病虫越冬场所，杀灭土壤种的越冬幼虫，深埋枯枝落叶，减少病原基数。同时及时分批留叶采摘，这样可以除去新枝上茶小卷叶蛾等害虫的低龄幼若虫和卵块，减轻茶枯病危害。有条件的地方挂诱杀灯诱杀害虫，对一些有趋性的害虫诱杀，或用毒饵、色板诱杀成虫。此法大面积应用效果更明显。

（4）药物防治。对虫口密度、病情指数超过防治指标的茶园，如茶毛虫每亩7 000~9 000头，根据国家无公害茶的生产标准，安全合理使用药剂防治。禁止使用高毒、高残留的农药，如甲胺磷、甲基对硫磷、氰戊菊酯、三氯杀螨醇等。用药时，应选准农药品种，注意使用方法、浓度及安全间隔期。如用Bt制剂300~500倍液防治茶毛虫、毒蛾和茶小卷叶蛾，安全间隔期3~5天；用0.2%苦参碱水剂1 000~1 500倍液防治茶毛虫、茶黑毒蛾、茶小卷叶蛾，安全间隔期5天。注意轮换用药，每种农药在采茶期只能用1次。这样既可以防止病虫产生抗药性，又可以减少残留。

（五）培育的目的

（1）绿化景观作用。造林绿化荒山，这样既起到了美观、绿化作用，又可多阴凉，果树开花结果时节，是一道风景线，具有良好的景观欣赏作用。同时，起到防护林绿化作用，可以降低风速、减轻风害；调节小气候。

（2）茶叶饮品作用。建立茶园，采收茶叶，供人们饮用，增加林农的经济效益。

五、杉木

杉木，学名 *Cunninghamia lanceolata*，杉科，杉木属，常绿乔木，又名沙木、沙树、刺杉、香杉等，是中原地区优良乡土树种。

（一）形态特征

杉木，常绿乔木，树干高达 28~30 m，胸径可达 2.5~3 m；树冠幼树期尖塔形，大树为广圆锥形，树皮褐色，裂成长条片状脱落，内皮淡红色；大枝平展，小枝近对生或轮生，常成二列状，幼枝绿色，光滑无毛。叶披针形或条状披针形，略弯而成镰状，革质、坚硬，深绿色，并且有光泽，长 2~7 cm，宽 3~6 mm，在相当粗的主枝主干上常有反卷状枯叶宿存不落；球果卵圆至圆球形，长 2.5~6 cm，径 2~5 cm，熟时苞鳞革质，棕黄色，种子长卵或长圆形，扁平，长 6~8 mm，暗褐色，两侧有狭翅，每果内含种 200 粒；子叶 2，发芽时出土，10 月下旬果成熟；花期 4 月；

冬芽近圆形，有小型叶状的芽鳞，花芽圆球形、较大等。

（二）生长习性

杉木为浅根性树种，没有明显的主根，侧根、须根发达，再生力强，但穿透力弱。杉木属亚热带树种，较喜光，喜温暖湿润、多雾静风的气候环境，不耐严寒及湿热，怕风，怕旱。适应年平均温度 15~23 ℃，极端最低温度-17 ℃，年降水量 800~2 000 mm 的气候条件。在水湿条件下生长快，在适应的温度条件下也生长快。怕盐碱，对土壤要求比一般树种要高，喜肥沃、深厚、湿润、排水良好的酸性土壤。

（三）主要分布

杉木在中原地区主要分布于平顶山、鲁山、舞钢、南阳、桐柏、信阳、栾川、淅川、三门峡等地区，海拔 600~800 m 以下的山区种植，河南省舞钢市国营石漫滩林场三林区对眼沟口西岸，人工引种栽植 10 株，树龄 35 年，树高平均 20~25 m，胸径 24.8~28.5 cm，枝下高 12~16 m，冠幅 4~4.6 m，立地条件为河旁黄棕壤、砂石，厚土层 40~60 cm，长势健壮、良好。在中国栽培区北起秦岭南坡，河南桐柏山，安徽大别山，江苏句容、宜兴，南至广东信宜，广西玉林、龙津，云南广南、麻栗坡、屏边、昆明、会泽、大理，东自江苏南部、浙江、福建北部、西部山区，西至四川大渡河流域的泸定磨西面以东地区及西南部安宁河流域。随地形和气候条件的不同而有差异，在中国东部大别山区海拔700 m以下，福建戴云山区1 000 m以下，四川峨眉山海拔1 800 m以下，云南大理海拔2 500 m以下，均有生长分布。

（四）苗木繁育

杉木优良苗木繁育技术，主要采取播种育苗、扦插育苗两种方法。

1. 苗圃地选择与整地

（1）苗圃地的选择。播前准备，要选择土壤疏松、排灌方便的沙壤土建立苗圃地。

（2）苗圃地的整地。播种前，人工细致整地，施足基肥，基肥以农家肥为主，每亩施入5 000~7 000 kg。采用高床育苗，床面宽100~120 cm，高20~30 cm，床面要人工精细平整，土块要敲碎备播。

2. 大田播种与苗木保护管理

1）播种育苗

（1）选择种子。采用种子繁殖苗木，要选择20~35年以上的无病虫害的优良母树采种，采下果球后晾晒3~5天，脱出种子后再晾晒1~2天，然后密封干藏，等待来年春季育苗。

（2）种子处理。春季播种，播种前进行种子消毒处理，用0.15%~0.3%的福尔马林液浸种15分钟，然后倒去药液，封盖1~1.5小时后播种，杀毒，确保种子的出芽率。

（3）大田播种。可采用撒播或条播，播种沟宽2~3 cm，深0.5~1 cm，沟距18~20 cm。播后用细土覆盖，厚0.5~0.8 cm，上面再盖草，保温保湿以利发芽。当幼芽大部分出土时，要分批适量揭草，揭草在傍晚或阴天进行，如遇低温，可暂停揭草。

（4）播种苗木管理。要做好人工松土除草工作，松土时注意不要损伤幼苗，除草最好在雨后或灌溉后连根拔除。幼苗初期多施氮、磷肥，中期多施氮、磷、钾完全肥料，生长盛期过后应停施氮肥，酌施磷、钾肥，施肥方法，化肥选择喷雾机叶面喷雾实施，每亩苗木使用肥料45~50 kg。当苗高5~6 cm时进入生长盛期，应开始间苗，根据新生苗木生长情况和苗木密度再进行1~2次间苗，间苗可以促进苗木快速生长。

2）扦插繁育

（1）扦插苗圃地的选择。选择光照、浇水、管理条件方便的地方为佳。床宽度以70~80 cm为宜，以便于人工操作；如果采用人工喷浇水，劳动量太大，因而在喷浇水时主要采用全光照喷雾设施。扦插苗床整理好以后就必须将喷雾设施架设好。

（2）扦插种穗的选择。3月上旬，选择健壮、无病虫害的母树，并且选择其根部上的萌条，3月开始萌发，待萌发条生长至8~9 cm时开始采穗，采集穗条时要选择长势旺盛、顶芽明显、枝条粗壮、叶片轮生状的穗条，小土堆以上的萌发条要及时用利剪剪去，只采扒开小土堆内的萌发条，并将所有达到8~9 cm的枝条全部剪下，而且要紧贴主干剪，在剪下的枝条里选出可以扦插的枝条，枝条下面修剪成斜口，同时修剪下部4 cm的叶片即可。

（3）种穗的扦插。扦插时期为3月上旬，做到当天采的插条，当天立即扦插。将修剪后的插条斜插入土中，与地面保持40°角，深度4.3~4.6 cm，株距4~5 cm，行距

20~22 cm。插穗要与土壤密结，插条保持株对株、行对行整齐排列，以便于日后松土和除草管理。最后在扦插好的苗床上均匀撒 1 层 0.5 cm 厚的粉碎稻草或锯末，保墒促进成活率。

（4）扦插管理。当插条插入时开始喷雾，白天每隔 2 小时喷雾 1 次，控制在 8~10 分钟内，晚间、阴天和雨天不喷雾，以扦插苗上挂水珠为佳，也可以根据苗床实际情况改变喷雾时间，扦插的苗木 30 天后开始减少喷雾次数，增加苗木生根、炼苗时间，从而适应自然气候等。插穗扦插以后，记录每天情况，从第 7 天开始喷雾施 0.2%尿素肥，以后每隔 6 天喷雾施肥 1 次，连喷 8 次后结束喷雾施肥。扦插的插穗在第 10 天喷 1 次 0.2%的多菌灵水溶液，过 15 天后再喷 1 次多菌灵水溶液，对插穗和地面进行消毒处理。插穗喷药一般在 16：00 进行，喷药后 12 小时内不宜喷施其他药剂。

3）幼苗的管护

中耕除草，以全面中耕除草为主，带状、块状松土为辅。1~2 年生幼苗，每年松土除草 2~3 次，分别在 3~4 月、5~6 月、8~9 月进行。第 3 年后，每年 2 次，在 4~6 月、7~9 月进行。在杂草种子成熟前进行效果好。中耕深度为 10~20 cm，头年稍浅，以后逐年加深；树冠范围内稍浅，以外稍深。低山丘陵地区，还应每隔 3~4 年在秋冬进行一次深翻抚育，在树下 30 cm 外深挖 30~40 cm，松土保墒。

4）修剪管理

幼树要除蘖防萌，杉木根际有大量潜伏芽，当栽植过浅时，根际裸露，顶端优势破坏，往往会萌发许多萌蘖条，造成一树多干，应按“除早、除小、除了”的要求，做好除萌抹芽等工作。同时为防止潜伏芽萌动成长，还要用厚土培蔸，改善树蔸附近的水肥条件，要及时扶正歪倒的幼树，保护幼树，不伤顶芽、树皮，特别注意不要修活枝。

5）抚育管理

对移植或造林成活率高、造林密度大的苗圃地或林地，要适时进行合理间苗或伐苗，促进幼树快速生长；抚育时间，第一次间伐在造林后 5~10 年，第二次间伐在第一次间伐后 3~5 年进行，每亩保留株数视土质好坏和培育大小材种而定，立地条件好的培育大径材，每亩保留 80~100 株；立地条件中等的培育中径材，每亩保留 100~120 株；立地条件差的培育小径材，每亩保留 120~160 株。按“砍密留稀，砍小留大，砍弯、杈留优，砍病虫木留健康木，均匀分布保留木”的原则，确定去、留木，并结合砍伐杂灌进行垦挖抚育，确保新生幼树快速生长成才。

6）施肥管理

适度施肥，肥料应以富含有机质的农家肥为主，也可用适量的尿素或复合肥，每株施 200~300 g，施肥要距离树干 10~20 cm 以外，平地采用环状施肥，坡地施在树干上方，要挖沟施肥覆土等 。

3. 主要病虫害发生与防治

1）主要虫害的发生与防治

（1）主要虫害的发生。4~7 月，树木生长期，枝干虫害主要为双条杉天牛，为害轻时可使树叶发黄，长势衰退；重则使整株枯死。枝叶虫害主要为杉梢小卷蛾，危害症状表现为，幼虫蛀入杉树嫩梢顶部或顶芽为害，造成枯梢。

（2）主要虫害的防治。双条杉天牛的主要防治方法：树木生长期，幼虫进入孵化盛期，用40%氯氰菊酯100~200倍液喷杀；用敌敌畏300倍液注入虫孔，然后用黄泥封闭虫孔，毒杀进入木质部为害的幼虫。杉梢小卷蛾的主要防治方法：人工摘除并烧毁被害梢，或用黑光灯诱杀羽化的成虫。初龄幼虫可用80%敌敌畏乳剂800~1 000倍液喷洒防治。

2）主要病害发生与防治

（1）主要病害的发生。主要病害，一是杉苗猝倒病，该病是杉木苗期的主要病害，4~7月，雨季时易流行蔓延，发生严重时可导致杉苗大面积死亡。二是杉木炭疽病，杉木感染杉木炭疽病后，轻者针叶枯萎，重者大部分嫩梢枯死。造林时要适地适树，平地、低洼地及土壤粘重板结地不宜栽杉。丘陵红壤地区的杉木幼林，宜采取开沟培土、除萌打蘖、清除病枝、深翻抚育和间种绿肥等措施，可有效防止杉木炭疽病的发生。

（2）主要病害的防治。为了预防该病害发生，在幼苗出土后7~10天就应定期喷洒0.1%敌克松或0.5%~1%的硫酸亚铁溶液，以后10天左右喷1次。幼苗猝倒病多在雨季流行，施用药液容易流失，可用草木灰拌生石灰粉（8∶2）撒于床面或条播沟内，用量每亩100~150 kg。晴天可用0.3%漂白粉液、1%波尔多液或0.1%~0.5%敌克松喷洒苗木。

（五）培育的目的

（1）绿化作用。杉木树姿端庄，适应性强，抗风力强，耐烟尘，其材质优良，轻软而有芳香，耐腐而又不受白蚁蛀食，可做行道树及营造防风林。

（2）用材作用。杉木为中国长江流域、秦岭以南地区栽培最广、生长快、经济价值高的用材树种。木材黄白色，有时心材带淡红褐色，质较软，细致，有香气，纹理直，易加工，比重0.38，耐腐力强，不受白蚁蛀食。供建筑、桥梁、造船、矿柱、木桩、电杆、家具及木纤维工业原料等用。

（3）药用作用。以根或根皮、树皮、心材及树枝、树干结节、叶、种子、球果、木材中的油脂为杉木油，可以入药。

六、马尾松

马尾松，学名 *Pinus massoniana* Lamb，松科、松属，又名松树、青松、山松、枞松等，常绿乔木，是中原地区优良乡土树种。

（一）形态特征

马尾松树，常绿乔木，高可达30~45 m，胸径1.5 m；树皮红褐色，枝平展或斜展，树冠宽塔形或伞形，枝条每年生长一轮，广东两轮，冬芽卵状圆柱形或圆柱形；叶为针叶，细柔，微扭曲，两面有气孔线，边缘有细锯齿；叶鞘宿存。雄球花淡红褐色，圆柱形，聚生于新枝下部苞腋，穗状，雌球聚生于新枝近顶端，淡紫红色，种子长卵圆形，花期4~5月，果呈球果形，第二年10~12月成熟。

（二）生长习性

马尾松为阳性树种，不耐庇荫，喜光、喜温。适生于年均温 13～22 ℃、年降水量 800～1 800 mm、绝对最低温度不到 -10 ℃的地区。根系发达，主根明显，有根菌。对土壤要求不严格，喜微酸性土壤，但怕水涝，不耐盐碱，在石砾土、沙质土、黏土、山脊和阳坡的冲刷薄地上，以及陡峭的石山岩缝里都能生长。马尾松木材极耐水湿，有"水中千年松"之说，特别适用于水下工程。

（三）主要分布

马尾松在中原地区主要分布于鲁山、栾川、西峡、南召、舞钢、泌阳、信阳、确山等地；在我国主要分布于江苏省的六合、仪征，安徽省淮河流域、大别山以南，河南省西部、南部，陕西省汉水流域以南，长江中下游各省区，福建，广东，四川中部大相岭东坡，西南至贵州贵阳、毕节及云南富宁。在长江下游其垂直分布于海拔 700 m 以下，长江中游海拔 1 100～1 200 m 以下，在西部分布于海拔 1 500 m 以下。

（四）苗木繁育

马尾松为直根性树种，培育大田苗木时，不要培育深根苗，即主根粗长、侧须根细少，这样培育的苗木造林成活率低，缓苗期长，且幼林前期生长慢。采用塑料袋或容器育苗，虽能提高马尾松苗质量及造林成活率，但因育苗成本较高，运苗费用增加，推广难度很大。为此，在马尾松大田育苗的生长期中，用铁制切根铲适时适量切去苗木部分原主根，能够促进苗木根系生长，增加侧根、须根的数量，提高菌根感染率，降低高径比，控制冠根比，可显著提高马尾松大田裸根苗质量与造林成活率。现将切根育苗技术介绍如下，同时介绍采种繁育苗木技术。

1. 苗圃地选择与整地

（1）苗圃地的选择。切根育苗地宜选择在地势开阔、向阳、坡度平缓、靠近水源的地方，土壤以质地疏松，没有或极少石块、石砾的酸性壤土或沙壤土为佳。

（2）苗圃地整地做床。播种前，要提前 3～6 个月，深翻苗圃地，整地深度 20～25 cm。结合整地要撒施磨碎的硫酸亚铁粉每亩 15～20 kg 或生石灰每亩 30～40 kg 进行土壤消毒，并施入磷肥每亩 60～100 kg 作底肥。然后，精耕细耙做高床，床宽 1 m，高 18～20 cm，步道宽 28～30 cm。如圃地前作非马尾松林或松苗，则床面还需均匀撒一层松林菌根土，提高苗木出芽率和促进苗木健壮生长。

2. 大田播种与苗木保护管理

（1）大田播种。为确保切根时马尾松树苗能达到要求，播种时间要选择在 2 月下旬至 3 月上旬，最迟不超过 3 月底。播种方式，采用条播进行，播距 15～20 cm，播沟方向最好与苗床方向平行。经精选、消毒的马尾松良种播种量，每亩 3～4 kg。播种后的苗床可覆盖薄膜或稻草，用以保温、保湿，促进种子提早发芽，出芽整齐。

（2）苗期管理。一是出苗期注意薄膜管理，防止"烧"苗；二是苗木出齐后，每隔 10～15 天喷洒一次 1∶1∶120 的波尔多液，连续 2～3 次，以预防猝倒病发生；三是结合除草松土勤施、淡施追肥 3~5 次，6 月中旬后水施尿素 1~2 次，浓度 0.3%~0.5% 为宜，促进苗木生长；四是低山丘陵区遇连晴高温，要抗旱保苗，在伏旱结束后，及时间苗、定苗，将过密的细苗木去除。

（3）切根时间。为保证切根育苗效果，切根时的苗木高度需达 12 cm，主根长 15 cm 以上。因此，凡伏旱前调查苗木根茎生长量已达要求的，可于 7 月中旬前切根，否则需待伏旱结束、秋雨到来后的 8 月下旬至 9 月上旬再行切根；海拔 800 m 以上无伏旱或伏旱影响不大的山区，切根时间完全视苗木生长量决定，但最迟不得晚于 9 月中旬，不然切根后苗木生长时间太短，切根效果不佳。

（4）切根深度。切根铲入土深度即保留苗床上苗木原主根长度，称为切根深度。根据研究结果，切根深度以 8~9 cm 为好，即切掉苗木原主根长度 1/2 左右。具体掌握时，苗高根长的稍深点，苗小根短的稍浅点，以不大于 10 cm 或不小于 6 cm 为宜。

（5）切根方法。切根方法有斜切、平切两种。斜切较平切省力、工效高，适宜于山区坡度较大的条播苗床，或土壤较黏、石砾较多，平切推铲困难的条播苗床。操作时，先从苗床最里边的苗行开始，用铲刀在苗行一侧从离苗木地径 5 cm 左右处，斜向苗木方向呈 60°角插入，顺势推进，即可切掉苗木主根 6~10 cm 以下部分。若苗床平坦、疏松、无石砾，或撒播苗床，则可进行平切。平切时，手握切根铲分别从苗床两边确定的切根深度入土，向苗床中央均衡用力，水平推进 50 cm，防止向上或向下偏斜。每铲切完后，切根铲原方向退出时，铲面向下稍加用力，使切缝稍宽，易于退出，切忌铲刀向上抬升，拖倒苗木。

（6）水肥管理。为防止切根后苗木萎蔫和利于须根生长与菌根形成，切根后要立即进行一次水肥管理。8 月底前切根的苗木，可以施氮肥和过磷酸钙，浓度均分别不超过 0.5%；若在 9 月上中旬切根，则不再施氮肥，只施磷肥即可。施肥量以灌透苗床土壤为度。

（7）起苗与运输。马尾松切根苗在苗床上到 11 月底或 12 月初基本停止生长后，即可起苗造林。起苗必须坚持锄挖，严禁手拔，以防扯断大量的须根、菌根。用锄起苗时，锄口应离苗木 10 cm 远，逐行倒退着深挖、轻抖，尽量注意不伤或少伤苗木侧须根和菌根。切根松苗在运输途中，为防风吹日晒而失水干枯，一定要搭盖薄膜或稻草。运到造林地后，要及时造林栽植，当天栽不完的松苗，应就近假植。

（8）采种育苗。采种时，应选 15~40 年生树冠匀称、干形通直、无病虫害的健壮母树上的种子。可在 11 月下旬至 12 月上旬球果由青绿色转为栗褐色，鳞片尚未开裂时采集。用人工加热法使种子脱粒（出籽率 3%），将采集到的种子经筛选、风选，晾干，装入袋中，置通风干燥处储藏。种子纯度为 80%~95%，千粒重 10.4 g，每千克纯种子 76 000~90 000 粒，室内发芽率 85%。马尾松种子一般储藏期为 1 年，若将干燥种子用塑料袋密封，放在 0~5 ℃低温下可储藏 1~2 年。

（9）采种育苗的苗圃地的选择与管护。选择土壤肥沃、排水好、湿润、疏松的沙壤土、壤土作圃地。施足基肥后整地筑床，要精耕细作，打碎泥块，平整床面。播种时间在 2 月上旬至 3 月上旬。播种前用 30 ℃温水浸种 12~24 小时。条播育苗，条距 10 cm，播种沟内要铺上一层细土。每亩用种子 5 kg。种子播后要薄土覆盖，可用焦泥灰盖种，以仍能见到部分种子为宜，然后盖草。播种后20~30天幼苗出土。待幼苗大部分出土后，揭除盖草。幼苗出土后40天内应特别注意保持苗床湿润。5~7月可每月施化肥1~2次，每亩每次施硫酸铵2~5 kg。马尾松苗太密时，可以进行间苗移栽，通常分2次，第1次移栽在5月中下旬，第2次移栽在7月上中旬进行。在雨后阴天或阴雨天，略带宿土，不仅可以全部成活，而且幼苗速生快长。

3. 主要病虫害的发生与防治

1）主要虫害的发生与防治

（1）主要虫害的发生。马尾松树的主要虫害，一是松毛虫，发生代数因地区和年份不同而异，河南每年发生2代，长江流域各省2~3代，福建、广东3~4代。以幼虫在针叶丛中或树皮裂缝中越冬，也有在树下杂草丛内或石缝下越冬的。越冬幼虫于来年4月下旬前后老熟。第一代幼虫发生较为整齐。松毛虫繁殖力强，产卵量大，卵成块产于松针上。初龄幼虫受惊有吐丝下垂的习性，4龄以上的幼虫食量大增，能将针叶食尽，形同火烧，严重影响松树生长，甚至使松树枯死。二是大袋蛾，大袋蛾的幼虫蚕食叶片，7~9月危害最严重。三是金龟子，4月危害枝梢。四是红蜘蛛，5~6月危害新生枝梢等。

（2）主要虫害的防治。主要虫害的防治，采取预防为主，综合治理。在造林时，一是封山育林，防止外来人员及生物进入苗圃或造林地块，减少虫害的传播；二是营造混交林，增加松树林下植被，增加林中天敌和阻隔害虫迁徙。同时，可以采取生物防治，对发生虫害面积较大，虫口密度较低的情况，采用生物防治为主。目前有白僵菌、Bt、仿生农药灭幼脲等适时施用。对小面积高虫口的松毛虫发生区进行化学防治，较好的农药有拟除虫菊脂等。对于松毛虫，要遵循自然规律防治，在没有人为干扰的情况下，松毛虫4~5年大发生一次。在无灾区、偶灾区发生松毛虫灾害一般不进行化学药剂防治。在高虫口密度下，虫口处于下降趋势，可以不进行化学药剂防治，任其自然消亡，又可在冬季或早春人工剪摘虫囊。对于金龟子、红蜘蛛等害虫，可用90%的敌百虫0.1%溶液喷杀。防治时应于傍晚或凌晨进行，可用辛硫磷或乐斯本喷雾防治，或敌敌畏1 200~1 500倍液喷杀，也可用40%敌百虫1 200~1 500倍液喷杀。

2）主要病害的发生与防治

（1）主要病害的发生。主要病害，一是斑点病，斑点病是病原真菌引起的。初期叶片出现褐色小斑，周围有紫红色晕圈，斑上可见黑色霉状物。随着气温的上升，有时数个病斑相连，最后叶片焦枯脱落。该病原菌生长最适宜的温度范围为25~30 ℃，孢子萌发适温18~27 ℃，在温度合适且湿度大的情况下，孢子几小时即可萌发。进入雨季，有植株栽植密，通风透光差，株间形成了一个相对稳定的高湿、温度适宜的环境，对病菌孢子的萌发和侵入非常有利，且病菌可反复侵染，不加以重视，可能会使病害大发生。二是松瘤病，受害树木枝干受病处形成木瘤，通常圆形，直径5~60 cm，表面密生龟裂纹，心材部分积满检脂。每年4~5月间，瘤的表面产生许多黄色疱状突起，随即破裂散出黄色粉末状的锈孢子。轮换寄主有栗属和栎属的多种树木。三是马尾松赤枯病，病害主要为害当年新叶，病叶初出现淡黄褐色或灰绿色段斑，逐渐向上下方扩展，随后转为赤褐色，最后变为灰白色并出现黑色小点，即病菌的子实体，针叶自病斑部分弯曲或折断。病菌主要以菌丝体在树上有病针叶中越冬，4 月下旬产生孢子进行侵染活动，侵染盛期在 6~7 月。

（2）主要病害的防治。对以上三种病害，防治方法是，发病初期，采取森得保可湿性粉剂 1 000 倍液或 50%多菌灵 1 000 倍液、大生 1 000 倍液喷雾灭杀。或用“621”烟剂或含 30%硫黄粉的“621”烟剂每亩 0. 75~1 kg 在 6 月上中旬放烟一次，效果良好。在病害严重地区避免营造松栎混交林，清除林下栎类杂灌木；结合松林抚育砍除重病树或病枝等，都能够灭杀病害或减少病害的发生。病害的防治贵在预防。

（五）培育的目的

（1）油料作用。松节油可合成松油，加工树脂，合成香料，生产杀虫剂，并为许多贵重萜烯香料的合成原料。松针含有 0. 2%~0. 5%的挥发油，可提取松针油，供作清凉喷雾剂、皂用香精及配制其他合成香料，还可浸提栲胶。树皮可制胶粘剂和人造板。松籽含油 30%，除食用外，可制肥皂、油漆及润滑油等。球果可提炼原油。松根可提取松焦油，松枝富含松脂，火力强，是群众喜爱的薪柴，供烧窑用，还可提取松烟墨和染料。

（2）用材作用。马尾松木材极耐水湿，有“水中千年松”之说，特别适用于水下工程。木材含纤维素 60%~62%，脱脂后为造纸和人造纤维工业的重要原料。马尾松也是中国主要产脂树种，松香是许多轻、重工业的重要原料，主要用于造纸、橡胶、涂料、油漆、胶粘等工业。

（3）园林作用。马尾松，高大雄伟，姿态古奇，适应性强，抗风力强，耐烟尘，木材纹理细，质坚，能耐水，适宜山涧、谷中、岩际、池畔、道旁配植和山地造林。也适合在庭前、亭旁、假山之间孤植，具有良好的景观作用。

（4）药用作用。药用部分：松油脂及松香、叶、根、茎节、嫩叶等可以入药。

（5）造林作用。马尾松不耐腐，心边材区别不明显，淡黄褐色，长纵裂，长片状剥落；木材纹理直，结构粗；含树脂，耐水湿。

七、油松

油松，学名 *Pinus tabuliformis* Carr.，松科、松属，针叶常绿乔木，又名短叶松、短叶马尾松、红皮松、东北黑松，是中原地区优良乡土树种。

（一）形态特征

油松为针叶常绿乔木，高达 30 m，胸径可达 1 m。树皮下部灰褐色，裂成不规则鳞块。大枝平展或斜向上，老树平顶；小枝粗壮，雄球花柱形，长 1. 2~1. 8 cm，聚生于新枝下部呈穗状；球果卵形或卵圆形，长 4~7 cm。种子长 6~8 mm，连翅长 1. 5~2. 0 cm、翅为种子长的 2~3 倍。花期 5 月，球果第二年 10 月上中旬成熟。

（二）生长习性

油松树，为喜光、深根性树种，喜干冷气候，在土层深厚、排水良好的酸性、中性或钙质黄土上均能生长良好，为阳性树种，深根性，喜光、抗瘠薄、抗风，在土层深厚、排水良好的酸性、中性或钙质黄土壤上能够生长，-25 ℃的气温下均能生长。

（三）主要分布

油松在中原地区主要分布于鲁山、栾川、西峡、南召、舞钢、泌阳、信阳、确山、林州、安阳等地；中国特有树种，分布于吉林、辽宁、河北、河南、山东、山西、内蒙古、陕西、甘肃、宁夏、青海及四川等省区，多组成单纯林。辽宁、山东、河北、山西、陕西等省有人工林种植。

（四）苗木繁育

1. 苗圃地选择与整地

（1）苗圃地的选择。选择地势平坦、灌溉方便、排水良好、土层深厚肥沃的中性沙壤土或壤土为苗圃地为佳。

（2）苗圃地的整地。苗圃整地，以 10~12 月深耕为宜，深度在 20~30 cm，深耕后不耙。第二年春季土壤解冻后每亩施入堆肥、绿肥、厩肥等腐熟的农家肥 4 000~5 000 kg，并施过磷酸钙 100~120 kg。再浅耕一次，深度在 15~25 cm，随即耙平。

2. 大田播种与苗木保护管理

（1）大田做床。播种前，做床前 4~7 天灌足底水，将圃地平整后做床。一般采用平床。苗床宽 1~1.5 m，两边留好排灌水沟及步道，步道宽 35~45 cm，苗床长度根据圃地情况确定。有灌溉条件的苗圃可采用高床。苗床高出步道 20~25 cm，床面宽 35~120 cm，苗床长度根据圃地情况确定。在干旱少雨、灌溉条件差的苗圃可采用低床育苗。床面低于步道 20~25 cm 即可。

（2）苗圃土地处理。最好地势平坦、土壤疏松、排灌方便，如有条件，可选择沙壤土。除此之外，还要在播种或扦插前进行土壤消毒，消灭土壤中的病菌，确保苗木的安全生长。采取五氯硝基苯消毒法：每平方米苗圃地用 75%五氯硝基苯 4 g、代森锌 5 g，两药混合后，再与 12 kg 细土拌匀。播种时下垫上盖。此法对防治由土壤传播的炭疽病、立枯病、猝倒病、菌核病等有特效。

（3）种子播种。油松的育苗，每亩播种量为 18~20 kg，每亩产苗量 15 万~16 万株。油松春、秋两季均可育苗，春季育苗要早，多在 3 月中下旬完成，2 月，开冻的土地就应将种子播入大田中，秋季育苗要晚，一般在 11 月上旬大地封冻前完成，秋播后要灌足冻水，封住地面，使种子在湿润的土壤中越冬，第二年种子出芽整齐一致。

（4）苗木管理。种子播种后，经常检查，根据苗木生长情况，保湿保墒、浇水；浇水要采取喷雾的形式浇水，不能漫灌；当苗木生长到 10~15 cm 时，每亩地可以喷雾水加入 5~8 kg 的复合肥，连续施入 2~3 次；5~8 月，搭建防晒网遮阴，防止日烧病，确保苗木健康生长。

3. 主要病虫害的发生与防治

（1）主要病虫害的发生。油松主要病虫害是立枯病，即幼苗出土后不久，产生褐色长条形病斑，逐渐扩大，苗根变为红褐色，后苗根皮层腐烂枯死。严重时苗圃松苗成片死亡。生产上高温季节连日阴雨、排水不良、苗床透光不好易发病，影响苗木生长。

（2）主要病虫害的防治。油松苗木繁育的苗圃地，一是要选择地势高、排灌方便的地块或采用高畦育苗。二是合理轮作，避免连作，密度适中，不宜过密。三是苗圃土壤消毒。每平方米苗床施用50%拌种双粉剂8 g或40%五氯硝基苯粉剂10 g或25%甲霜灵可湿性粉剂10 g+70%代森锰锌可湿性粉剂1.5 g与细土4~7 kg拌匀，施药前打透底水，取1/3拌好的药土撒于地下，其余2/3药土覆在种子上面，即“上覆下垫”的方法。防止各类病害发生。总之，油松病虫害防治应遵循“预防为主，及时发现，积极防治，治小治了”的原则，在生长季发现病虫害后，要及时组织用药防治。冬季苗木喷布石硫合剂，消灭树干虫卵及蛹，促进苗木速生快长成苗。

（五）培育的目的

（1）观赏作用。油松树干挺拔苍劲，四季常青，不畏风雪严寒。油松可用于园林绿化、城乡建设、风景区美化及行道树。油松的主干挺直，分枝弯曲多姿，杨柳作它背景，树冠层次有别，树色变化多，街景丰富。尤其是在古典园林中作为主要景物，以一株即成一景者极多，至于三五株组成美丽景物者更多。其他作为配景、背景、框景等用者屡见不鲜。在园林配植中，除适于作独植、丛植、纯林群植外，亦宜混交种植，非常好看，景观价值显著。

（2）工业作用。油松木材富含松脂，耐腐，适作建筑、家具、枕木、矿柱、电杆、人造纤维等用材。树干可割取松脂，提取松节油，树皮可提取栲胶，松节、针叶及花粉可入药，亦可采松脂供工业用。

（3）用材作用。油松心材淡黄红褐色，边材淡黄白色，纹理直，结构较细密，材质较硬，耐久用，是良好的用材林。

第二章　落叶树种

八、垂柳

垂柳，学名 *Salix babylonica*，杨柳科、柳属，落叶乔木树种，又名水柳、柳树、倒杨柳等，是中原地区优良乡土树种。

（一）形态特征

垂柳，落叶乔木，平均高达 5~15 m，胸径 50~80 cm。树冠倒广卵形。小枝细长下垂，褐色、淡褐色或带紫色，光滑、发亮、无毛；叶披针形或条状披针形，先端渐长尖，基部楔形，无毛或幼叶微有毛，细锯齿，托叶披针形；花黄色，花期 3~4 月；果成熟期 4~5 月。

（二）生长习性

垂柳喜光、耐水湿，喜肥沃、湿润的土壤；其萌芽力强，根系发达，较耐水淹，短期水至树顶，不会被水淹死亡；树干在水中能生出大量不定根。高燥干旱的丘陵、浅山及石灰性土壤也可以适应生长，过于干旱或土质过于黏重生长差、树势生长衰弱，也能成大树，抗风固沙，寿命长。

（三）主要分布

垂柳在中原地区主要分布于安阳、新乡、平顶山、宝丰、鲁山、漯河、叶县、许昌、西平、舞钢、驻马店、周口等地；在我国主要分布于河南、山东、湖北、河北、北京、浙江、杭州、湖南、江苏、安徽等平原地区，在水边、公园、风景区等地栽培种植。

（四）垂柳的苗木繁育

垂柳优质苗木繁育技术，主要是扦插繁育，也可用种子繁殖；采用扦插繁育，该技术简单易行，成活率高，繁殖快，管理方便。

1. 苗圃地的选择与整地

（1）苗圃地的选择。垂柳扦插，苗圃一般要选择地势平坦、地面较高、能灌能排、无病虫害的地块。同时，作为垂柳扦插的苗圃地，不能长期连续育苗，育苗 3~4 年后应更换 1 次茬口，即换繁育扦插地块。这样有利于培育垂柳壮苗，调节田间养分，降低病虫危害程度。

（2）苗圃地的整理。3 月上旬，及时耕翻苗地，深度 20~30 cm，同时整地前，每 6

亩施入农家肥 500~1 000 kg 、复合肥 80~100 kg、过磷酸钙 20~30 kg 做基肥、施硫酸亚铁 15~20 kg 进行土壤消毒。再行耕翻一次，然后开沟，沟宽 40~50 cm、深 30~35 cm，耙平床面。为降低地下水，一般采用高床南北向、宽 3 m 左右，有助于采光通风。扦插前也可在苗床上覆盖地膜，有助于提高地温，促进生根，提高扦插成活率，减少日后管理工作量。

（3）种条插穗的选择。扦插种条，应选生长快、病虫少的健壮植株作母树采种采条。同时，应选用无病虫害、无机械损伤、木质化程度高、侧芽饱满、直径为 1~1.5 cm 的一年生苗木枝条。剪取插穗时，应取种条中部截取插穗，插穗上切口在牙尖上 0.8~1 cm 处平截，下切口在芽基下 0.5 cm 处截成马蹄形，插穗长 15 cm 左右，留 3~4 芽。插穗剪好后，应使芽尖朝同一方向整齐地放入编织袋中并用细麻绳封口，并使芽尖朝上放入流动的河流中浸泡 5~7 天。

（4）种条扦插时间。优良的种条准备好后，最佳扦插时间，在 2 月下旬至 3 月上旬采集，做到随采随处理，随扦插。

（5）大田种条扦插。种条插穗扦插前的处理，应用 1 :（800~1 000）倍多菌灵或退菌特溶液、浸泡 60~70 分钟，晾干待用。扦插采用直插法，按行距带线，按株距扦插，株行距 30 cm×60 cm，每亩扦插 3 500~4 000 株，插穗上芽与地面相平。最好覆盖地膜，覆盖地膜时在插穗与地膜之间用土密封。

2. 苗圃地的浇水、施肥与管护

（1）浇水管理。种条扦插后，及时浇透水 1 次，日后根据土壤水分适时松土保墒。保持土壤墒情，有利于提高地温，促进扦插条发根。6~8 月为幼苗生长高峰期，此期气温高，在雨水不足时，应及时灌水，以充分发挥苗木生长潜力；若连续阴雨或土壤水分过多，苗圃积水，要及时排出，以防止苗木根系窒息造成叶片变黄、落叶甚至死亡。11~12 月苗木封顶控制浇水，使苗木稍部充分木质化，以利过冬。

（2）追肥管理。苗木生长期，追肥 2~3 次，每次每亩追施复合肥 20~25 kg，分别在 5 月中旬、6 月中旬、7 月中下旬。进入 8 月不再施用氮肥，以免造成苗木徒长，枝梢不能完全木质化，而形成冻梢。

（3）幼苗技术管理。新繁育的苗木，特别注意，每次浇水浇透，然后要及时松土保墒，及时除草，除草要做到“除早、除小、除了”，不要让杂草与苗木争夺营养和生长空间。当苗木生长到 20~30 cm 时，要及时定株，去除基部丛生嫩枝，选留 1 个通直、生长最好的枝条。在生长期内，尤其是 6~8 月，当顶芽生长受阻时，萌芽的侧枝应及时清除、打杈、修剪，防止主干生长受到影响。

3. 主要病虫害的发生与防治

1）主要虫害的发生与防治

（1）主要虫害的发生危害。垂柳主要虫害分别是食叶害虫、蛀干害虫。其中食叶害虫为柳蓝叶甲，1 年 2~3 代，5~9 月发生危害，交替发生危害，造成叶片千疮百孔；蛀干害虫为杨透翅蛾、杨干象、天牛类等，6~8 月发生危害，造成枝干孔洞，影响树木生长。另外，蚜虫、瓢虫、蓟马、卷叶虫等食叶害虫，也在生长期交替发生危害叶片，造成树势衰弱，影响生长和景观效益。

（2）主要虫害的防治技术。垂柳食叶害虫柳蓝叶甲的防治，6~8 月发生盛期，用三氯杀螨醇 1 000~1 200 倍液喷叶防治，连续喷布 2~3 次即可；蛀干害虫防治，6~8 月，用敌敌畏 1 000 倍液喷叶防治，或用注射器往虫孔中注入稀释 10 倍的敌敌畏溶液，并用棉球或泥土堵塞上下 2 个虫孔即可。同时，对危害垂柳的害虫，在 3 月上中旬喷 3~5次石硫合剂，4 月上中旬喷 25%灭幼脲 3 号 1 800~2 000 倍液防治。6~9 月，盛夏季节，喷布吡虫啉或甲维盐等药物 1 200~1 400 倍液，交替喷雾防治，每月防治 1 次。

2）主要病害的发生与防治

垂柳主要病害为溃疡病、黑斑病、锈病等，危害树干或叶片，发生时期，一般在春季的 4 月上旬或夏季 6~7 月。主要的防治技术分别为，4 月初，用退菌灵 500~800 倍液喷雾防治溃疡病；6 月，用代森锰锌 500~600 倍液喷叶防治黑斑病；7 月，用粉锈灵 500~700 倍液喷叶防治锈病。做到有病及时喷药防治，无病结合治虫加药预防病害。

（五）培育的目的

（1）园林景观作用。垂柳枝条细长，生长迅速，婀娜多姿，清丽潇洒，是自古以来深受人们喜爱的树种。最宜配置在湖岸、水池边，尤其是与桃花间植，可形成桃红柳绿之景，犹如江南园林春景的特色配植之一；另外，用作庭荫树孤植草坪、桥头、建筑物两旁等；另外作行道树、园路树、公路树，或适用于工厂绿化，还是固堤护岸的重要树种。

（2）用材作用。垂柳木材可供制家具；枝条可编农用生产的条筐；树皮含鞣质，可提制栲胶；叶可作畜牧养殖的饲料。

九、旱柳

旱柳，学名 *Salix matsudana* Koidz，杨柳科、柳属，又名柳树、河柳、江柳、立柳、直柳等，落叶乔木，是中原地区优良乡土树种。

（一）形态特征

旱柳，属落叶乔木，其树高达 15~20 m，胸径 80 cm。树冠倒卵形。大枝斜展，嫩枝有毛，后脱落，淡黄色或绿色；叶披针形或条状披针形，先端渐长尖，基部窄圆或楔形，无毛，下面略显白色，细锯齿，嫩叶有丝毛，后脱落；花分雄花、雌花，花丝分离，基部有长柔毛，花期 4 月；果成熟期 4~5 月。

（二）生长习性

旱柳喜光，耐寒冷、干旱及水湿，且耐寒性较强，在年平均温度 2 ℃，绝对最低温度-39 ℃下无冻害。喜湿润、排水良好的沙壤土，河滩、河谷、低湿地都能生长成林，忌黏土及低洼积水，在干旱、沙丘等地生长不良。深根性，萌芽力强，生长速度快，虫害多，树寿命长。为平原地区常见落叶树种。

（三）主要分布

旱柳在中原地区主要分布于新乡、安阳、开封、三门峡、平顶山、漯河、周口、驻马店、信阳、南阳等地；在我国分布于东北、华北平原、西北黄土高原，淮河流域，以及浙江、江苏、河南、山东、山西、河北等地，以黄河流域为主要栽培区。

（四）旱柳的苗木繁育

旱柳优质苗木繁育技术主要是通过种条插条繁育，旱柳插干极易成活。当然亦可进行播种繁殖。其主要扦插技术如下。

1. 苗圃地的选择与扦插

（1）苗圃地选择。旱柳苗圃，一定要选择土壤肥沃、浇水方便、交通条件好的地方。湿地更好，方便繁育苗木，成活率高，新生苗木生长速度快，提早成苗木出售见效。

（2）种条的选择。旱柳种条，要选用生长健壮、无病虫害的优良母树，选择一年生 0.5~1.0 cm 的枝条，即筷子粗条子作种条，截成 30~40 cm 长作插穗最好。

（3）扦插时间。旱柳萌芽力强，扦插时间，春、夏、秋三季均可。3 月上中旬和 8 月下旬至 9 月上中旬为最好，成活率高，生长旺盛。秋季雨多、土壤湿润，8 月上旬即可插条；当冬季积雪较多时，2 月下旬至 3 月上旬即可插条。若是秋季干旱，冬季又无积雪，可在 7 月的雨季插条。

（4）扦插方法。把准备好的种条按照时间进行墩状直播，每墩 3~5 株为佳，株行距按 30~50 cm 进行，插穗上部要露出土壤地面 2~3 cm，然后用脚踏实即可。

2. 旱柳树的苗木与肥水保护管理

（1）浇水施肥。旱柳幼苗期要加强肥水管理，不论春、夏、秋三季扦插的苗木，插后要及时浇水，每隔 10 天浇水一次，2~3 次即可，浇水时，每亩施入尿素 50~80 kg。

（2）保护管理。旱柳新生幼树生长期易发杈，为了不使枝条发杈，扦插的苗木每年要进行 3~4 次抹芽技术处理。抹芽时，人工带好手套，同时不要伤皮，以免影响条子生长质量。

3. 主要病虫害的发生与防治

1）主要虫害的发生与防治

（1）主要虫害的发生。旱柳主要虫害分别是食叶害虫、蛀干害虫。其中食叶害虫为柳蓝叶甲，1 年 2~3 代，5~9 月发生危害，交替发生危害，造成叶片千疮百孔；蛀干害虫为杨透翅蛾、杨干象、天牛类等，6~8 月发生危害，造成枝干孔洞，影响树木生长。

（2）主要虫害的防治。旱柳食叶害虫柳蓝叶甲的防治：6~8 月发生盛期，用三氯杀螨醇 1 000~1 200 倍液喷叶防治，连续喷布 2~3 次即可；蛀干害虫防治：6~8 月，用敌敌畏 1 000 倍液喷叶防治，或用注射器往虫孔中注入稀释 10 倍的敌敌畏溶液，并用棉球或泥土堵塞上下 2 个虫孔即可。

2）主要病害的发生与防治

（1）主要病害的发生。旱柳主要病害为溃疡病、黑斑病等，发生时期，一般春季萌芽后，危害树干或叶片，树干呈红色或褐色黄豆大小圆圈状，随着时间的推移，症状会扩大，轻时，致使幼树死亡；严重时，致使大树树势衰弱。

（2）主要病害的防治。5~8 月，在苗木生长期，采用退菌灵 500~800 倍液喷雾防治溃疡病；采用代森锰锌 500~600 倍液喷叶防治黑斑病；做到有病及时喷药防治，无病结合治虫预防病害发生危害。

（五）培育的目的

（1）景观作用。旱柳枝条柔软，树冠丰满，树形美，易繁殖，深为人们喜爱。适合于庭前、道旁、河堤、溪畔、草坪栽植，起到风景观赏作用。

（2）绿化作用。旱柳在城市、乡村可以作行道树、防护林、庭荫树，也可用于沙荒造林、农村“四旁”绿化美化及防风等。

十、桑树

桑树，学名 *Morus alba* Linn，桑科、桑属，灌木或落叶乔木，又名家桑、桑食、黑食等，是中原地区优良乡土树种。

（一）形态特征

桑树，属落叶乔木，其树高达 10~15 m，胸径 1~2 m。树冠倒卵圆形；叶卵形或宽卵形，先端尖或渐短尖，基部圆或心形，锯齿粗钝，幼树之叶常有浅裂、深裂，上面无毛，下面沿叶脉疏生毛，脉腋簇生毛。花期 4 月；聚花果（桑椹）紫黑色、淡红色或白色，多汁味甜。果熟期 5~7 月。

（二）生长习性

桑树喜光，对气候、土壤适应性都很强。耐寒，耐-30~-40 ℃的低温；耐旱，不耐水湿。也可在温暖湿润的环境下生长。喜深厚、疏松、肥沃的土壤。抗风，耐烟尘，抗有毒气体。根系发达，生长快，萌芽力强，耐修剪，寿命长。

（三）主要分布

桑树在中原地区主要分布于平顶山、三门峡、漯河、周口、驻马店、信阳、许昌、南阳等地散生种植或集中采果种植；在我国主要分布于河南、山东、河北、青海、甘肃、陕西、广东、广西、四川、云南等地。

（四）桑树的苗木繁育

桑树优良苗木繁育技术主要是，通过优良种子大田播种、大田种条扦插、母树分根、砧木嫁接繁育等均可培育苗木。其种子播种育苗技术如下。

1. 苗圃地的选择与整地

（1）采收种子。桑树采种应该选择生长健壮、无病虫害的母树。当桑树果实充分成熟时人工采收。采后的果实堆放在晒场上，堆放2~3天，堆放时候要用草珊子或麻袋片覆盖。在堆放过程中要注意经常翻动，防止温度过高发热，影响种子的成活率。然后进行洗种，淘洗前，先将桑椹捣烂，然后放入细眼箩内，用净水漂洗，得到饱满的种子。洗净的种子需摊放在通风处晾干，不可暴晒，以免降低发芽率。

（2）种子储藏。桑树春播的种子，需要用低温、干燥等方法储藏，抑制其呼吸作用，减少种子内养分的消耗，才能出芽率高。储藏技术方法，把充分干燥的桑籽装入塑料袋，储放在3~4 ℃低温的冰箱或冷库内；也可把桑籽装进布袋，储藏在以生石灰为干燥材料的容器内。桑籽重量为生石灰的1.4~1.9倍，两者之间用物隔开。容器内留1/3的空隙，密封后放置于阴凉干燥处。特别注意，桑树种子在温暖多湿的环境下随意放置，可造成种子发芽率降低。

（3）苗圃地的选择。桑树苗圃应选择在地势平坦、土壤肥沃、日照充足、排灌便利，同时没有种植过桑树的地块为宜。

（4）苗圃地的整理。为了给繁育苗木创造良好的生长条件，苗圃地要深耕、施基肥、做畦。深耕的目的是提高土壤肥力和出苗率。施基肥的目的是让苗木能在较长时间内吸收到养分，基肥以有机肥为主，每亩施腐熟农家肥400~500 kg和化肥40~50 kg，结合深耕把基肥翻入土中。做畦时精耕细耙，耙匀基肥，然后起畦，要求做到畦面平、土粒细。畦宽90~120 cm、高20~25 cm，畦间距30~40 cm即可。

（5）播种时间。桑树种子育苗，播种方法分为秋播和春播。当年采种，当年播种，播种时间为9月中下旬，即秋播；种子采收后，第2年3月播种育苗的，即春播。

（6）播种方法。桑树春播种子育苗，播种前，用39~40 ℃的温水浸泡，并不停搅拌，待水凉后继续浸泡12~24小时，捞出后稍加晾干即可播种。播种方法分撒播和条播两种。撒播是将桑籽用4~5倍沙子或细土拌匀后，均匀地撒在已整好的畦面上，然后用扫帚轻扫畦面，并用木板轻轻镇压，使桑籽与土壤紧密接触。条播是先在畦面上开播种沟，然后将种子撒在播种沟内，覆土厚0.5~1 cm。播种沟与畦向垂直，沟距15~20 cm，沟深8~10 cm、宽8~10 cm，沟底要平坦，泥土要充分打碎，略压实，保证出苗整齐。每亩用种量撒播为0.75~1.5 kg，条播为0.5~1.0 kg即可。春播和夏播，均可当年出圃。每亩出苗1.5万~2.0万株。

2. 大田浇水施肥管理与保护

播种后的苗圃管理水平直接影响到苗木的质量和数量。苗期要加强科学技术管理，其主要工作环节如下。

（1）浇水排灌。播种后要保持土壤湿润，每隔24小时浇水灌溉一次，灌水不宜高于畦面，要速灌速排，以免受涝，及时排掉苗圃积水。

（2）覆盖揭草。从播种到出苗，春播10~15天，夏播8~10天。此时期，桑种子吸水膨胀，快速萌芽生长。及时补充水分，是出苗率高的保障。幼苗出苗前覆盖草席、防晒；幼苗出齐后就可揭除盖草，以利吸收阳光。揭草宜在阴天或傍晚进行，如遇干旱或日晒过猛，应分次揭草，以防桑苗灼伤。从出苗到长出5~6片真叶时是缓慢生长期。

但是，此时期根系生长快，地上部分生长慢。

（3）幼苗管理。桑树苗长出2~3片叶时，及时进行第一次间苗，按株距3~4 cm，把过密的、细小的幼苗拔去；在桑苗长出5~6片叶时再间苗一次，株距4~5 cm。苗木过疏的地方，在雨后进行移苗补植。两次间苗后，一般每亩留苗量为宜；以培养砧木为目的时，通常每亩留苗3万株左右。

（4）施肥追肥。苗期追肥2~3次，追肥可用尿素，追肥时间在幼苗长出3~4片叶时施肥，每亩用尿素3~4 kg，施肥后用树叶将苗木抖动一次，避免肥料沾在叶片上将其灼伤，然后淋水。

（5）清理除草。幼苗期，在揭去盖草后，及时除草。6~8月，高温时期苗木处于幼龄阶段，易受灼伤而影响成活。秋播是在秋分前后，气温高、干旱，应注意加强肥水管理。

3. 主要病虫害的发生与防治

1）主要虫害的发生与防治

（1）主要虫害的发生。桑树主要虫害是地下害虫，分别是地老虎、蝼蛄等，4~9月，在地下交替危害，主要危害幼苗根系。

（2）主要虫害的防治。对地老虎、蝼蛄等，及时发现虫害，立即喷杀虫剂，可用森得宝1 kg对水2 kg，拌沙或细土20~25 kg，制成毒土，傍晚撒于桑根附近，效果较好。

2）主要病害的发生与防治

（1）主要病害的发生。桑树主要病害是猝倒病，该病害主要危害苗木，尤其是在苗期发生后，造成新生幼苗猝倒或死亡，影响新生苗木速生快长。

（2）主要病害的防治。在苗圃地，发现新生幼苗有猝倒或死亡苗株时，应立即用多菌灵500~800倍液喷洒幼苗或50%甲基托布津300~400倍液防治；在苗木生长期人工及时开展调查，观察苗木的生长状况，做好预防；即在苗圃地种子播种后，及时用50%多菌灵300~400倍液喷施，喷布1~2次，预防病害的发生，减少苗木死亡，确保苗木质量，促进苗木健壮生长。

（五）桑树培育的目的

（1）绿化作用。桑树树冠丰满，枝叶茂密，秋叶金黄，适生性强，管理容易，是美丽乡村、居民新村、厂矿绿地美化环境树种，又是农村“四旁”绿化的主要树种，在城乡造林中广泛应用，起到绿化作用。

（2）景观作用。在园林、风景区、山庄绿化中与各类花、灌木等搭配，培育种植成树坛、树丛或与其他树种混植作为风景林，其果能吸引鸟类，宜构成鸟语花香的自然景观，起到景观作用。

（3）经济作用。桑树经济价值很高；叶可以饲蚕或作为畜牧养殖饲料；根、果入药，果酿酒；木材供雕刻；茎皮是制蜡纸、皮纸和人造棉的原料。

十一、构树

构树，学名 *Broussonetia papyrifera*，桑科、构属，又名构桃树、构乳树、楮树、楮实子、沙纸树、谷木、谷浆树、假杨梅褚桃、构桃，落叶乔木，是中原地区优良乡土树种。

（一）形态特征

构树，属落叶乔木，平均高达 10~16 m，胸径 50~70cm。树皮浅灰色；小枝密被丝状刚毛；叶卵形，叶缘具粗锯齿，不裂或有不规则 2~5 裂，两面密生柔毛；聚花果圆球形，橙红色，花期 4~5 月；果熟期 7~8 月。

（二）生长习性

构树喜光，耐干旱、耐瘠薄，亦耐湿，生长快，病虫害少，根系浅，侧根发达，根蘖性强；对气候、土壤适应性强；对烟尘及多种有毒气体抗性强。

（三）主要分布

构树在中原地区主要分布于平顶山、许昌、开封、周口、驻马店、信阳、南阳、三门峡、洛阳、安阳、濮阳等地，在浅山丘陵、田间地头野生分布和种植。在我国主要分布于河南、河北、山东、山西等地。

（四）构树的苗木繁育

构树优良苗木繁育技术主要是播种繁育。其种子播种育苗技术如下。

1. 苗圃地的选择与整地

（1）种子采收。种子采收时间为 8 月下旬至 10 月，人工采集成熟的构树果实，装在大锅或桶内捣烂，漂洗 2~3 次，除去渣质，把获得的纯净种子在晒场晾干，即可干藏备用。

（2）苗圃地选择。选择背风向阳、疏松肥沃、交通便利、浇水灌溉、深厚的壤土地作为圃地为佳。

（3）苗圃地整理。9~10 月，及时翻犁苗圃地一遍，同时去除杂草、树根、石块等杂物。播种前 25~30 天，施入基肥，每亩施入农家肥 600~800 kg，同时施入粉碎的饼肥 120~150 kg，而后精耕细耙土壤。

（4）种子播种。播种时期，3 月中旬至 4 月上旬。播种方法为窄幅条播，播幅宽 5~6 cm，行间距 20~25 cm，播前用播幅器镇压，种子与细土按 1∶1 的比例混匀后撒播，然后覆土 0.3~0.5 cm，稍加镇压即可。需盖草保湿、保墒。

2. 大田肥水管理与保护

（1）浇水管理。构树新生苗木生长期的管理，即种子播种后，采取盖草防晒保护。当出苗后，有 1/3 出苗时，开始第一次揭草，3~4 天后第二次揭草。当苗出齐后的 7~8

天，人工用细土培根护苗。此间注意墒情不足的要喷水保湿；对连续下雨的天气，做好排水，防止新生苗木受淹死亡。

（2）施肥管理。5~8 月，新生幼苗进入速生快长期，可追施化肥 2~3 次，每次每亩 5~10 kg 复合肥。同时加强松土除草、间苗等技术管理。8~9 月，当年繁育的幼苗生长高达 40~50 cm。10 月，落叶后可以移植或出圃造林销售。

3. 主要病虫害的发生与防治

1）主要虫害的发生与防治

（1）主要虫害的发生。主要害虫是天牛，幼虫蛀食树干和树枝，影响树木的生长发育，使树势衰弱，导致病菌侵入，也易被风折断。天牛主要是在幼虫期蛀食树干、枝条及根部。受害严重时，整株死亡，木材被蛀，失去工艺价值。

（2）主要虫害的防治。防治天牛危害，成虫采用敌敌畏和敌百虫合剂 800 倍液喷杀；对蛀干幼虫，用脱脂棉团沾敌敌畏原液，塞入树干虫孔道，再用黄泥等将孔口封住毒杀。

2）主要病害的发生与防治

（1）主要病害的发生。构树的病害是烟煤病，烟煤病其实就是其表面产生一层暗褐色至黑褐色霉层，以后霉层增厚呈煤烟状。因为症状有点像烟煤，所以也叫烟煤病。烟煤病具体症状表现为叶子慢慢地起皱，在叶面、枝梢上形成黑色小霉斑，然后扩大到整个叶面、嫩梢。要注意的是它具有传染性，慢慢别的叶子也出现了同样的状况，最后会导致整株枯萎。

（2）主要病害的防治。防治烟煤病，用石硫合剂每隔 15 天喷 1 次，连续 2~3 次即可。同时，在苗木生长期一定要加强杀虫，特别是在夏季，因为害虫大多数都是在夏天暴发，可用药物喷布，多数杀菌药都有一定效果，如代森铵、多菌灵（5%以上浓度，可以用高浓度比例的原液多加水稀释）、波尔多液、甲基等。

（五）培育的目的

（1）绿化作用。构树枝叶茂密，抗干旱、耐瘠薄，适应性广，是人们喜爱的“四旁”树、防护林树种。尤其是在农村绿化、矿区绿化、景观绿化中，起到绿化作用。

（2）景观作用。构树分雌雄株，在城市园林绿化、公园美化、风景区等地种植雌株，其构桃果实为聚花果，红色鲜艳美观，能吸引鸟类觅食，以增添景区、公园内鸟语花香的山林野趣，很受人们欢迎，具有良好的景观作用。

（3）经济作用。构树嫩叶可喂猪、羊等。采用构树叶为主要原料发酵制成，不含农药、激素。利用生物技术发酵生产的构树叶饲料具有独特的清香味，猪喜吃，吃后贪睡、肯长。根据饲养生猪品种的不同和生长阶段的不同，饲料消化率达 80%以上。构树叶蛋白质含量高达 20%~30%，氨基酸、维生素、碳水化合物及微量元素等营养成分也十分丰富，经科学加工后可用于生产全价畜禽饲料。植株具有造纸作用。

（4）抗性作用。构树能抗二氧化硫、氟化氢和氯气等有毒气体，可用作为荒滩、偏僻地带及污染严重的工厂的绿化树种。也可用作行道树。

（5）药用作用。中医学上称果为楮实子、构树子，与根共入药，有补肾、利尿、强筋骨功能。构树以乳液、根皮、树皮、叶、果实及种子入药。夏秋采乳液、叶、果实及种子，冬春采根皮、树皮，鲜用或阴干。

十二、紫荆

紫荆，学名 *Cercis chinensis*，豆科、紫荆属，又名满条红，落叶乔木，是中原地区优良乡土树种。

（一）形态特征

紫荆为落叶乔木或丛生灌木，平均高 15~20 m，其树皮和小枝呈灰白色。叶纸质，近圆形或三角状圆形，长 4.5~11 cm，宽与长相若或略短于长，先端急尖，基部浅至深心形，两面通常无毛，嫩叶绿色，仅叶柄略带紫色，叶缘膜质透明，新鲜时明显可见。花紫红色或粉红色，2~10 余朵成束，簇生于老枝和主干上，尤以主干上花束较多，越到上部幼嫩枝条则花越少，通常先于叶开放，但嫩枝或幼株上的花则与叶同时开放，花长 0.9~1.2 cm；花梗长 2.8~10 mm，花蕾时光亮无毛，后期则密被短柔毛；果实为荚果，呈扁狭长形，绿色，长 5~7.5 cm，宽 1~1.3 cm，翅宽约 1.4 mm，先端急尖或短渐尖，喙细而弯曲，基部长渐尖，两侧缝线对称或近对称；果颈长 2.5~3.5 mm；种子 2~6 颗，阔长圆形，长 4.5~7 mm，宽 4~5 mm，黑褐色，光亮。花期 3~4 月；果期 8~10月。

（二）生长习性

紫荆喜光照，稍耐侧阴。具有一定的耐寒性，喜欢背风向阳处。萌蘖性强，深根性，耐修剪，对烟尘、有害气体抗性强；在光照充足处生长旺盛，在华北地区，幼树需防寒措施才能安全越冬。紫荆喜肥沃、排水良好的沙质壤土；适应性强，对土壤要求不严，在黏质土中多生长不良。有一定的耐盐碱力，在 pH 8.8、含盐量 0.2%的盐碱土中生长健壮。紫荆不耐淹，在低洼处种植极易因根系腐烂造成树木缓慢死亡。

（三）主要分布

紫荆在中原地区主要分布于平顶山、许昌、开封、新乡、周口、驻马店、信阳、南阳、三门峡、洛阳、安阳、濮阳等地，种植于绿地、公园、路边。在我国主要分布于河南、山东、河北、陕西、甘肃、广东、云南、四川、湖北西部、辽宁南部、江苏、北京、安徽等地。

（四）苗木繁育

紫荆优良苗木繁育技术，主要采取种子播种繁殖，同时，可分株、压条、扦插繁殖。播种繁育是林农常用的技术。

1. 苗圃地的选择与整地

（1）种子采收。9~10 月，紫荆果实成熟，人工及时采收荚果，然后去荚取出净种晾晒 3~5 天，室内干藏，保持干燥通风，防止霉烂。

（2）苗圃地选择。苗圃地一定要选择地势平坦、交通便利、便于排水和浇灌的地方，土壤为肥沃、疏松的沙壤土。

（3）苗圃地整地。11~12 月，每亩苗圃地施农家肥 400~500 kg，做到精耕细耙。第二年 3~4 月，再次精耕细耙一遍苗圃地，每亩土地施入化肥 50~100 kg 即可。

2. 大田播种与苗木保护管理

（1）种子播种。种子播种前，将种子放在 40~45 ℃温水中浸泡 20~24 小时进行催芽处理，方便出芽整齐一致。然后，按照 3 cm×30 cm 株行距条播。播后人工用脚踩实，加强灌水技术管理，20~25 天可出芽。

（2）浇水管理。紫荆出苗后，幼苗生长缓慢，扎根不深，要适时浇水保持土壤湿润；播种后 48~72 小时浇第 2 次水，日后视天气情况浇水，以保持土壤湿润、不积水为宜。夏天及时浇水，并可叶片喷雾，雨后及时排水，防止水大烂根。入秋后如气温不高，应控制浇水，防止秋发。入冬前浇足防冻水，每次浇水要浇足浇透。

（3）施肥管理。紫荆喜肥，肥足则枝繁叶茂，花多色艳，缺肥则枝稀叶疏，花少色淡。幼苗期施足底肥，以腐叶肥、圈肥或烘干鸡粪、农家肥为好，与种植土充分拌匀再用，否则根系会被烧伤。幼树要加强肥力管理，每年花后施一次氮肥，促长势旺盛，初秋施一次磷钾复合肥，利于花芽分化和新生枝条木质化后安全越冬。在幼苗生长期或植株生长不良的幼树，及时叶面喷施 0.2%磷酸二氢钾溶液和 0.5%尿素溶液，提高苗木肥力，促进苗木快速生长。

3. 主要病虫害的发生与防治

1）主要虫害的发生与防治

（1）主要虫害的发生。紫荆主要虫害分别是碧皑袋蛾、褐边绿刺娥、丽绿刺蛾、白眉刺蛾等，它们 1 年 1~2 代，5~8 月，紫荆生长期，交替危害叶片，受害轻的幼树叶片残缺不全，受害严重的树木叶片全无。

（2）主要虫害的防治。紫荆主要虫害集中在 5~9 月发生危害。在苗木生长期，对碧皑袋蛾，可在其初孵幼虫未形成护囊时，喷洒 20%除虫脲悬浮剂 6 000~7 000 倍液进行喷布防治；对褐边绿刺蛾、丽绿刺蛾、白眉刺蛾，可在其幼虫期采用 Bt 乳剂 500 倍液或 25%高渗苯氧威可湿性颗粒 300 倍液或 1.2%烟参碱乳油 1 000~1 200 倍液进行杀灭。

2）主要病害的发生与防治

（1）主要病害发生。紫荆主要病害是紫荆角斑病，紫荆角斑病侵染紫荆叶片，发病初期叶片上着生有褐色斑点，随着病情的发展，斑点逐渐扩大，形成不规则的多角形斑块，发病后期病斑上着生有暗绿色粉状颗粒。

（2）主要病害防治。冬季合理修剪，注意通风透光；夏季加强水肥管理；生长期加强营养平衡，不可偏施氮肥；喷施 75%达克宁可湿性颗粒 800 倍液进行防治，6~7 天 1 次，连续喷 3~4 次，或喷 75%百菌清可湿性颗粒 700 倍液，8~10 天一次，连续喷 3~4 次。

（五）培育的目的

紫荆叶大花密，早春繁花簇生，满枝嫣红，绮丽可爱，是园林绿化的优良树种。

（1）景观作用。紫荆花期长，花香浓，花大而艳丽，树冠雅致，用于城乡绿化、小区美化、公园建设等工程中，在庭院建筑、门旁、窗外、墙角点缀、草坪边缘、建筑物周围和林缘片植、丛植；生长管理比较粗放，具有观赏价值。又是良好的行道树、庭荫风景树和观赏树种。

（2）环保作用。紫荆对氯气有一定的抵抗性，滞尘能力强，是工厂、矿区绿化的好树种。

十三、皂荚

皂荚树，学名：*Gleditsia sinensis* Lam.，豆科、皂荚属，又名皂角、猪牙皂、牙皂等，落叶乔木或小乔木，是中原地区优良乡土树种。

（一）生态特征

皂荚，落叶乔木，枝灰色至深褐色；平均高达25～30 m，树冠扁球形。枝干生长有分枝刺、刺粗壮，圆柱形，常分枝，多呈圆锥状；小叶6～14枚，卵形至卵状长椭圆形，小叶柄有柔毛，羽状复叶；花序腋生，花序轴、花梗、花萼有柔毛，花期4～5月；果带形，弯或直，木质，经冬不落，种子扁平，亮棕色，果熟期10月，种子多颗，长圆形或椭圆形，荚果带状，荚果呈垂直形状或扭曲形状生长，果肉稍厚，两面鼓起，或有的荚果短小，弯曲作新月形，通常称猪牙皂，内无种子；果瓣革质，褐棕色或红褐色，常被白色粉霜；种子多颗，长圆形或椭圆形，棕色，光亮，果期5～12月。皂荚树的生长速度慢但寿命很长，可达六七百年，属于深根性树种。需要6～8年的营养生长才能开花结果。但是其结实期可长达数百年。

（二）生长习性

皂荚树，喜光，稍耐阴，喜温暖湿润气候，有一定的耐寒能力。耐瘠薄，对土壤要求不严，深根性，生长慢，寿命较长。皂荚喜温暖湿润的气候及深厚肥沃适当的湿润土壤，但对土壤要求不严，在石灰质及盐碱甚至黏土或沙土上均能正常生长。

（三）主要分布

皂荚在中原地区主要分布于平顶山、许昌、漯河、洛阳、开封、新乡等大部分地区，有零星种植。在我国主要分布于河南、山东、山西、陕西、甘肃、四川、贵州、云南等地及黄河流域；河南省太行山、桐柏山、大别山、伏牛山有野生。低山丘陵、平原地区等农村常见栽培。

（四）苗木繁育

皂荚优良苗木繁育技术，主要采用种子播种繁殖。

1. 苗圃地的选择与整地

（1）苗圃地的选择。选择土壤深厚、肥沃，灌溉、排水、运输、销售方便的地方为佳。

（2）苗圃地整地。一般准备繁育苗木的土地，每亩地施用经腐熟发酵的农家肥1 800~2 000 kg作基肥，同时，施入80~100 kg的化学复合肥；然后，精耕细作，耙平土壤备播。

2. 大田播种与苗木保护管理

（1）种子的选择。要选择树干通直、长势较快、发育良好、树龄30~80年、种子饱满、没有病虫害、树体健壮的树作为采种母株，选择其种子作为良种。

（2）种子采收。皂荚10月成熟即可采种。采收的果实放置于光照充足处晾晒，晒干后用木棍敲打，将果皮去除，然后进行风选，种子阴干后，放置于干净的布袋中储藏备用。

（3）种子播种。皂荚3月中旬播种。但是，其种皮较厚，播种前要进行处理才能保证出芽率。需要上一年11月上旬，将种子放入水中浸泡48小时，捞出后用湿沙层积催芽，第二年3月中旬，种子开裂露白，可进行播种。播种前，苗圃地整地时，一定记住每亩地施用经腐熟发酵的农家肥1 800~2 000 kg作基肥，提供肥力、促进土壤疏松透气，保证新生幼苗苗木快速生长一致。播种采用条播法，条距20 cm，每米播种15粒，播种后立即覆土，厚3~4 cm。保持土壤湿润，15~20天出芽。

（4）幼苗管理。新生幼苗出齐后，可用小工具进行松土。幼苗高14~15 cm时可进行定苗，株距11~12 cm。苗期加强水肥管理和病虫害管理。当年小苗可长到90~100 cm高。秋末落叶后，可按株距0.5 m、行距0.8 m进行移栽。移栽后要及时进行抹芽修枝，以促进苗干通直生长，利于培育成根系发达、树冠圆满的大苗。

（5）水肥管理。苗木生长期，每年4月初可以施用一次尿素，6月初施用1次化学复合肥，8月中旬施用1次磷钾复合肥，秋末结合浇冻水施用1次经腐熟发酵的农家肥，每亩土地施入3 000~4 000 kg。3月中旬，移栽后要浇水1~3次。此后每月浇一次透水，7~8月，大雨后应及时将积水排出。秋末浇1次封冻水，浇足浇透，保护苗木安全越冬。

（6）苗木修剪。为了保证苗木质量，新生苗木在11~12月修剪整形，及时进行截干处理。修剪主枝，选留条件注意三个方面：一是要各占一方；二是要上下错落，不能生长在同一轨迹；三是枝条的开张角度要适宜，开张角度以45°为宜。第二年及时将新抽生的枝条抹除，防止形成竞争枝。待主枝长度长到1 m或1.5 m以上时，对其进行短截，培养侧枝，侧枝选留要本着层次清晰、疏密适当的原则。基本树形形成后，及时将树冠内的过密枝、病虫枝、交叉枝疏除，修剪整形为冠幅美观即可。

3. 主要病虫害的发生与防治

1）主要虫害的发生与防治

（1）主要虫害的发生。皂荚主要虫害分别是桑白盾蚧、含羞草雕蛾、皂荚云翅斑螟、宽边黄粉蝶。它们1年发生1~2代，主要危害叶片，交替重叠危害。

（2）主要虫害的防治。皂荚苗木生长期，5~9月，日本长白盾蚧、桑白盾蚧发生危害，可在12月对植株喷洒3~5波美度石硫合剂，杀灭越冬蚧体。若虫孵化盛期喷洒95%蚧螨灵乳剂400倍液、20%速克灭乳油1 000倍液进行杀灭。含羞草雕蛾危害，可用黑光灯诱杀成虫。初龄幼虫期喷洒1.2%烟参碱1 000倍液或10%吡虫啉可湿性粉剂2 000倍液进行杀灭。皂荚云翅斑螟发生，可用黑光灯诱杀成虫，在幼虫发生初期喷洒3%高渗苯氧威乳油2 800~3 000倍液进行杀灭。宽边黄粉蝶危害，可用灭幼脲1 300~1 500倍液杀灭幼虫，用黑光灯诱杀成虫。

2）主要病害的发生与防治

（1）主要病害的发生。皂荚主要病害是白粉病。苗木生长期要加强水肥管理，特别是不能偏施氮肥，要注意营养平衡。在日常管理中，要注意株行距不能过小，树冠枝条也不能过密，应保持树冠的通风透光，使苗木健壮生长，防止病虫害的发生。

（2）主要病害的防治。4~5月，当白粉病发生时，可用粉锈宁25%可湿性粉剂1 500倍液进行喷雾，每隔7~8天一次，连续喷2~3次，可有效控制住病情。

（五）培育的目的

（1）药用作用。皂荚果是医药食品、保健品、化妆品及洗涤用品的天然原料。皂荚种子可消积化食开胃，皂荚树的荚果、种子、枝刺等均可入药，荚果入药可祛痰、利尿；皂荚以果实、种子入药。皂荚树的根、茎、叶可生产清热解毒的中药口服液。

（2）用材作用。皂荚为生态用材林、经济林型树种，耐旱节水，根系发达，可用作防护林和水土保持林；同时，具有固氮、适应性广、抗逆性强等综合价值，是退耕还林的首选树种。用皂荚营造草原防护林，能有效防止牧畜破坏，是林牧结合的优选树种和造林树种。

（3）景观作用。皂荚，又名皂角，落叶乔木；其树冠圆满宽阔，浓荫蔽日，是河南等地的优良乡土树种。皂荚耐热、耐寒、抗污染，可用于营造城乡景观林、道路绿化、园林绿化、庭院种植，是风景区、丘陵等地的绿化观赏树种。

十四、臭椿

臭椿，学名*Ailanthus altissima*，木科、臭椿属，又名樗（chū）、椿树、木砻树、臭椿皮、大果臭椿，落叶乔木，其叶面深绿色，背面灰绿色，揉碎后具臭味，因而得名臭椿，是中原优良乡土树种。

（一）生态特征

臭椿属落叶乔木，其高可达28~25 m，树皮灰色或灰黑色，；另外，树皮平滑而有直纹、粗糙不裂；平均高达25~30 m，胸径0.5~1 m，树冠开阔，平顶形、无顶芽；嫩枝有髓，幼时被黄色或黄褐色柔毛，后脱落，小枝粗壮；叶面深绿色，背面灰绿色，叶痕大，奇数羽状复叶，小叶13~25枚，卵状披针形，齿1~2对，小叶上部全缘，缘有细毛，下面有白粉，无毛或仅沿中脉有毛，花期4~5月；翅果淡褐色，纺锤形，果熟期9~10月。

（二）生长习性

臭椿喜强光，生长快，深根性，根蘖性强，抗风沙，耐烟尘及有害气体能力极强，寿命长；臭椿枝叶繁茂，春季嫩叶紫红色，秋季满树红色翅果，颇为美观，臭椿为阳性树种，喜生于向阳山坡或灌丛中，不耐阴。适应性强，除黏土外，各种土壤和中性、酸性及钙质土都能生长，适生于深厚、肥沃、湿润的沙质土壤。耐寒，耐旱，不耐水湿，深根性。对土壤要求不严，可以在25年内达到15 m的高度。适应干冷气候，能耐-35 ℃低温。对土壤适应性强，耐干旱、瘠薄，在山区和石缝中生长，是石灰岩山地常见的树种。

（三）主要分布

臭椿在中原地区主要分布于三门峡、安阳、平顶山、许昌、漯河、洛阳、开封、新乡等地。在我国主要分布于山东、河南、陕西、甘肃、青海及长江流域等地。

（四）苗木繁育

臭椿优良苗木繁育技术，通常采用播种繁育；另外，分蘖或插根繁殖成活率也很高，苗期需要加强管理，及时抹侧芽、除萌蘖。以下主要介绍种子播种繁育技术。

1. 苗圃地的选择与整地

（1）苗圃地选择。臭椿苗木繁育。要选排水方便、浇水便捷、深厚肥沃、交通方便的土地，作为苗圃为宜。

（2）苗圃地的整地。作为苗圃地的整地，10~12月，及时深翻土地，做到深耕细耙。同时施入农家肥6 000~8 000 kg、复合肥80~100 kg作底肥。经过冬天的严寒低温冻土，土壤疏松，方便来年播种繁育苗木，促进种子出芽、出苗一致，提高苗木生长质量和效益。

2. 大田播种与苗木保护管理

（1）种子采收。臭椿苗木播种繁殖的种子，要选择优良、无病虫害、健壮的大树为采种母树。9月下旬，臭椿树的翅果实成熟时，人工及时采果，即剪除果穗。剪除果穗时，把果穗和小枝一起剪下，在晒场统一集中晾晒，晾晒2~3天，人工击打果穗取出种子，再次晾晒果实1~2天，晾干去杂后干藏库房备用。

（2）播种时间。臭椿播种育苗容易，以春季播种为宜。在黄河流域一带有晚霜为害，所以春播不宜过早。播种时间选择在3月上旬至4月下旬进行播种即可。

（3）种子播种。臭椿种子播种前，要进行种子处理，即用始温40 ℃的水浸种20~24小时，捞出后放置在温暖的向阳处混沙催芽，沙一定选择流水的河沙，这样的河沙干净无菌，河沙与种子的比例为2∶1，温度20~25 ℃，白天用草帘保温，夜间在草帘上添加麻袋片保温保湿，8~10天有一半种子裂嘴即可播种。播种通常用低床或垄作育苗，行距25~35 cm，覆土1~1.4 cm，略镇压。因为种子发芽率为70%~80%，所以每亩播种量5~7 kg。4~5天幼苗开始出土，种子发芽适宜温度为9~15 ℃，一年生苗高达60~100 cm，地径直径0.5~1.8 cm。

（4）肥水管理。5~9月，臭椿苗木生长期，根据天气干旱情况的需要，及时浇水1~2次；施入化肥1~2次，确保新生幼苗快速健壮生长。

（5）苗期管理。臭椿造林用的苗木生长1~2年内，要在3~4月中平茬一次，当年苗木树高可达2~3 m，尤其是在4~5月选留一个健壮的萌芽条，进行摘芽抚育，待树高成长达到3~5 m，即造林苗木要求高度时停止摘芽，使长高渐渐减弱，增进胸径成长健壮。为保障优势植株迅速成长，须趁早去除掉弱苗。普通立地条件好的，幼苗成长快，间苗时间要早，及时管理，促进苗木生长。特别记住，苗木幼苗期每米长留苗8~10株，每亩苗1.2万~1.6万株，当年生苗高60~180 cm。最好每年春季，3~4月移植一次，截断主根，促进侧须根生长，促进苗木健壮生长，早日出圃销售。

3. 主要病虫害的发生与防治

臭椿叶、干具有特殊气味，对病虫害抵抗能力较强。常见病害有白粉病；为害苗木的食叶害虫主要有旋皮夜蛾、蓖麻蚕；刺吸枝干害虫常见的是斑衣蜡蝉；蛀干害虫是臭椿沟眶象、沟眶象。

1）主要虫害的发生与防治

（1）主要虫害的发生。臭椿主要虫害是旋皮夜蛾、蓖麻蚕、斑衣蜡蝉，它们1年1代，危害叶片、嫩枝。臭椿沟眶象、沟眶象这两种害虫是蛀干害虫，它们食性单一，1~2年1代，幼虫在树干内，以幼虫蛀食枝、干的韧皮部和木质部越冬，第二年5月化蛹或羽化成虫危害，是专门危害臭椿的一种枝干害虫，危害轻的幼树干枯，缓慢死亡；大树受害后3~5年，导致缓慢枯枝，造成树势衰弱，因切断了树木的输导组织，导致整株死亡。

（2）主要虫害的防治。入冬12月至第二年3月上旬，人工在臭椿树梢、树身上检查旋皮夜蛾、樗蚕蛾、斑衣蜡蝉等茧或卵块，发现茧或蛹及时灭杀。育苗生长期，检查树下的虫粪及树上的被害状，发觉幼虫，人工震荡树枝幼虫吐丝下树，人工灭杀幼虫。或幼虫期用敌敌畏乳油2 000倍液等喷射散落防治。或可在幼虫或若虫期喷洒25%灭幼脲3号1 000倍液或20%杀灭菊酯乳油2 000倍液进行防治。臭椿沟眶象、沟眶象是检疫对象，此虫食性单一，是专门危害臭椿的一种枝干害虫，主要以幼虫蛀食枝、干的韧皮部和木质部，成虫羽化大多在夜间和清晨进行，有补充营养习性，取食顶芽、侧芽或叶柄，成虫很少起飞、善爬行，喜群聚危害，危害严重的树干上布满了羽化孔。人工林和行道树受害较严重。因臭椿沟眶象飞翔力差，自然扩散靠成虫爬行，人工及时捕捉成虫；或对成虫喷布氯氰菊酯1 200倍液进行灭杀；另外，在造林选择苗木时，对采购的苗木进行检疫，或为调运携带有虫的苗木喷布药物防治灭杀，确保苗木安全合格，才能造林。

2）主要病害的发生与防治

（1）主要病害的发生。臭椿主要病害是白粉病。白粉病主要危害叶片，5~9 月，因为苗木生长期气温高、雨水多湿度大，苗木极易发生白粉病的危害，叶片有白色粉状，影响叶片生长，树势衰弱。

（2）主要病害的防治。一是要加强肥、水管理，适当增施化肥，使植株生长健壮，以提高抗害能力；二是在发病期或苗木生长期，均可用 0.5%波尔多液或 5%百菌清可湿性粉剂 600~750 倍液喷雾，每 8~10 天喷布 1 次，连续喷布 2~3 次。

（五）培育的目的

（1）观赏作用。臭椿春季嫩叶紫红色，秋季红果满树，是良好的观赏树和行道树。同时，可孤植、丛植或与其他树种混栽，适宜于农村、景观、社区等造林绿化。枝叶繁茂，冠幅颇为美观，干通直高大，叶具有对氯气抗性中等，树姿端庄，适应性强，抗风力强，耐烟尘，可作为园林风景树和行道树，用于美丽乡村美化绿化。

（2）用材作用。臭椿材质坚韧，纹理直，具光泽，易加工，木材黄白色，是建筑和家具制作的优良用材。臭椿树因其木纤维长，也是造纸的优质原料。

（3）药用作用。臭椿树皮、根皮、果实均可入药，有清热利湿、收敛止痢、收涩止带、止泻、止血之功效。中药文献记载，臭椿有“小毒”，只供煎汤外洗使用。

（4）造林作用。臭椿是中原地区黄土丘陵、石质山区主要造林先锋树种。臭椿生长迅速，适应性强，容易繁殖，病虫害少，材质优良，用途广泛，同时耐干旱、瘠薄，是我国北部地区黄土丘陵、石质山区主要造林优良树种。同时，臭椿又是水土保持和盐碱地的土壤改良树种。臭椿适应性强，萌蘖力强，根系发达，属深根性树种，是水土保持的良好树种。臭椿耐盐碱，也是盐碱地绿化的好树种。

（5）环保作用。臭椿对二氧化硫、氯气、氟化氢、二氧化氮的抗性极强，而二氧化硫、氯气、氟化氢、二氧化氮是工矿区的主要排放物，臭椿具有较强的抗烟能力，所以是工矿区绿化的良好树种。另外，臭椿在石灰岩地区生长良好，可作石灰岩地区的造林树种。

（6）饲料作用。臭椿树叶可作饲料，可以饲养樗蚕，丝可织椿绸。

（7）油料作用。臭椿可以作植物油料作物，臭椿树种子含油 30%~35%。含油量大，可以炼油，出油率 25%，可作为工业油、芳香油的原料，主要可用于机械用油和油漆、制皂等。

十五、乌桕

乌桕，学名 *Sapium sebiferum*（L.）Roxb，大戟科、乌桕属，又名腊子树、桕子树、木子树、乌桕、桕树、木蜡树、木油树、木梓树、蜡烛树、油籽（子）树、洋辣子、桕桕树等，落叶乔木，为中国特有的经济树种，为工业用木本油料树种之一，是中原地区优良乡土树种。同时，乌桕为速生经济林木，幼期年平均高、径生长可达 0.8 cm 和 1 cm 以上，30 年左右高、径生长渐趋缓慢而冠辐迅速增大。实生苗 7~8 年、嫁接苗

3~5年开始结实，20~50年为盛果期，寿命可长达100年以上。

（一）形态特征

乌桕，落叶乔木，平均高达15~20 m，胸径50~60 cm，树冠近球形；各部均无毛而具乳状汁液；树皮暗灰色，有纵裂纹；枝广展，具皮孔；叶，菱形或菱状卵形，全缘，叶柄细长，叶互生，叶片长3~8 cm，宽3~9 cm。花序顶生，花黄绿色，花期5~7月；果扁球形，黑色含油，或黑褐色，熟时开裂，种子黑色，外被白色蜡质，果实冬天不落，果熟期10~11月。

（二）生长习性

乌桕喜光，耐寒性不强。耐瘠薄，对土壤适应性较强，河岸、平原、低山丘陵黏质红壤、山地红黄壤都能生长。以深厚、湿润、肥沃的冲积土生长最好，对酸性、钙质土、盐碱土均能适应。能耐短期积水，耐干旱，抗二氧化硫和氯化氢的污染能力强。主根发达，抗风力强，耐水湿。寿命较长。乌桕是一种色叶树种，春秋季叶色红艳夺目。

（三）主要分布

乌桕在中原地区主要分布于鲁山、叶县、栾川、舞钢、三门峡、南阳、驻马店、信阳、漯河、许昌等地，是河南等地优良乡土树种。在我国主要分布于河南、山东、安徽、四川、贵州、云南、浙江、湖北、四川、贵州、安徽、云南、江西、福建等地。

（四）苗木繁育

乌桕优良苗木繁育技术主要是播种繁殖，种子需要脱蜡、催芽等技术措施才能出芽。乌桕自然条件下出芽率低，新生繁育小苗要加强管理，可适当密植、剥侧芽、施肥，以培育通直的大苗。

1. 苗圃地的选择与整地

（1）苗圃地的选择。苗圃地应该选择在向阳、肥沃、深厚、排灌良好的湿润土壤或者沙壤地作苗圃地。

（2）苗圃地整理。精耕细耙苗圃地，土层深度为40~50 cm。每亩苗圃地施腐熟农家肥或猪粪8 000~10 000 kg为基肥量；施肥后，用小型的旋耕机将苗圃地深翻一遍。翻土深度为30 cm，接着用耙子将土面耙平整。再做苗床开沟。苗床开沟，将苗床起成高15~20 cm、宽1~1. 2 m、长15~20 m的沙土软床，沟宽25~30 cm，苗床以南北向为好，利于充分光照。然后，在苗床上开3~5 cm的条形播种沟。播种沟的距离在20~25 cm，以便于工作中管理。

2. 大田播种与苗木保护管理

（1）种子选择。乌桕苗木繁育种子应选择进入盛产期、无病虫害的母树，且要求种子充分成熟。以果壳开裂、种子露白为种子成熟的标志。若采收过早，则因种子发育不充分而影响播种后的发芽、生长。

（2）种子采收。乌桕11月中下旬即可采收种子。此时，种子果壳脱落，露出洁白种仁。要选结实丰富、种粒大、种仁饱满、蜡皮厚的采收。采种的方法，人工短截结果枝，取出种子。采下的种子需要晒2~3天，室内储藏。

(3) 种子浸种。选择储藏一年的种子，种子颗粒要大，而且种仁要饱满。因为合格的种子播种后发芽率高，出苗整齐。乌桕的种质很硬，还包裹着一层蜡质。需要做碱液浸泡处理。即播种前浸种，选择好清水和石灰，用浓度为5%的石灰水溶液，将种子浸入石灰水中，连续浸种48个小时，其间需要搅拌3~5次。浸种的目的，一是软化蜡层，二是软化坚硬的种皮，使水分得以进入种仁，方便更进一步做种子处理。48小时后，从石灰水中漓出种子。

(4) 搓种晾种。人工搓种，准备好盆和搓衣板，戴好手套，在搓衣板上用力揉搓种子，直到去掉蜡质层。搓种完成了，再将种子浸没在清水中，去掉浮在水面的瘪子，将残留在种子表面的蜡被处理干净。还要准备好吸水纸，将种子铺开，让它们自然晾干水分。经过这样处理的种子，发芽率高达80%以上。

(5) 种子播种。春播，2~3月进行。播种一定要尽量均匀，不能太密，否则日后影响长势，间苗的工作量大。以每3~4 cm播1粒种子为最好。乌桕条播的播种量以每亩播种7~9 kg为宜。播种之后，覆盖疏松的土壤，如果冬季播种，气候干燥，播种要深，覆土要厚些；春季播种要浅，覆土要薄些，春季覆土厚度在2~3 cm即可。

(6) 肥水管理。乌桕播种后覆土，将苗床覆盖好，及时浇水，增加湿度和水分，促进种子的出芽。在播种后20~30天就破土出苗。小苗已经长出两片嫩叶，变成嫩绿色，50~60天，幼苗就全部出齐。5~6月，苗木生长前期，在除草、间苗时，地下部分生长速度较快，而地上部分生长较慢，要追施一次复合肥，每亩地的用肥量为5~10 kg。6~8月，苗木进入速生期。苗高生长到60~100 cm。其间，苗木地对水和肥料的需求量增大，要抓好间苗、追肥、抗旱和防虫工作。

(7) 松土除草。4~5月，苗木进入快速生长前期，由于小苗占的空间小，苗圃地杂草生长的空间大，这些杂草抢夺嫩苗的营养，要及时除掉杂草。做到勤除草。25~30天除草2次，同时除草后要间苗。幼苗出土后，生长到10~12 cm开始间苗，直到生长到30 cm，其间都要随着幼苗的生长而间苗。人工拔除密集幼苗、生长势弱的幼苗。因为密度过大时，苗木的营养消耗大，并且相互遮阴，影响了苗木的光合作用。间苗宜尽量早，要分次间苗。

(8) 修剪管理。一般到了第3年春夏，乌桕幼树高度达到2 m之上，树冠也达到2 m宽。茎粗在7~8 cm。到了第3年的4~5月，进一步做幼树整形修剪，要修剪培育二级主干枝，促进苗木快速生长成形。

3. 主要病虫害的发生与防治

1) 主要虫害的发生与防治

(1) 主要虫害的发生。乌桕苗木速生期的主要虫害是黄毒蛾、樗蚕、黄刺蛾、绿尾大蚕蛾、柳兰叶甲、大蓑蛾、蚜虫等。这几种虫害都是可以羽化的虫类。它们危害叶片，造成叶片残缺不全。其中以金龟子、蚜虫危害最严重和危害较为普遍。

(2) 主要虫害的防治。乌桕主要害虫防治技术如下：蚜虫发生危害高峰期，用1.2%的烟碱乳油800~1 000倍液或吡虫啉1 200倍液等喷杀，喷杀2~3次，有效杀灭蚜虫。黄毒蛾、樗蚕、绿尾大蚕蛾、柳兰叶甲、金龟子、大蓑蛾，用灭幼脲 3 号悬浮剂 2 000~2 500 倍液喷洒苗木叶片防治。或发现虫卵和虫茧，一定要人工摘除。在夏季高温季节，以早晨及傍晚喷施为宜。喷药要均匀周到，并以叶背为重点，在虫口密度大、危害重的苗圃，在 50~60 天之内，需隔 5~7 天喷药 1 次，药剂交替使用可提高防治效果。或用 20%除虫脲 8 000 倍液、0. 5%蔬果净（楝素）乳油 600 倍液、Bt 乳剂 50 倍液或灭幼脲 3 号悬浮剂 2 000~2 500 倍液喷洒防治。发生大蓑蛾，可用人工摘除结合剪枝的方法防治。

2）主要病害的发生与防治

（1）主要病害的发生。乌桕抗病性强，在生长期病害较少见。生长期的主要病害有轮斑病、褐斑病、卷叶病等。5~9 月，主要集中在树木生长期发生，重叠危害叶片或枝干。受害轻时，叶片无光泽、有斑块，造成叶片部分落叶；受害严重时，叶片呈现干枯或早期落叶，影响树势生长。另外，乌桕幼苗期具有较强的抗病能力，1、2 年生幼树未见发生病害，3 年生以上大树的叶片会发生轮斑病、褐斑病、叶枯病。这几种病害在生长期的 7 月侵害叶片，发病叶片出现黄褐色至深褐色枯斑或枯叶，发病部位由叶缘向叶片中部侵染，严重时造成落叶，影响植株生长。

（2）主要病害的防治。11~12 月，及时开展冬季清园，集中烧毁落叶，可以消灭病菌或幼虫。5~9 月，苗木生长期，对苗木全面喷布百菌清或多菌灵、三唑酮等 800~1 000倍液，最好是连续喷布，交替喷布最好。

（五）培育的目的

（1）观赏作用。乌桕又名蜡子树、木蜡油树等，落叶乔木。其秋季叶深红、紫红或杏黄，娇艳夺目；冬天落叶后，乌桕满树白色果实，似小白花，果实冬天不落，是公园、小区、新农村建设的观赏植物。同时，乌桕适宜在城乡绿化、庭园美化、公园绿地建设，以及河边、池畔、溪流旁、建筑周围作绿化树、护堤树、行道树等。同时，乌桕树与各种常绿或落叶的秋景树种混植风景林景点，具有良好的景观效益，具有极高的观赏价值。

（2）药用作用。乌桕树以根皮、树皮、叶入药。根皮及树皮四季可采，切片晒干；叶多鲜用，可杀虫、解毒、利尿、通便，治毒蛇咬伤；外用治疔疮、鸡眼、乳腺炎、跌打损伤、湿疹、皮炎。

（3）油料作用。种子外被的蜡质称为“桕蜡”，可提制“皮油”，供制高级香皂、蜡纸、蜡烛等；种仁榨取的油称“桕油”或“青油”，供制造油漆、油墨等用。

（4）用材作用。乌桕适应性强，耐干旱、耐瘠薄，其材质也是优良木材，表现为木材坚硬，纹理细致，用途广，是良好的山区造林、荒山绿化树种。

十六、楸树

楸树，学名 *Catalpabungei*，紫葳科、梓树属，又名旱楸蒜台、水桐、梓桐、金丝楸，落叶乔木，是中原地区优良乡土树种。

（一）形态特征

楸树，落叶乔木，平均高 20~30 m，胸径 50~60 cm。树冠窄长倒卵形；树干耸直，主枝开阔伸展；树皮灰褐色、浅纵裂，小枝灰绿色、无毛。叶三角状卵形、长 6~16 cm，有紫色腺斑。叶柄长 2~8 cm，幼树叶常浅裂。总状花序伞房状排列，花冠浅粉色、有紫色斑点，花期 5 月；蒴果长 25~50 cm、径 5~6 mm。种子连毛长 3.5~5 cm，果熟期 8~10 月。

（二）生长习性

楸树，喜光，较耐寒，适生于年平均气温 10~15 ℃、降水量 650~1 150 mm 的环境。喜深厚肥沃、湿润的土壤，不耐干旱、积水。萌蘖性强，幼树生长慢，8~10 年以后生长加快，侧根发达。耐烟尘、抗有害气体能力强，生长寿命长。

（三）主要分布

楸树在中原地区主要分布于舞钢、平顶山、漯河、许昌、洛阳、开封、三门峡、焦作、安阳、周口等地，是中原地区优良乡土树种；楸树原产中国，在我国主要分布于河南、山东、山西、河北、陕西、甘肃、江苏、浙江、湖南、广西、贵州、云南等地。

（四）苗木繁育

楸树优良苗木繁育技术是采用播种育苗；为了保证品种纯正，也可以嫁接繁育苗木。其播种技术如下。

1. 苗圃地的选择与整地

（1）苗圃地的选择。楸树苗圃地应选择在交通便利、地势平坦、水源充足、土层厚度 50~60 cm、土壤肥沃的沙质土壤上。

（2）采收种子。楸树采种，选择在 20~35 年生的健壮母树和优种树上采种。9 月上旬至 10 月，当果夹由黄绿色变为灰褐色、果夹顶端微裂时种子就已成熟，采下果实摊晾晒干后脱粒既得种子储存备用。

（3）种子处理。种子处理是提高出芽率的重要技术措施，处理后种子早发芽、早出苗、出苗齐。播种前必须进行催芽处理。把楸树种子放到 28~30 ℃的温水中浸泡 12 小时，捞出种子放在筐内或编织袋内，每天用清水早晚各冲种子一次，5~7 天种子裂嘴露白即可播种。

2. 大田播种与苗木保护管理

（1）整理做畦。苗圃地精耕细耙后，然后按南北方向整畦做床，畦宽 1.8~2.2 m，长依地形而定。

（2）大田播种。3 月上旬，大田播种。播前畦床要灌足水，条沟撒播，沟宽 5~10 cm，深 1.5~2 cm，行距 30~35 cm，穴状点播，每穴 3~5 粒种子，穴距 20~25 cm。覆盖土厚 0.5~1.0 cm，每亩播种量 1~1.5 kg，播种 8 000~10 000 粒。播后用细碎杂草、细湿沙和细土各 1/3 拌匀过筛后覆盖，厚度 0.5~1.0 cm。覆土后畦床面架设薄膜小拱棚，既增温又保湿，给幼苗出土和生长提供有利繁育条件。

（3）肥水管理。楸树对水分的要求比较严格，在日常养护中应加以重视。以春天栽植的苗子为例，除浇好头三水外，还应在5月、6月、9月、10月各浇到两次透水，7~8月是降水丰沛期，如果不是过于干旱，则可以不浇水，12月初要浇足浇透防冻水，第二年春天，3月初应及时浇返青水，4~10月，每月浇1~2次透水；12月初浇防冻水，第三年可按第二年的方法浇水，第四年后除浇好返青水和防冻水外，可靠自然降水生长，但天气过于干旱，降水少时仍应浇水，楸树喜肥，除在栽植时施足基肥外，在5月初可给植株施用些尿素，可使植株枝叶繁茂。

（4）幼苗管理。5~8月，苗木快速生长期，人工及时拔草和锄草，最好在3~5天除草一次。锄草只能在苗木稍大时进行，即苗木高10~15 cm，苗木太小用锄除草容易伤苗或伤幼苗，采取人工进行最好。

3. 主要病虫害的发生与防治

1）主要虫害的发生与防治

（1）主要虫害的发生。楸树主要害虫是楸螟，楸螟以幼虫钻柱嫩梢、树枝及幼干，容易造成枯梢、风折、断头及干形弯曲。不仅显著影响林木正常生长，而且降低木材工艺价值。楸螟1年发生2代，以老熟幼虫在枝干中越冬。第2代成虫羽化盛期及第1代幼虫孵化盛期（5月），世代较整齐。

（2）主要虫害的防治。第一，人工剪除被害虫危害的枝条，然后销毁；第二，当成虫出现时，可以喷洒敌百虫或马拉松1 000倍液，以此来毒杀成虫和最初孵化的幼虫。第三，第2代成虫羽化盛期及第1代幼虫孵化盛期，即5月中旬进行药剂防治，喷洒90%敌百虫1 000~1 500倍液，或50%杀螟松乳油1 000倍液3~4次，每隔5~7天喷布一次；第四，根部埋3%呋喃或敌百虫等药物防治幼虫。

2）主要病害的发生与防治

（1）主要病害的发生。楸树主要病害是染炭疽病，当楸树感染炭疽病时，其叶片和嫩梢受危害较大，在高温高湿以及通风较差的情况下容易发病；楸树染上炭疽病后，其在缓慢发病后叶片呈现枯萎或萎蔫，逐步造成早期脱落。

（2）主要病害的防治。其主要技术措施是，在通风透光的环境下养护，进行良好的水肥养护，这样可以自然提高植株的抗病能力，但是如果植株感染炭疽病，可在此时通过喷洒防病制剂如炭疽福美可湿性颗粒500~600倍液的方法进行防治，每隔7~10天喷布一次；连续喷3~4次，效果显著。

（五）培育的目的

楸树材质优良，纹理直，不翘不裂，耐腐朽，用途广；树姿秀丽雄伟，叶大荫浓，花朵美丽，是很受人们喜欢的乡土树种之一。

（1）用材作用。楸树是中国珍贵的用材树种之一，其材质好、坚实美观、用途广、经济价值高，居百木之首。楸树年轮清晰，其木材密度0.62 g/m^2，相当于楠木、苦楝，高于核桃楸、黄菠罗的木材。楸木属阔叶树高级材种；抗拉强度中等，小于栎类等硬材，大于杨、柳、榆类等软材种；抗弯强度极大，超过多数针阔叶树种；抗冲击韧性较高，列阔叶树材前茅。楸树木材具有许多构造上的特点和工艺上的优良特性。其树干直、节少、材性好；木材纹理通直、花纹美观，质地坚韧致密、坚固耐用，绝缘性能好，耐水湿、耐腐，不易被虫蛀；加工容易，切面光滑，钉着力中等，油漆和胶粘力佳。楸材用途广泛，被国家列为重要材种，专门用来加工高档商品和特种产品。主要用于枪托、模型、船舶，还是人造板很好的贴面板和装饰材；此外，还用于车厢、乐器、工艺、文化体育用品等。

（2）观赏作用。楸树枝干挺拔，楸花淡红素雅，自古以来楸树就广泛栽植于皇宫庭院、胜景名园之中，如北京的故宫、北海、颐和园、大觉寺等游览圣地和名寺古刹到处可见百年以上的古楸树苍劲挺拔的风姿。楸树用于绿化的类型如密毛灰楸、灰楸、三裂楸、光叶楸等，或树形优美、花大色艳作园林观赏；或叶被密毛、皮糙枝密，有利于隔音、减声、防噪、滞尘，此类型分别在叶、花、枝、果、树皮、冠形方面独具风姿，具有较高的观赏价值和绿化效果。

（3）药用作用。楸树的叶、树皮、种子均为中草药，有收敛止血、祛湿止痛之效。种子含有枸橼酸和碱盐，是治疗肾脏病、湿性腹膜炎、外肿性脚气病的良药。根、皮煮汤汁，外部涂洗治瘘疮及一切肿毒。同时，楸叶含有丰富的营养成分，嫩叶可食，花可炒菜或提炼芳香油。明代鲍山《野菜博录》中记载：食法，采花炸熟，油盐调食。或晒干、炸食、炒食皆可。也可作饲料，宋代苏轼《格致粗谈》记述：桐梓二树，花叶饲猪，立即肥大，且易养。

（4）生态作用。楸树喜肥土，生长迅速，树干通直，木材坚硬，为良好的建筑用材，根系发达，属深根性树种。5 年生楸树高 6. 8 m，胸径 10 cm，主根深达 90 cm，根幅 1. 3 m×1. 5 m。大于桑树、刺槐、柽柳、香椿、白蜡等树种。因此，固土防风能力强，耐寒、耐旱，是农田、铁路、公路、沟坎、河道防护的优良树种。此外，楸树树冠茂密，对二氧化硫、氯气等有毒气体有较强的抗性，能净化空气，是绿化城市改善环境的优良树种。有较强的消声、抑尘、吸毒能力。村镇、厂矿、住宅、路旁广植楸树，可净化空气，降低噪声。楸树根系发达，属深根性树种。对于防治水土流失、阻滞风蚀、固定沙丘、保护农田起到了很好的作用。

（5）造林作用。楸树的根系 80%以上集中在地表面 40 cm 以下的土层中，地表耕作层内须根很少，与农作物的根系基本错开，不会与农作物争水肥，是胁地最轻的乔木树种之一，是最为理想的农田林网防护树种。楸树还较耐水湿，据研究，抗涝可达 18~25 天，耐积水 10~15 天，仍能正常生长。因此，楸树是很好的固堤护渠的造林树种。

十七、黄连木

黄连木，学名 *Pistac chinengsis*，为漆树科、黄连木属，又名黄连木、楷木、楷树、黄楝树、药树、药木等植物，落叶乔木，既是中原地区优良乡土树种，又是中国主要栽培珍贵树种。

（一）形态特征

黄连木高达25~30 m；树干扭曲。树皮暗褐色，呈鳞片状剥落，幼枝灰棕色，具细小皮孔，树皮裂成小方块状；小枝有柔毛，冬芽红褐色。叶为奇数羽状复叶、互生，有小叶5~6对，叶轴具条纹，被微柔毛，叶柄上面平，被微柔毛；小叶对生或近对生，纸质，披针形或卵状披针形或线状披针形，长5~10 cm，宽1.5~2.5 cm，先端渐尖或长渐尖，基部偏斜，全缘，两面沿中脉和侧脉被卷曲微柔毛或近无毛，侧脉和细脉两面突起；小叶柄长1~2 mm。花小，单性异株，先花后叶，圆锥花序腋生，雄花序排列紧密，长6~7 cm，雌花序排列疏松，长15~20 cm，均被微柔毛，花梗长约1 mm；核果球形，径约6 mm，熟时红色或紫蓝色，落叶乔木。

（二）生长习性

黄连木喜光，幼树稍耐阴；喜温暖，畏严寒；耐干旱瘠薄，对土壤要求不严，微酸性、中性和微碱性的沙质、黏质土均能适应，而以在肥沃、湿润而排水良好的石灰岩山地生长最好。深根性，主根发达，抗风力强；萌芽力强。生长较慢，寿命可长达300年以上。适应性强，对二氧化硫、氯化氢和煤烟的抗性较强。

（三）主要分布

黄连木在中原地区主要分布于焦作、济源、安阳、三门峡、鲁山、卢氏、栾川、平顶山、南阳、西峡、桐柏、舞钢等地，野生分布或种植；在中国分布广泛，在温带、亚热带和热带地区均能正常生长。河北、河南、山西、陕西最多，黄河流域、山东、广东、广西、云南、贵州、四川、西藏、青海、北京等地也有种植。

（四）苗木繁育

近年来，黄连木作为城市、乡村绿化观赏树种已被广泛栽培。黄连木树苗木供不应求。

1. 苗圃地选择与整地

（1）苗圃地的选择。黄连木喜光，应选光照充足、排水良好、土壤深厚肥沃的沙壤土、交通方便的地方作为繁育苗木基地。

（2）土壤整地。苗圃整地时，要深翻土壤，尽力打碎成细土。同时，每亩地施入5 000~8 000 kg的农家肥作基肥，要随施肥施入50%的辛硫磷800倍液或森得保65 kg，防治地下害虫；土壤施入硫酸亚铁磨碎每亩50 kg，可以防治新生幼苗发生立枯病。

2. 大田播种与苗木保护管理

（1）种子采种。黄连木，3~4月开花，10月果实成熟。当果实由红色变为铜锈色时即成熟，此时，要选择生长健壮的母株上充分成熟的果穗，熟后10~15天人工采收。采下的果实用水漂去虫果（通常为红色）、不饱满果。捞出下沉绿色果，注意，铜绿色核果具成熟饱满的种子，红色、淡红色果多为空粒。

（2）种子储藏。种子分干藏和湿藏两种，干藏适合大量储藏种子，湿藏适宜少量储藏种子或催芽。干藏的将果实采收后晾干，装入透气良好的袋子内，在低温、干燥条件下储藏备用。湿藏的将阴干的种子按种沙 1∶3 比例混合后放入层积坑内或堆积于背风向阳地面，用草席或塑料布覆盖，防止失水。在层积坑内垂直预埋几束秸秆，用于通气。河沙湿度以手握成团不滴水为宜。覆沙成馒头状，来年春季种子有 1/3 露白时即可播种。另外种子处理方法是，要及时将采收的果实放入 40~50 ℃的草木灰温水中浸泡 2~3天，搓烂果肉，除去蜡质和漂浮在面上的空种子，然后在阴凉处阴干 3~5 天后储藏备播。

（3）净种去蜡。春季 3 月，播种前，将种子和水稻壳按重量比 10∶4、体积比 1∶1 的比例放入打米机中脱去油蜡质层，后用风车将谷壳吹走，达到净种的目的。将纯净的种子放入尼龙袋子中，并浸泡在 0.5%洗衣粉中 4~5 天或者是 5%生石灰水中 2~3 天，泡好后用脚在尼龙袋上反复用力搓烂种子，并且和袋子一起用清水冲洗多次，至种子干净，可明显提高发芽率。

（4）播种时间。春播，气温适宜、湿度大、墒情好，出芽率高，一般林农选择在 3 月上旬至 4 月中旬进行。

（5）播种育苗。一般在 3 月中旬左右播种，或在清明过后播种，最好是采取开沟条播。挖条状沟，沟距 25~30 cm，播幅为 5~6 cm、深 2~3 cm，将种子撒入沟内。苗床宽度为 1.5~2 m，另外加 50~60 cm 的过道种植玉米或芝麻等农作物，用来遮阴。另外，可以撒播，将种子均匀撒入沟内，用种量为每亩 12~15 kg，覆土 2~3 cm，轻轻压实，后将稻谷壳撒到苗床面上，其通气性、保温性、保湿性均好，又可防"倒春寒"，整个生长期不必清除，可以促进苗木快速生长。

（6）间苗管理。黄连木从播种到出苗结束历时 27~30 天，种子出苗前，要保持土壤湿润，为提高成活率，要早间苗，第 1 次间苗在苗高 3~4 cm 时进行，去弱留强。以后根据幼苗生长发育间苗 1~2 次，最后 1 次间苗，应在苗高 14~16 cm 时进行。

（7）施肥管理。幼苗期，要根据幼苗的生长情况施肥，生长初期即可开始追肥，但追肥浓度应根据苗木情况由稀渐浓，量少次多。幼苗生长期，以施氮肥、磷肥为主；速生期，氮肥、磷肥、钾肥混用；苗木硬化期，以施钾肥为主，停施氮肥。10 月中旬后抽的新梢易受霜冻危害，因此 8 月下旬后必须停止施肥，以控制抽梢。

（8）除草管理。及时松土除草，且多在雨后进行，行内松土深度要浅于覆土厚度，行间松土可适当加深。一般一年生苗高可达 60~100 cm，产苗每亩达到 3 000~4 000株。

3. 主要病虫害发生与防治

1）主要虫害的发生与防治

（1）主要虫害的发生。黄连木主要害虫，第一是种子小蜂，该虫主要以幼虫危害果实。成虫产卵于果实的内壁上，初孵幼虫取食果皮内壁和胚外海绵组织，稍大时咬破种皮，钻入胚内，取食胚乳和发育中的子叶，到幼虫老熟可将子叶全部吃光。受害黄连木果实，幼小时遇到不良天气容易变黑干枯脱落；第二是缀叶丛螟，主要是取食危害叶片，幼虫在两块叶片间吐丝结网，缀小枝叶为一巢，取食其中。随着虫体增大，食量增加，缀叶由少到多，将多个叶片缀成 1 个大巢，严重时将叶片全部食光，造成树枝光秃，影响黄连木的正常生长。第三是刺蛾类，主要有黄刺蛾、褐边绿刺蛾等，在黄连木产区零星发生。杂食性，主要以幼虫危害叶片，影响树势和产量。第四是黄连木尺蛾，又叫木尺蠖。食性很杂，幼虫对黄连木、刺槐、核桃等食害十分严重，可使黄连木减产20%~50%，黄连木尺蛾危害严重，有的一个枝条上有2~5条5~6龄的幼虫，叶片几乎被吃光。以幼虫蚕食叶片，是一种暴食性害虫，大发生时可在3~5天内将全树叶片吃光，严重影响树势和产量。

（2）主要虫害的防治。黄连木主要害虫种子小蜂、缀叶丛螟、刺蛾类、黄连木尺蛾等，在幼虫3龄前进行喷药防治幼虫；它们共同的特点是发生在苗木或树木生长期，即4~9月，每个月喷布一次0.3%苦参碱500~1 000倍液；或5%吡虫啉1 300~1 500倍液；或在蛾类食叶害虫为害顶梢和嫩叶时，用氧化乐果1 000倍液防治，防治率达100%。另外，选择黑光灯诱杀，黄连木尺蛾、刺蛾类、黄连木缀叶丛螟等害虫的成虫均具有趋光性，在成虫羽化期，可在夜间用黑光灯或火堆诱杀成虫，减少虫口密度，减轻危害。种子小蜂烟剂防治效果不错，即对于黄连木生长集中、郁闭度较大或者缺水的山区，黄连木种子小蜂成虫羽化期可施放杀虫烟剂，每亩放敌敌畏烟剂1~2 kg，能收到较好的效果。

2）主要病害的发生与防治

（1）主要虫害的发生。黄连木主要病害，第一是炭疽病，是危害黄连木的主要病害，该病主要为害果实，同时还可以危害果梗、穗轴、嫩梢。果实受害后果粒生长减缓，果梗、穗轴干枯，严重时干死在树上，发病重的年份对黄连木产量影响很大，个别植株甚至绝收。果穗受害后，果梗、穗轴和果皮上出现褐色至黑褐色病斑，圆形或近圆形，中央下陷，病部有黑色小点产生，湿度大时，病斑小黑点处呈粉红色突起，即病菌的分生孢子盘及分生孢子。叶片感病后，病斑不规则，有的沿叶缘四周1 cm处枯黄，严重时全叶枯黄脱落。嫩枝感病后，常从顶端向下枯萎，叶片呈烧焦状脱落。第二是立枯病，立枯病发生在苗期，在播种时，种子刚发芽时受感染表现为种腐型；种子发芽后幼苗出土前受感染表现为芽腐型；幼苗出土后嫩茎未木质化前受感染表现为猝倒型；苗木木质化后，由于根部受感染，使根部发生腐烂，造成苗木枯死而不倒伏为立枯型。潮湿时病部长白色菌丝体或粉红色霉层，严重时造成病苗萎蔫死亡。

（2）主要虫害的防治。萌芽前，喷铲除剂。春季3月，黄连木萌芽前，用5波美度石硫合剂均匀喷树体及周围的禾本科植物；消灭越冬炭疽病病菌和越冬梳齿毛根蚜卵等。黄连木幼苗出土后，6~7月如遇连续阴雨天气，则应在雨停后抓紧扒土，并在根茎部位施药防治苗木立枯病。炭疽病防治在发病前期喷百菌清500倍液或多菌灵600倍液等杀菌剂防治。

（五）培育的目的

黄连木枝密叶繁，秋叶变为橙黄或鲜红色；雌花序紫红色，能一直保持到深秋，很是美观，其皮、叶、果、根、枝浑身都是宝，同时又是中国的珍贵树种。

（1）木本油料作用。黄连木是优良的木本油料树种，具有出油率高、油品好的特点。研究结果证明，种子含油率42.26%、种仁含油率56.5%，种子出油率20%~30%，果壳含油率3.28%，是一种不干性油，油色淡黄绿色，带苦涩味，精制后可供人们食用；鲜叶含芳香油 0.12%，可作保健食品添加剂和香熏剂等。所含的脂肪酸主要包括棕榈酸、油酸、亚油酸、棕榈油酸、硬脂酸、花生四烯酸、亚麻酸，其中油酸、亚油酸、棕榈酸 3 种脂肪酸的含量之和占脂肪酸总量的 95%左右。另外，黄连木种子油可用于制肥皂、润滑油、照明，油饼可作饲料和肥料。叶含鞣质 10.8%，果实含鞣质 5.4%，可提制烤胶。果、叶亦可做黑色染料。黄连木种子含油量高，种子富含油脂，是一种木本油料树种。随着生物柴油技术的发展，黄连木被喻为"石油植物新秀"，已引起人们的极大关注，是制取生物柴油的上佳原料。

（2）食用作用。黄连木嫩叶有香味，经焖炒加工后可替代茶叶作饮料，清凉爽口，还可腌食作菜蔬。《植物名实图考》云："黄连木，江西、湖广多有之。大可合抱，高数丈，叶似椿而小，春时新芽微红黄色，人竞采其腌食，曝以为饮，味苦回甘如橄榄，暑天可清热生津"。

（3）药用作用。黄连木树皮、叶可入药，根、枝、叶、皮还可制农药。树皮全年可采取，叶夏、秋均可采收，性味苦，功能微寒，有清热、利湿、解毒之功效，可用来治痢疾、淋症、肿毒、牛皮癣、痔疮、风湿疮及漆疮初起等病症。并且将含黄连木树胶的组合物用到皮肤上，能使皮脂分泌得到控制，改善油的控制和皮肤的感觉，防止光亮和油腻，同时也提供抗老化效能，从而减轻皱纹和改善老化皮肤的外观与肤色，治疗光致老化皮肤，改善皮肤光泽、清洁性和美观性，是天然美容护肤品。

（4）观赏作用。黄连木喜光，适应性强，耐干旱瘠薄，对二氧化硫和烟的抗性较强；深根性。抗风力强，生长较慢，寿命长。黄连木先叶开花，树冠浑圆，枝叶繁茂而秀丽，早春嫩叶红色，入秋叶又变成深红或橙黄色，红色的雌花序也极美观。是城市绿化及风景区的优良绿化树种，宜作庭荫树、行道树及观赏风景树，也常作"四旁"绿化及低山区造林树种。在园林中植于草坪、坡地、山谷或于山石、亭阁之旁，无不相宜。同时，在园林绿化、城乡美化中用作风景树、庭荫树、行道树，具有良好的观赏作用。

（5）蜜源和饲料作用。黄连木花期 3~4 月，花粉量多、含蜜量大，是早春重要的蜜源植物。种子经榨取油脂后的渣粕含有蛋白质和大量粗纤维，是牛、羊、猪等动物的优良饲料。

（6）木材作用。黄连木木材是环孔材，边材宽，灰黄色，心材黄褐色，材质坚重，纹理致密，结构匀细，不易开裂，耐腐，钉着力强，是建筑、家具、车辆、农具、雕刻、居室装饰的优质用材。

（7）造林作用。黄连木是中原地区优良乡土树种，常作"四旁"绿化及低山区造林树种。在园林中植于草坪、坡地、山谷或于山石、亭阁之旁配植无不相宜。若要构成大片秋色红叶林，可与槭类、枫香等混植，效果更好。

十八、梧桐

梧桐，学名 *Firmiana platanifolia*（L. f.）Marsili，梧桐科、梧桐属，又名青桐、桐麻、碧梧、中国梧桐，落叶乔木，是中原地区优良乡土树种。

（一）形态特征

梧桐，落叶乔木，平均高达15~20 m，胸径40~50 cm。树冠卵圆形，主干通直。树皮青绿色，平滑；小枝粗壮，主枝轮生状；叶掌状3~5裂，基部心形，裂片全缘，下面密生或疏生星状毛，叶柄长与叶片近相等，裂片线形，淡黄色，反曲，密生短柔毛；花后心皮分离成5果，开裂成舟形，网脉明显，有星状毛，花期6~7月；果熟期9~10月。

（二）生长习性

梧桐喜光，耐侧阴，喜温暖气候，稍耐寒，喜在肥沃湿润的土壤上生长。不耐盐碱，怕低洼积水。深根性，顶芽发达，侧芽萌芽弱，故不宜短截，对有害气体有较强的抗性。每年萌发迟，落叶早，“梧桐一叶落，天下尽知秋”。生长快，寿命不长。梧桐在生长季节受涝3~5天即烂根致死。对多种有毒气体都有较强抗性。怕病毒病，怕大袋蛾，怕强风。宜植于村边、宅旁、山坡、石灰岩山坡等处。

（三）主要分布

梧桐树在中原地区主要分布于濮阳、舞钢、驻马店、平顶山、漯河、许昌、洛阳、开封、三门峡、焦作、安阳、周口等地，是中原地区优良乡土树种；在我国主要分布于河南、山东、河北、山西等地，在黄河流域发展栽培。民间俗语“屋前栽桐，屋后种竹”，是我国传统的种植方法，尤其是农村庭院、校园、居民新村都有种植。

（四）苗木繁育

梧桐优良苗木繁育技术，主要是采取播种育苗。但是，条件技术过硬时，可以扦插、分根等繁育苗木。

1. 苗圃地的选择与整地

（1）苗圃地选择。苗圃地要选土层深厚、疏松、富含腐殖质、排水良好的土壤，并且土壤肥沃、交通便利的地方为佳。

（2）苗圃地整地。梧桐苗圃地的整理，10月下旬，对准备繁育苗木的圃地进行精耕细耙，深翻30~40 cm。同时，每亩施入腐熟的有机肥1 000~3 000 kg。

（3）苗圃地土壤处理。梧桐种子含油量高、香，很受地下害虫喜欢，根部易被啃食破坏。为了防止苗期遭受病、虫的危害，可进行土壤消毒，每亩用70%的敌克松粉剂1~2 kg对细土50倍拌匀后均匀撒施，预防苗木病害；同时撒入3%呋喃丹颗粒剂1.5~2.5 kg或喷洒辛硫磷0.125%~0.2%药液拌土，防治地下害虫。梧桐不耐草荒，可播种前18~20天对圃地进行化学除草。可用50%的乙草胺50 mL/亩，添加清水50 kg，均匀喷雾，有效期2个月左右。

2. 大田播种与苗木保护管理

（1）种子选择。梧桐播种种子，要选择生长健壮、干形通直、无病虫害、生长树龄在15~25年的母树上的种子作良种，这样的种子饱满，出芽整齐、苗期一致。

（2）种子采种。梧桐种子 9 月下旬至 10 月上旬成熟，当果皮黄色有皱时，即可以采收。梧桐种子未成熟前已开裂，如果不及时采收，种子易散落。所以，进入成熟期就应人工连果梗一起及时采下。种子以个大、饱满、棕色、无杂质者为佳。采集种子后摊开晾晒，在晾晒时，每天人工翻动 2~3 次，轻轻揉去果皮，去杂后即可干藏或沙藏。由于梧桐种皮薄，易失水干燥而丧失发芽力，以沙藏为好。种子千粒重 125 g 左右，发芽率 85%~90%。

（3）种子浸种。播种前 30~40 天对种子进行精选，选出发育健全、饱满、粒大、无病虫害的种粒，对挑选好的种子进行消毒处理，可用 0.5%高锰酸钾溶液浸种 2 小时；或选择 3%的高锰酸钾溶液浸泡 30 分钟，取出密封 30 分钟，再用清水冲洗 4~5 次。最后用温水浸种催芽，用 60~80 ℃的温水，水面淹没种子 10 cm 以上，24 小时后捞出混湿沙堆 20~30 cm 厚，并用湿麻袋或湿稻草覆盖置背风向阳处催芽，每天淋水 2~3 次，当种子有 30%以上裂嘴时即可播种。另外浸种方法是，把梧桐种子浸泡在 5%的多菌灵溶液中 24~36 小时，然后捞出，与经过消毒过筛的湿河沙混合，混合比例为种子：河沙=1：3。选择地势高燥、背风向阳、地下水位低于 1.5 m 处，挖一四壁垂直的催芽坑，坑的大小依种子的数量而定。在催芽坑的最底下添 5 cm 的河沙，然后放置通气杆，通气杆选用 4~6 根玉米杆捆绑而成，再把种子与河沙的混合物放置其中，上面覆盖 5 cm 的河沙，最后覆盖 5 cm 的黄土。一般情况下，30~40 天种子即可裂口发芽，下地播种。

（4）制作苗床。播种前，人工制作苗床，床面宽 100~120 cm、高 18~20 cm，步道宽 30~40 cm，长度随地而定，四周挖好排水沟，做到雨停沟内不积水即可。

（5）种子播种。3 月下旬至 4 月上旬进行。在苗床内进行条播，行距 25 cm，播种量为每亩播种 14~15 kg，播种要均匀，且边播边覆土。然后覆土，厚度 1.0~1.5 cm，厚薄要均匀一致，以利出苗整齐。播后覆盖一层稻草或杂草或麦秸，覆盖厚度以不见地面为宜，保持土壤湿润，20~25 天幼苗出土。

（6）幼苗管理。4 月，当种子萌动后，约有 30%的子叶出土时即可揭去覆草。当苗高达 4~5 cm 时，进行人工第一次间苗，当苗高达 8~10 cm 时进行第二次间苗，株距 20~30 cm。同时，浇水人工除草。

（7）浇水管理。种子播种后，幼苗生长初期，要小水勤浇，保持土壤湿润，以利种子发芽出土及幼苗根系的生长；7 月上旬幼苗进入速生期，增加灌水量，做到多量少次，保持苗木的水分平衡；9 月中下旬高生长停止，要停止灌水，以防苗木木质化程度不够而影响安全越冬。

（8）施肥管理。4~5 月，当苗木真叶出现后，可人工追施硫铵或碳铵，每亩用量 30~35 kg，分 3 次追施；其中，每亩施入磷肥 2.5~2.8 kg；每亩施入钾肥为 2 kg。采用喷肥方法施入肥料，2~3 次完成。9 月以后，为防止苗木徒长，有利于木质化，应停止追施氮肥，增加施入磷、钾肥等，可以促使新生苗木枝干充实、健壮，有利于防寒越冬。

3. 主要病虫害的发生与防治

1）主要虫害的发生与防治

（1）主要虫害的发生。梧桐主要虫害是梧桐木虱等食叶害虫。梧桐木虱，又名青桐木虱。梧桐木虱以若虫、成虫在梧桐叶背或幼嫩枝干上吸食树液，以幼树容易受害，严重时导致整株叶片发黄，顶梢枯萎。若虫分泌的白色棉絮状蜡质物，将叶面气孔堵塞，影响叶部正常的呼吸和光合作用，使叶面呈现苍白萎缩症状，起风时，白色蜡丝随风飘扬，形如飞雾，絮状飘落，人不小心碰到会有黏糊糊的感觉，还有一股臭味，且很难清洗，严重污染周围环境，影响市容市貌。同时易招致霉菌寄生，严重时树叶早落、枝梢干枯，表皮粗糙脆弱，易受风折。

（2）主要虫害的防治。5 月中下旬，可喷洒 10%蚜虱净粉 2 000～2 500 倍液、2. 5%吡虫啉 1 000～1 200 倍液或 1. 8%阿维菌素 2 500～3 000 倍液，另外，可采用在危害期喷清水冲掉絮状物，可消灭许多若虫和成虫，在早春季节喷布 65%肥皂石油乳剂 8 倍液，杀死虫卵，防其越冬卵。4～6 月，虫害发生集中时，可用 25%敌百虫、马拉松 800 倍液喷射，或 40%乐果 2 000 倍液或 80%敌敌畏乳油 1 000～1 500 倍液喷雾。刺蛾类，其幼虫取食叶片的下表皮及叶肉，严重时把叶片吃光，仅留叶脉、叶柄，严重影响植株生长。可于冬季摘虫茧或敲碎树干上的虫茧，减少虫源。虫害发生期及时喷洒 40%的辛硫磷乳油 1 000 倍液、45%的高效氯氰菊酯 1 500 倍液、20%的绿安 1 000～1 500倍液，均匀喷雾。另外，在若虫初龄期或大发生期先用稀释 100 倍的生态箭杀菌消毒，再用稀释 1 500 倍的绿丹二号喷施，或者直接用树体杀虫剂进行树干注射，防治十分有效。12 月，人工结合冬季修剪工作防治，除去多余侧枝。可用石灰 16. 5 kg、牛皮胶 0. 25 kg、食盐 1～1. 5 kg，配成白涂剂，涂抹树干，消灭过冬卵。

2）主要病害的发生与防治

（1）主要病害的发生。梧桐主要病害是白粉病。4～5 月发生，白粉病害主要造成梧桐树的叶片出现泛黄、卷缩，逐渐干枯，最后致使早期落叶，十分影响苗木正常生长。

（2）主要病害的防治。4～5 月，在没有发生白粉病时，可选用 50%的甲基托布津可湿性粉剂 1 000 倍液喷布叶片，发生后选择 75%百菌清可湿性粉剂 500～600 倍液或百菌清 600 倍液，每隔 5～7 天喷一次即可治愈。

（五）培育的目的

（1）观赏作用。梧桐树干挺秀，叶大荫浓，树干端直，树皮绿色，平滑光洁清丽，果形奇特，是人们喜爱的行道树及庭园绿化观赏树种。梧桐也是一种优美的观赏植物，点缀于庭园、宅前，也种植作行道树。叶掌状，裂缺如花。夏季开花，雌雄同株，花小，淡黄绿色，圆锥花序顶生，盛开时显得鲜艳而明亮。

（2）绿化作用。在园林绿化、美丽乡村、城乡道路、公园、小区等建设中作庭荫树、行道树、观赏树，是良好的造林绿化作用。

（3）用材作用。梧桐木材轻韧，纹理美观，是木匣、乐器、箱盒、家具制作的主要良好用材。

（4）食用作用。梧桐种子炒熟可食或榨油，油为不干性油。

（5）药用作用。梧桐以叶、花、种子、树皮入药，治疗腹泻、疝气、须发早白等，一般可进行烘干使种子风干，水煮，口服有良好的消肿作用。有防虫作用，叶做土农药，可杀灭蚜虫。

（6）造纸作用。树皮的纤维洁白，可用以造纸等。

十九、国槐

国槐，学名 *Sophora japonica* Linn，豆科、槐属，又名槐树、槐蕊、豆槐、白槐、细叶槐、金药材、护房树、家槐等，落叶乔木，是中原地区优良乡土树种。

（一）形态特征

国槐，落叶乔木，高达 25~30 cm，胸径 1 cm。树冠广卵形；树皮灰黑色，深纵裂。顶芽缺，柄下芽、有毛。1~2 年生枝绿色，皮孔明显；小叶 7~17 枚，卵形，背面苍白色，有平伏毛；圆锥花序，花黄白色，花期 6~8 月；荚果肉质不裂，种子间溢缩成念珠状，种子肾形，果熟期 9~10 月。

（二）生长习性

国槐喜光，耐干旱、耐瘠薄、稍耐阴，适应性广。喜干冷气候，但在炎热多湿的华南地区也能生长。适生于肥沃、深厚、湿润、排水良好的沙壤土上。稍耐盐碱，在含盐量 0.15%的土壤中能正常生长。抗烟尘及二氧化硫、氯气、氯化氢等有害气体能力强。深根性，根系发达，萌芽力强，寿命长。

（三）主要分布

国槐在中原地区主要分布于许昌、漯河、郑州、开封、安阳、洛阳、濮阳、三门峡、南阳、驻马店、信阳、平顶山等地。在我国主要分布于河南、山东、山西、河北、北京、陕西、辽宁、广东、甘肃、四川等地。

（四）苗木繁育

国槐优良苗木繁育技术，主要是采取播种育苗，如果选定品种，须嫁接繁殖，用实生国槐苗作砧木。播种育苗技术如下。

1. 苗圃地的选择与整地

（1）苗圃地选择。苗圃地选择在土壤平坦、肥沃，浇水、施肥管理方便的地方即可。

（2）良种选择。种子应该选择 20~30 年生以上、生长势健壮、无病虫害的母树作良种采种树，此树种子种仁饱满、出种率高、出芽整齐。

（3）种子采收。10 月中旬，种子进入成熟期，即可人工采种。采收后，用水浸泡，搓去果皮，洗净晒场晾干，室内干藏备用。

（4）种子处理。种子播前处理，又称浸种。保湿浸种，用 60 ℃水浸种 20~24 小时，捞出掺湿沙 2~3 倍拌匀，置于室内或沙藏沟中，挖沟宽 1~1.2 m，深 0.5 m，一层沙一层种子，厚 20~25 cm，摆平盖湿沙 3~5 cm，上覆塑料薄膜，以保湿保温，促使种子萌动。注意在管理中，经常翻动和加水，使上下层种湿温一致，待种子有 20%~30%裂嘴时，即可播种。温水浸种，先用 80 ℃水浸种，不断搅拌，直至水温下降到 45 ℃以下，放置 20~24 小时，将膨胀种子取出。对未膨胀的种子采用上述方法反复 2~3 次，使其达到膨胀程度。将膨胀种子用湿布或草帘覆盖闷种催芽，经 1.5~2 天，20%左右种子萌动即可播种。沙藏浸种，一般于播种前 10~15 天对种子进行沙藏。沙藏前，将种子在水中浸泡 24 小时，使沙子含水量达到 60%，即手握成团，触之即散。将种子沙子按体积比 1∶3 进行混拌均匀，放入提前挖好的坑内，然后覆盖塑料布。沙藏期间，每天要翻 1 遍，并保持湿润，有 50%种子发芽时即可播种。

2. 大田播种与苗木保护管理

（1）大田播种。苗圃地播种前，要精耕平整、精耕细耙。结合耕翻，每亩施入农家肥 5 000~8 000 kg，同时，施入复合肥 50~100 kg，同时施入 5%辛硫磷颗粒剂 3~5 kg 防治地下害虫。大田播种，采取垄播，按 70~100 cm 行距做垄，深 2~3 cm。每亩用种 12~15 kg，覆土 2~3 cm，人工压实，喷洒土面增温剂或覆盖杂草，保持土壤湿润和温度即可。

（2）肥水管理。播种后、出苗前，土壤过于干燥时，可进行侧方浇水，浇水方法是漫灌水一次。幼苗出齐后，4~5 月间，分二次间苗，按株距 10~15 cm 定苗，每亩产苗 5 000~7 000 株。间苗后立即浇水。进入 6 月，苗木开始速生，要及时灌水追肥。每隔 15~20 天施肥一次，每次每亩施硫酸铵 4~5 kg；8 月底停止水肥。同时，要及时松土除草，促进苗木快速生长。

（3）苗木修剪。国槐一年生幼苗树干易弯曲，应于当年落叶后截干，即 10~11 月进行截干，次年培育直干壮苗，要注意剪除下层分枝，以促使向上生长。大树移植时需要重剪，成活率较高。

（4）苗木移栽。用于绿化苗木，一般 3~4 年才能出圃，由于苗木顶端枝条芽密，间距短，树干极易弯曲，第二年春季将一年生苗按株距 40~50 cm、行距 70~80 cm 进行移栽，栽后即可将主干距地面 3~5 cm 处截干。因槐树具萌芽力，截干后易发生大量萌芽，当萌芽嫩枝长到 20 cm 左右时，选留 1 条直立向上的壮枝作主干，将其余枝条全部抹除。以后随时注意除蘖去侧，对主干上、中、下部的细弱侧枝暂时保留，对防止主干弯曲有利。这样，第二年苗高可达 3 m 以上。

（5）整形修剪。根据需要可以整形修剪成自然开心形、杯状形和自然式合轴主干形 3 种树形。自然开心形即当主干长到 3 m 以上时定干，选留 3~4 个生长健壮、角度适当的枝条作主枝，将主枝以下侧枝及萌芽及时除去，冬季修剪时，对主枝进行中短截，留 50~60 cm，促生副梢，以形成小树冠；杯状形即定干后同自然开心形一样留好三大主枝，冬剪时在每个主枝上选留 2 个侧枝短截，形成 6 个小枝，夏季时进行摘心，控制生长，翌年冬剪时在小枝上各选 2 个枝条短剪，形成“3 股 6 杈 12 枝”的杯状造型；自然式合轴主干形是指留好主枝后，以后修剪只保留强壮顶芽、直立芽，养成健壮的各级分枝，使树冠不断扩大，早日成型出圃销售。

3. 主要病虫害的发生与防治

1）主要虫害的发生与防治

（1）主要虫害的发生。国槐主要虫害有三种，一是槐蚜。1年发生多代，以成虫和若虫群集在枝条嫩梢、花序及荚果上，吸取汁液，被害嫩梢萎缩下垂，妨碍顶端生长，受害严重的花序不能开放，同时诱发煤污病。5~6月，在槐上危害最严重，6月初迁飞至杂草丛中生活，8月迁回槐树上危害一段时间后，以在杂草的根际等处越冬，少量以卵越冬。二是国槐尺蛾，又名槐尺蠖。1年发生3~4代，第一代幼虫始见于5月上旬，各代幼虫危害盛期分别为5月下旬、7月中旬及8月下旬至9月上旬。以蛹在树木周围松土中越冬，幼虫及成虫蚕食树木叶片，使叶片造成缺刻，严重时，整棵树叶片几乎全被吃光。三是锈色粒肩天牛。2年发生1代，主要以幼虫钻蛀危害，每年3月下旬幼虫开始活动，蛀孔处悬吊有天牛幼虫粪便及木屑，被天牛钻蛀的国槐树势衰弱，树叶发黄，枝条干枯，甚至整株死亡。

（2）主要虫害的防治。一是国槐蚜虫的防治方法，在苗木发芽前喷石硫合剂，消灭越冬卵。5~9月，蚜虫发生量大时，可喷布吡虫啉1 000~1 200倍液或5%蚜虱净可湿性粉剂1 000~1 200倍液或2.5%溴氰菊酯乳油3 000倍液。二是国槐尺蛾防治方法，落叶后至发芽前在树冠下及周围松土中挖蛹，消灭越冬蛹。5月中旬至6月下旬，重点做好第一、二代幼虫的防治工作，可用50%杀螟松乳油、80%敌敌畏乳油1 000~1 500倍液，20%灭扫利乳油2 000倍液或灭幼脲1 000倍液进行喷雾防治。三是锈色粒肩天牛防治方法，人工捕杀成虫，天牛成虫飞翔力不强，受振动易落地，可于每年6月中旬至7月下旬于夜间在树干上捕杀产卵雌虫。人工杀卵，每年7~8月天牛产卵期，树干上查找卵块，用铁器击破卵块。化学防治成虫，6月中旬至7月中旬成虫活动盛期，对树冠喷洒2 000倍液杀灭菊酯，每10~15天一次，连续喷洒2次，可收到较好效果。3~10月为天牛幼虫活动期，可向蛀孔内注射80%敌敌畏5~10倍液，然后用泥巴封口，可毒杀幼虫。

2）主要病害的发生与防治

（1）主要病害的发生。国槐主要病害是腐烂病，也称烂皮病症状。主要危害苗木枝干，皮层溃烂呈湿腐状，是一种真菌危害的病害，造成树势衰弱。病部的表现，发病初期病部呈暗灰色，水渍状，稍隆起，用手指按压时，溢出带有泡沫的汁液，腐皮组织逐渐变为褐色。后期皮层纵向开裂，流出黑水（俗称黑水病）。病斑环绕枝干一周时，导致枝干或整株死亡。此病菌多由各种伤口侵入，3月下旬开始发病，3~4月病害发展严重，病斑发展较快，5~6月形成大量分生孢子，病斑停止扩展，周围出现愈合组织。在种植过密、苗木衰弱、伤口多的条件下，病害发生严重。病菌通常从剪口、断枝处侵入，在伤口附近形成病斑。

（2）主要病害的防治。腐烂病的主要防治方法，3月或7~8月，对苗木干部及伤口涂波尔多浆或保护剂，防止病菌侵染。发病初期刮除或划破病皮，用1∶10浓碱水、200倍退菌特或代森锌，或2.12%腐烂净乳油原液，每平方米200 g涂病部病斑或用30倍托布津涂抹，对树干可喷洒300倍50%退菌特或70%甲基托布津等，防治效果显著。

（五）培育的目的

（1）用材作用。国槐枝叶茂密，绿荫如盖，可作庭荫树、城乡道路行道树、造林绿化树，又是防风固沙、用材及经济林兼用的树种；国槐对二氧化硫、氯气等有毒气体有较强的抗性。

（2）药用作用。国槐皮、枝叶、花蕾、花及种子均可入药。其羽状复叶和刺槐相似。花为淡黄色，可烹调食用，也可作中药或染料。其荚果与其他豆类植物不同，肉胶质，在种粒之间收缩，形成念珠状，俗称“槐米”，也是一种中药。花期在夏末，与其他树种花期不同，是一种重要的蜜源植物。花和荚果入药，有清凉收敛、止血降压作用；叶和根皮有清热解毒作用，可治疗疮毒。

（3）观赏作用。国槐是庭院常用的特色树种，其枝叶茂密，绿荫如盖，适作庭荫树，在中国北方多用作行道树。配植于寺庙、公园、建筑四周、街坊住宅区及草坪上，也极相宜。也可作工矿区绿化之用。夏秋可观花，并为优良的蜜源植物。具有良好的观赏价值。

（4）用材作用。国槐木材富弹性，耐水湿。可用于建筑、船舶、枕木、车辆及雕刻等。

（5）经济作用。国槐种仁含淀粉，可供酿酒或作糊料、牲畜饲料；种子榨油提供工业用油；槐角的外果皮可提馅糖等原料。

二十、流苏

流苏，学名 *Chionanthus retusus*，木樨科、流苏树属，又名白花茶、四月雪等，是落叶灌木或小乔木，是中原地区优良乡土树种，为中国主要栽培珍贵树种，国家二级保护植物。

（一）形态特征

流苏，落叶乔木或灌木状，平均高达 6~20 m。树冠平展，树皮灰色，大枝皮常纸质剥裂，嫩枝有短柔毛，小枝灰褐色或黑灰色，圆柱形，开展，无毛，幼枝淡黄色或褐色，疏被或密被短柔毛；叶革质，椭圆形、倒卵状椭圆形，幼树叶缘有细锯齿，叶柄基部带紫色、有毛，叶背脉上密生短柔毛，后无毛；聚伞状圆锥花序顶生，花白色、芳香，花冠裂片狭长、长 1~2 cm，花冠筒极短，单性异株，花期 4~5 月；果椭圆形，被白粉，径 6~10 mm，呈蓝黑色或黑色。核果蓝黑色，长 1~1. 6 cm，果熟期 7~10 月。

（二）生长习性

流苏喜光照，不耐阴蔽，耐寒、耐旱，怕积水，生长速度较慢，寿命长，耐干旱瘠薄，但以在肥沃、通透性好的沙壤土上生长最好，有一定的耐盐碱能力，在 pH8. 7、含盐量 0. 2%的轻度盐碱土中能正常生长，未见任何不良反应。对土壤适应性强，喜在湿润肥沃的沙壤土或碎石山地生长。

（三）主要分布

流苏在中原地区主要分布于平顶山、三门峡、驻马店、南阳、信阳、安阳、鲁山、舞钢等地，经常分布于灌丛中或山坡、河边、山沟。在我国分布于河南、河北、山西、陕西、山东、甘肃、江苏、浙江、江西、福建、广东、四川、云南等地；在海拔 450~1 500 m，在向阳山坡或河边等野生生长；海拔 3 000 m 以下的稀疏混交林中也有分布。

（四）苗木繁育

流苏优质苗木繁育技术，主要是采取播种育苗繁育苗木。流苏是稀有植物，其种子出芽力强，宜采种。1 年生苗木，地径达 0. 5~1. 0 cm；流苏是嫁接桂花、丁香的优良砧木。苗木干在 0. 5~1. 0 cm 粗度，是嫁接桂花、丁香的粗度。育苗技术如下。

1. 苗圃地的选择与整地

（1）苗圃地的选择。苗圃地选择土壤平坦、土壤肥沃、含沙质、浇灌、排水、交通便利的地方为佳。

（2）苗圃地的整地。第一年 10~11 月，把选择好留作苗圃地的地块，做到精耕、细耙一遍，让冬季雨、雪淋冻 2~5 个月，可以杀死部分在土壤中越冬的害虫，使土壤疏松不会板结。第二年 1~2 月底，再把苗圃地精耕、细耕、整平一遍；同时，耕作苗圃地时要施入基肥，每亩施入农家肥 5 000~8 000 kg 和 80~100 kg 的复合肥即可。

2. 大田播种与苗木保护管理

（1）种子采收。流苏种子采收要选择 8~10 年生以上、长势健壮、树形好、无病虫害的母树上的种子，作繁育苗木的优良种子。

（2）采种时间。8 月下旬至 9 月上旬，流苏种子已经成熟，应及时采收；10 月过晚种子已落。流苏果实成熟的特征为呈蓝紫色，此时种子进入成熟期，人工及时采收。采收的种子要及时晾晒后储藏备用。

（3）种子处理。种子处理的目的是提高出芽率。8 月下旬至 9 月上旬，采回后，用湿沙储藏。为此，采回的种子要用湿沙储藏。11~12 月，即及时去掉外壳储藏的，挑选饱满、大小一致的种子，用干净的河沙（如果是中沙一定过筛去除），选择高燥处挖 1 m×1 m 的坑，埋藏种子，用 1/3 种子与 2/3 的沙拌匀，坑底铺 18~20 cm 沙，然后铺拌好的沙与种子，离地面 20 cm 处填沙，最后覆盖 1~3 cm 厚的细土，拍实，防止漏气。特别注意，沙的湿度以手握成团，不滴水一动即散为宜，同时，在冬季不要让埋藏种子的地方进入雨雪，每隔 30~35 天翻动、查看种子一次，不要发霉变质。

（4）播种时期。3 月上旬至 4 月初，此期气温回升快、地下土壤温度高、墒情好，有利于种子出芽，出芽率高。

（5）大田播种。播种前，苗圃地要进行人工打畦，方便浇水管理。畦宽 1~1. 2 m，长短视地块长短而定。播种采用条播，每畦按照沟深 3~4 cm，按株距 9~10 cm 1 株，均匀摆放沟内，上用森林土覆盖，森林土是采收种子生长母树下的土壤，这里土壤含有母树菌素，有利于提高出芽率。播种前，先顺沟浇水，水渗后供种，播种后最好用森林土覆盖，以后保持湿润，20~25 天可出全苗。约 3 月中旬可出芽，以后加强管理，当年可达嫁接粗度，流苏是嫁接桂花、丁香的良好砧木。流苏本身就是优良的绿化树种。

（6）苗木移植。在大田中整畦，漫灌浇水，每亩栽植 19 000~20 000 株；株行距 30 cm×10 cm；2 年后可用嫁接桂花的砧木。若培养绿化苗，可逐年从中移植，根据株行距进行移植、培养大苗，苗木移栽宜在春、秋两季进行，小苗与中等苗需带宿土移栽，大苗带土球。在栽植过程中，若日后和作本用的流苏，可用育苗方法中的第一种培养盆景，方法是栽根时，由于根系比较软，将根尖放入土中 1 m，然后将剩余的根左转一下，再右转一下，按入土中堆土栽实，2 年后将流苏苗上盆搞嫁接时，把弯曲的那一部分根系提出土外，就形成了平常所见的桂花底部形形色色、奇形怪壮的盆景，可根据造形不同，栽植时将根随意弯曲，但注意不能伤根。流苏喜肥，夏季应中耕除草，保持土壤疏松，1 年生苗可长高至 0.8~1.2 m，地径 1 cm，3 年生长达到 3-4 cm，用于绿化。

（7）浇水管理。在播后 20~25 天，幼苗开始出土。流苏喜湿润环境，栽植后应马上浇 1 次透水，5~7 天后浇第 2 次透水，再过 5~7 天浇第 3 次透水，此后每月浇 1 次透水。5~9 月，是苗木快速生长期，气温高，干旱，要加强肥水管理，每隔 15~20 天浇水 1 次，同时，及时开展人工松土、除草，促进苗木快速生长。第 1 年进入夏季，7~8 月是降水集中期，可不浇水或少浇水，大雨后还应及时将积水排除。秋末要浇好防冻水。第 2 年，3 月初及时浇返青水。北方春季干旱少雨，春季风大且持续时间长，4 月上旬和中旬要各浇一次透水。第 3 年可按第二年的方法进行浇水，第 4 年后每年除浇好封冻水和解冻水外，天气干旱降水不足时也应及时浇水。

（8）施肥管理。流苏在幼苗栽培过程中，特别是栽植的头三年，要加强水肥管理。栽植时，苗圃地要施入经腐熟发酵的羊、猪、牛、马粪肥作基肥，基肥与栽植土充分拌匀，并施用一次氮肥，以提高植株长势，秋末结合浇防冻水施一次腐叶肥或生物肥。第 1 年，5 月初施一次氮肥，8 月初施用一次磷钾肥，秋末施一次半腐熟发酵的羊、猪、牛、马粪肥；第 2 年，可按第 1 年的方法进行施肥；从第 3 年起，只需每年秋末施 1 次足量的牛、马、羊、猪粪肥即可。

（9）搭建遮阴棚。有条件的地方，7~8 月，光照强时要及时搭盖阴棚进行遮阴，搭建遮阴棚的目的是防止高温伤苗木。当年苗木可达嫁接桂花、丁香做砧木的粗度，即流苏 1 年生苗可至高 1~1.2 m。

（10）整形修剪。流苏树在园林应用中，常见的有单干型和多干型两种树形。单干型：小苗长到高 1.2~1.5 m 左右时，在冬季修剪时，将主干上的侧枝全部疏除，只保留主干，并对主干进行短截，第 2 年在剪口下选留一个长势健壮的新生枝条作主干延长枝培养，其他的新生枝条全部疏除，秋末继续对主干延长枝进行短截，第 3 年春季，在剪口下选择一个长势健壮且与第 2 年选留枝条的方向相反的芽作主干延长枝培养，此后继续按先前方法进行修剪，直至达到需求的高度。然后对主干进行短截，翌年在剪口下选择 3~4 个长势健壮，且分布均匀的枝条作主枝培养，主枝长至一定长度后可进行短截，并选留侧枝。至此，乔木状树形基本形成，以后只须将冗杂枝、病虫枝、下垂枝、干枯枝剪除即可。多干型：在苗圃阶段，可选留 3~4 个长势健壮的大枝作为主干培养，以后在主干上选留角度好、长势均衡的分枝作为主枝培养，选留主枝时一定要注意不能交叉，要各占一方。此后的修剪要选角度较大的上部枝条作延长枝，并对其进行中、短截。这样做的目的有两个，一是扩大树冠，二是有利于树冠的通风透光。

3. 主要病虫害的发生与防治

1）主要虫害的发生与防治

（1）主要虫害的发生。流苏主要的虫害是黄刺蛾，又名痒辣子；金龟子，又名牧户虫。它们主要在苗木生长期危害叶片，可以造成叶片残缺不全，其中金龟子的幼虫还危害苗木根系，致使苗木生长缓慢或死亡。

（2）主要虫害的防治。5~9 月，是黄刺蛾发生危害盛期，可在幼虫发生初期，喷洒 20%除虫脲悬浮剂 6 000~7 000 倍液或 25%高渗苯氧威可湿性粉剂 300~500 倍液进行杀灭；同时，在成虫发生危害期，可采用灯光诱杀。金龟子发生期，苗木出苗后，当小苗长出之时，4~5 月，幼虫将根咬断，防治方法是用 50%辛硫磷乳油配成溶液后进灌根，每亩施辛硫磷 1~1.5 kg，对水 15~20 kg，或用 90%敌百虫 800~1 000 倍液对水灌根，每穴灌 200~250 mm；或用敌百虫 1 000 倍液喷叶进行防治成虫。

2）主要病害的发生与防治

（1）主要病害的发生。流苏主要病害是褐斑病，褐斑病是半知菌类真菌侵染所致。6~8 月，在高温、高湿期极容易发生。发病初期叶片出现多个褐色小斑点，随着病情的发展，病斑逐渐扩大直至连接在一起，最终整个叶片干枯而脱落。

（2）主要病害的防治。防治方法，褐斑病发生初期，一是加强水肥管理，注意通风透光，减少病害发生；二是可用 75%百菌清可湿性粉剂 500~800 倍液或 50%多菌灵可湿性粉剂 500~600 倍液进行喷洒防治，每 7~10 天 1 次，连续喷布 2~3 次，防治效果显著。

（五）培育的目的

流苏，又名白花茶、四月雪等，落叶乔木或灌木状。其盛花时，似白雪压树，蔚为奇观；花冠裂片狭长，宛若流苏，清秀典雅，是人们喜爱的优良乡土绿化树种。

（1）观赏作用。流苏适应性强，寿命长，成年树植株高大优美、枝叶繁茂，花期如雪压树，且花形纤细，秀丽可爱，气味芳香，在园林绿化、城乡美化、公园、风景区等作庭荫树、“四旁”树、行道树、观赏树；同时，可以丛植于休息小区，遮阴，赏花，闻香，幽静宜人的地方种植美化环境。是优良的园林观赏树种。

（2）用材作用。流苏木材坚重细致，可制器具。

（3）经济作用。流苏花、嫩叶晒干，味香，可代茶叶作饮料。果实含油丰富，可以榨油，供工业用油料。

二十一、枫杨

枫杨，学名 *Pteocarga stenoptera*，胡桃科、枫杨属，又名枫柳、燕子树、元宝树、馄饨树、水麻柳、榉柳、麻柳、蜈蚣柳，落叶乔木，是中原地区优良乡土树种。

（一）形态特征

枫杨，落叶乔木，树高28~30 m，平均干高8~15 m，干皮灰褐色，幼时光滑，老时纵裂。具柄裸芽，密被锈毛。小枝灰色，有明显的皮孔且髓心片隔状，枝条横展，树冠呈卵形，奇数羽状复叶，但顶叶常缺而呈偶数状，互生叶轴具翅和柔毛，小叶5~8对，呈长椭圆形或长圆状披针形，顶端常钝圆，基部偏斜，无柄，长8~12 cm，宽2~3 cm，缘具细锯齿，叶背沿脉及脉腋有毛。在平顶山地区，一般3月上旬萌芽，4月下旬展叶，4月上旬开花，花单性，雌雄异株，柔荑花序。雄花着生于老枝叶腋，雌花着生于新枝顶端，果长椭圆形，成下垂总状果序，果序长20~45 cm，果长6~7 mm，花期4~5月，果期8~10月；11月中旬进入落叶期，落叶后为越冬期。

（二）生长习性

枫杨为喜光性树种，不耐庇荫，但耐水湿、耐寒冷、耐干旱。深根性，主、侧根均发达，以深厚、肥沃的河床两岸生长良好。速生性，萌蘖能力强；对二氧化硫、氯气等抗性强，对土壤要求不严，较喜疏松肥沃的沙质壤土，耐水湿；特喜生于湖畔、河滩、低湿之地。

（三）主要分布

枫杨在中原地区主要分布于平顶山、洛阳、安阳、三门峡、南阳、舞钢、鲁山、叶县、济源等地；在我国主要分布于湖北、湖南、河南、山东、江西、广东、广西、海南、北京、天津、河北、山西、内蒙古、云南、贵州等地，在长江流域和淮河流域为最多。

（四）苗木繁育

枫杨优质苗木繁育技术，主要是采取播种育苗。

1. 苗圃地选择与整地

（1）苗圃地的选择。枫杨适应性强，易成活，但是，在繁育苗木时候，也要选择土壤平坦、土壤肥沃、含沙质，浇灌、排水、交通便利的地方。

（2）苗圃地整地。3月下旬至4月上旬，在选择育苗的大田里，播种前应每亩施入农家肥7 000~10 000 kg、复合肥80~100 kg，作为底肥，同时，细致整地，做到土碎地平，然后打畦，畦长15~20 m，宽1~1.2 m即可备播。

2. 大田播种与苗木保护管理

（1）采收种子。8月下旬至9月上中旬，当翅果由绿色变为黄褐色时，即可证明种子已成熟。此时，选择健壮母树上的翅果由绿变黄、种子成熟的果实，可用高枝剪，人工剪摘成串的果实，在晒场晾晒2~3天，去除杂物装包储藏（冬、春、秋几个季节都可播种育苗，秋季育苗可随采随播）。而后装袋干藏于室内的棚架上保存。

（2）种子处理。3月上旬，把种子放在水缸中，用35~40 ℃温水浸种，浸泡12~24小时，作催芽处理（催芽的目的是促使播种后发芽早，幼芽出土整齐）。或在1月上旬将种子用温水浸种 24 小时，取出种子掺沙（流水河的新采挖的沙）2 倍堆置于背阴处，同时覆盖草帘或麻袋布防止风干；到 2 月中旬再将种子倒置背风向阳处加温催芽，要经常翻倒，注意喷水保持湿度；至 3 月下旬或 4 月上旬，种子即有 20%~30%萌芽，此时即可播种。

（3）播种时间。3 月下旬至 4 月上旬，处理后的种子即有 20%~30%萌芽，此时即可播种。

（4）开沟播种。要进行条播，行距 30~33 cm，株距 3~4 cm，沟深 3~6 cm，把种子播于沟内后要覆土踏实。播种量，每千克种子 12 000 粒左右，每亩地可播种 5~6 kg。或播种时采用垄播、床播皆可，播前要灌足底水，播后覆土 2~3 cm，12~15 天幼苗即可出土。

（5）幼苗管理。种子播前要灌足底水，播后覆土 2~3 cm，12~15 天幼苗即可出土。幼苗出土时，先长出子叶 2 枚，掌状四裂，初出土时黄色，不久变为绿色，长出单叶时为单叶，4~5 片以后再生者则为复叶。

（6）大苗培育。苗木生长期，6~9 月应及时进行浇水、拔草、施肥、间苗、定苗（每亩可定苗 4 500~5 000 株）等管理工作。10 月上旬，一年生苗木可生长高 1 m 以上，落叶后即可出圃造林或销售。培育大苗木的，在苗木生长至 4~5 cm 高时即应间苗、定苗，并加强肥水管理，当年 8~9 月苗可高达 1 m 左右，因枫杨具有主干易弯曲的特点，第一次移植行株距不可过大，以防侧枝过旺和主干弯曲，待苗高 3~4 m 时，再行扩大行株高，培养树冠，由于枫杨生长较快，一般培育 5~6 年即可养成大苗出圃。

（7）水肥管理。枫杨苗木在幼龄期长势较慢，充足的肥料可以加速植株生长。7~9 月可施用经腐熟发酵的农家肥作基肥，基肥需与栽植土充分拌匀，种植当年的 6~7 月追施一次复合肥，可促使植株长枝长叶，扩大营养面积，秋末结合浇冻水，施用一次农家肥，这次肥可以浅施，也可以直接撒于树盘。第二年 3 月萌芽后追施一次尿素，初夏追施一次磷钾肥，秋末按头年方法施用有机肥，第 3 年起只需每年秋末施用一次农家肥即可，但用量应大于第一年，有利于提高植株的长势。

（8）造林技术。苗木选择，无论是作为河道或行道用途林，都要选择苗干直、高 3~4 m、直径 4~5 cm、无病虫害的健壮苗木为宜。在河道造林，按株行距 2.5 m×4 m 定穴，单行行道树按 3 m 或 3.5 m 间距定穴为佳；挖穴长、宽、深均为 0.7~1 m；栽植，首先把表层土填入穴内 30 cm，然后放入苗木，而后分层填土，浇足水，分层踏实土壤，务求苗干扶直。

3. 主要病虫害的发生与防治

1）主要虫害的发生与防治

（1）主要虫害的发生。枫杨主要虫害为核桃扁金花虫、核桃缀叶螟等食叶虫害。6~9月是发生危害严重期，它们的危害致使叶片残缺不全或叶片孔洞卷曲。

（2）主要虫害的防治。6 月上旬至 9 月，不断加强防治。第一次在 5 月中旬至 6 月下旬使用灭幼脲 3 号 1 500~2 000 倍液喷布树冠叶片预防虫害的发生；第二次在 7~9 月，当核桃扁金花虫、核桃缀叶螟等两种虫害发生危害时，应及时应用苯氧威 1 200~1 500倍液或杀螟松 1 200~1 500 倍液喷洒叶片灭杀虫害，每隔 10~15 天喷药一次即可防治虫害的发生危害，保护树木的正常健壮生长。

2）主要病害的发生与防治

（1）主要病害的发生。枫杨叶子具有一种特殊的气味，在苗木生长期，很少有病害的发生。但是，枫杨幼苗期易发生立枯病，发生时间在4~6月，主要发病为害播种幼苗，新出土的幼苗在木质化以前最易感染。自地表胚茎中部浸染，致使幼苗倒伏死亡。6~7月，发生颈腐病，主要表现为新生苗株已达10~20 cm时在地表根颈四周腐蚀干枯，虽然染病后尚能活一段时期，但终将死亡。

（2）主要病害的防治。4~7月，在立枯病或颈腐病发生前，开展预防，可以采用的防治方法是，苗圃地撒布草木灰或喷波尔多液1 200~1 400倍液；或在发生病害初期，喷布百菌清700~800倍液或多菌灵600~900倍液防治。

（五）培育的目的

（1）经济作用。枫杨树皮、枝干含纤维多，是造纸及人造棉的好原料；树皮、根皮可入药；叶子有毒，可提炼杀虫剂，对二氧化硫、氯气等抗性强，鱼池附近不宜栽植。木材白色质软，其容易加工，胶接、着色、油漆均好，可作家具及火柴杆；其幼苗还可作核桃砧木等。

（2）用材作用。枫杨树冠广展，枝叶茂密，生长快速，根系发达，为良好的绿化树种，既可以作为行道树，也可成片种植，栽植枫杨为行道树，成本低，效果好，深受各地绿化的欢迎。

（3）景观作用。枫杨因果序在树上生长时间长，成串状，美观好看，可作园林或作行道树及风景树，具有极高的观赏价值；用作河床两岸低洼湿地的良好绿化树种，也可成片种植或孤植于草坪及坡地，均可形成一定景观。枫杨绿化效果非常好，移栽成活率高，栽植当年即有非常好的绿化效果。

二十二、水杉

水杉，学名*Metasequoia glyptostroboides*，杉科、水杉属，又名水桫树、杉树，高大落叶乔木，是中原地区优良乡土树种，国家一级保护植物。

（一）形态特征

水杉，高度可达40~50 m，胸径达2 m以上。叶对生、线形、扁平、柔软、淡绿色，在脱落性小枝上列成羽状，冬季与之俱落。雌雄同株，雄球花单生叶腋，呈总状或圆锥状着生；雌球花单生或对生，珠鳞交互对生。球果有长柄，下垂、近圆形或长圆形，长1.5~1.6 cm，微具四棱，种鳞木质、盾形。种子倒卵形，长约6 mm，扁平，周围有窄翅。落叶乔木，干基常膨大，幼树树冠尖塔形，老树广圆头形。树皮灰褐色；大枝近轮生，小枝对生。叶交互对生，叶基扭转排成2列，呈羽状，条形，扁平，长0.8~3.5 cm，冬季与无芽小枝一同脱落。雌雄同株，单性；雄球花单生于枝顶或侧生，排成总状或圆锥花序状；雌球花单生于去年生枝顶或近枝顶，排成14对，交叉对生，每珠鳞有胚珠 5~9。球果，长 1.8~2.5 cm，熟时深褐色，下垂，种子扁平，倒卵形，内有狭翅，子叶 2，发芽时出土，花期 2 月，11 月果熟。

（二）生长习性

水杉喜光，喜温暖湿润气候，喜深厚肥沃的酸性土，尤喜在湿润而排水良好的地方生长。不耐涝，对干旱较敏感。开始结实年龄较晚，10 年以上大树始现花蕾，但多结种为瘪粒。耐盐碱能力较池杉强，喜光，幼苗稍耐避荫，对二氧化硫、氯气、氟化氢气等有害气体抵抗性较弱。水杉适宜年平均温度 12~20 ℃，年降水量 1 000~1 500 mm。在年降水量 500~600 mm 的地方生长良好；在夏季 7~8 月干旱季节，要及时灌溉，也能正常快速生长。水杉在河滩冲积土或沙岩发育的山地黄壤和砂石土壤上也能生长。对土壤要求比较严格，须土层深厚、疏松、肥沃，尤喜湿润，对土壤水分不足的反应非常敏感。在地下水位过高，长期滞水的低湿地，也能生长，但是表现不良。有一定的抗盐碱能力，在含盐量 0.2%的轻盐碱地上能正常生长。对空气中的二氧化硫等有害气体抗性强，有较强的吸滞粉尘的能力，常被用于城市绿化、公园美化等。

（三）主要分布

水杉在中原地区主要分布于平顶山、许昌、漯河、周口、开封、商丘、南阳、驻马店、信阳、三门峡、舞钢等黄河以南地区。在我国主要分布于河南、山东、江苏、浙江、安徽、福建、江西、广东、海南、台湾、广西、河北、山西、北京、天津、湖南、湖北等地。尤其是在长江中下游平原地区，已经成为重要造林树种；目前世界上最大的人工水杉树林在湖北省境内的潜江市。江苏省邳州市的“市树”是水杉树，邳苍路 40 km 水杉林带被海内外誉为“天下水杉第一路”。

（四）苗木繁育

水杉优质苗木繁育主要技术是播种繁育或扦插繁育。

1. 苗圃地选择与整地

（1）苗圃地的选择。水杉喜光喜湿，适应性强，易成活，但是，在苗木繁育的时候，也要选择土壤平坦、土质肥沃、含沙质，浇灌、排水、交通便利的地方。水杉幼苗细弱，忌旱、怕水淹，故苗圃要地势平坦、排灌便利，并细致整地。

（2）苗圃地整地。3~4 月上旬，在选择育苗的大田里，播种前应每亩施入农家肥 5 000~6 000 kg、复合肥 80~100 kg 作为底肥，同时，细致整地，做到土碎地平，然后打畦，畦长在 15~20 m，宽 1~1.2 m 即可备播。

2. 大田播种与苗木保护管理

（1）种子选择。25~30 年生以下树龄的水杉称为幼树，水杉幼树结的种子多瘪粒，出芽率很低。所以，选择水杉树的种子，应该去原产地采购，或选择 40~60 年生树龄，健壮、无病虫害的母树采收种子，才能繁殖用。

（2）播种时间。水杉播期选择在 3 月中下旬或 4 月初为佳。

（3）大田播种。采取条播为宜，选择株行距 20~30 cm。播量每亩 0.8~1.5 kg。水杉的种子轻小有翅，播种时，应选择无风天气时进行播种。播前床面略拍平，种子拌细土均匀播种，播后覆以细土，厚以不见种子为度，即2~5 mm即可，并随即覆草防晒、保湿保温，促进种子萌芽一致。同时，在水杉种子萌发和幼苗出土阶段要注意经常浇水，保持土壤湿润。水杉种子细小，千粒重1.75~2.28 g，每1 kg有32万~56万粒。发芽率仅8%左右。播种时适当多播撒一些种子。

（4）科学管理。水杉种子播种后，8~10天种子就会萌芽，10~15天后水杉种子的幼芽就开始出土，18~20天后基本出齐，当水杉幼芽大量出土时，选择下午15~16时，要分次揭去防晒草，并注意防止鸟害。水杉幼苗初期生长缓慢，扎根不深；但是要注意经常给水杉树的幼苗采取喷水的形式浇水，同时，还要适当建立高1.2~1.5 m的遮阴网防止日照，以免柔嫩的下胚轴受日晒灼伤幼苗，这样培育的幼苗移植的成活率很高，也可以在种壳脱落，侧根尚未形成的子叶期，结合间苗进行移密补缺，提高繁育率。

（5）加强抚育。水杉种子播种的新生幼苗生长期很长，在生长期中，当平均气温在12~26 ℃时，水杉生长最为旺盛，在此期间需要加强抚育，对苗木生长有显著促进作用。通过科学管理，一年生播种苗高可达35~40 cm以上，地径0.8~0.9 cm以上，在生长较好的情况下，高可达70~80 cm。水杉性喜温和、微润；同时水杉相当怕冷，尤其在秋季萌发新枝时，嫩枝易受冻害，所以，做好防寒准备。新生幼苗的施肥，可以在冬季略施一些腐熟农家肥，以后不必再施。

（6）扦插繁育。扦插育苗是加速繁殖水杉树幼苗的有效途径。一般在春季用发育健壮的1年生成熟枝进行硬枝扦插，插穗长10~14 cm，每亩扦插2万~3万株。用幼龄母树的枝条扦插，成活率可达到80%以上。夏插是在初夏用带叶嫩枝扦插，具有生根快、成活率高、当年可以成苗的优点，但由于气温高，插后要加强水分管理。此外，也可在初秋可半成熟枝的梢端进行扦插，此时冬芽已形成，插后当年不再萌发新枝，而是完成生根、冬芽发育和苗干木质化的过程，翌春移植后培育成苗。

（7）造林密度。由于水杉生长迅速，主干通直，顶端优势较强，造林密度不宜过大。可采用2 m×3 m的株行距，每亩110株。到10~15年时进行第一次间伐。单行栽植可采用2 m株距。造林苗木以2年生的移植苗为好，苗高1~1.5 m，地径2~3 cm。造林时间从晚秋到初春均可栽植，但以冬末为最好。

3. 主要病虫害发生与防治

1）主要虫害的发生与防治

（1）主要虫害的发生。水杉主要虫害是大袋蛾，为害叶、嫩枝梢及幼果，大发生时可将全部树叶吃光，是灾害性害虫。大袋蛾，1年发生1代，以老熟幼虫在枝梢上护囊内越冬。4~5月化蛹，5~7月成虫羽化，交尾产卵。5月下旬至7月下旬是幼虫为害期。幼虫在枯叶及小枝条组成的袋囊中生活，头及胸足外露取食，10月幼虫陆续越冬。

（2）主要虫害的防治。人工除治，秋、冬季树木落叶后，摘除越冬护囊，集中烧毁。药剂防治，幼虫孵化后，用90%敌百虫1 000倍液或80%敌敌畏乳油800倍液或25%吡虫啉1 000倍液喷洒。另外，可用2.5%敌百虫粉剂喷布。生物制剂，6月上旬至10月上中旬，在幼虫孵化高峰期或幼虫危害期，用每毫升含1亿孢子的苏云金杆菌溶液喷洒。也可用25%灭幼脲500倍液，或森得保可湿性粉剂2 000~3 000倍液，或3%

高渗苯氧威乳油 3 000~4 000 倍液，或 1.8%阿维菌素乳油 3 000~4 000 倍液，或 0.3%苦参碱可溶性液剂 1 000~1 500 倍液，或 1.2%苦·烟乳油植物杀虫剂释 800~1 000 倍液，喷雾防治。生物防治，保护和利用昆虫天敌。大袋蛾幼虫和蛹期有各种寄生性和捕食性天敌，如鸟类、寄生蜂、寄生蝇等，要注意保护和利用。

2）主要病害的发生与防治

（1）主要病害的发生。水杉病害较少，主要有赤枯病，在 9~10 月为害叶部，使叶片呈黄褐色或红褐色，严重时造成水杉早期落叶，影响树势生长。

（2）主要病害的防治。进入 9~10 月，在没有发生病害时，可每周用 160 倍的 1∶1 波尔多液喷洒 1 次，或用百菌清 600~800 倍液喷布防治，共 3~4 次即可。

（五）培育的目的

（1）用材作用。水杉原木边材白色，心材褐红色，是优秀的产材树种。木材心、边材区别明显，纹理通直而不匀，结构粗，材质轻而软。易于加工，油漆、胶接性能良好，适制桁条、门窗、楼板并作为造船、建筑、家具等用材。另外，水杉木材纤维素含量高达 42.7%~44.1%，是良好的造纸用材。

（2）观赏作用。水杉冠呈圆锥形，姿态优美。叶色秀丽，秋叶转棕褐色，甚美观。宜在城乡绿化、风景区、公园园林丛植、列植或孤植，也可成片造林。水杉生长迅速，是近郊、风景区重要树种，具有良好的观赏价值。

二十三、七叶树

七叶树，学名 *Aesculus chinensis* Bunge，七叶树科、七叶树属，又名梭罗树、天师栗。落叶乔木，七叶树树干高耸，树冠庞大，树形整齐，叶大形美，花序大而洁白，初夏开放，是中原地区优良乡土树种，又是世界著名的四大行道树种之一。

（一）形态特征

七叶树，落叶乔木，高达 25 m。小枝无毛。小叶 5~7 枚，倒卵状椭圆形或矩圆状椭圆形，先端渐尖，基部楔形，细锯齿，下面沿叶脉疏生毛，小叶柄长 0.4~1.7 cm，总叶柄长 7~18 cm，无毛。顶生圆锥花序长 20~25 cm，花白色有红晕。果扁球形、顶端扁平。种子扁球形，种脐占底部一半以上。花期 5~7 月，果熟期 9~10 月。

（二）生长习性

七叶树喜侧阴，幼树喜阴，酷日直射易发生日灼，故夏季炎热地区须遮阴。较耐寒，喜肥沃、湿润、排水良好的土壤，不耐干旱。深根性，主根深，不耐移植。萌芽力不强。不耐修剪，生长缓慢，寿命长。

（三）主要分布

七叶树在中原地区主要分布于平顶山、周口、开封、焦作、济源、安阳、三门峡、鲁山、卢氏、栾川、商丘、南阳、西峡、桐柏、舞钢等平原地区和浅山丘陵；七叶树原产中国，河南、山东、陕西、甘肃、山西、陕西、河北、江苏、浙江、北京等地区分布，一般垂直分布在海拔 800 m 以下的低山溪谷。

（四）苗木繁育

1. 苗圃地选择与整地

（1）苗圃地的选择。要选择土层深厚、肥沃、排水良好的中性或微酸性的沙质壤土作育苗圃地，同时，要交通便利，方便运输苗木。

（2）苗圃地的整地。10～11 月，每亩施入 5 000～6 000 kg 经腐熟发酵的牛、马、猪粪作基肥，然后用五氯硝基苯对土壤进行消毒，及时进行土壤深翻，播种前土壤经过冬季冻土，加速土壤苏松，同时，清除土壤中的杂质；第二年春季，3 月上旬，播种前要进行细致整地，使地面平坦，土粒粗细均匀，做好备播。

2. 大田播种与苗木保护管理

（1）种子选择。选择树体高大、树干通直、果实较大且结实较多、无病虫害的七叶树作为采种母株。

（2）采收种子。9 月，七叶果实外皮由绿色变成棕黄色，并有个别果实开裂时就可以采集。果实采集后进行阴干，待果实自然开裂后剥去外皮。最后选个大、饱满、色泽光亮、无病虫害，无机械损伤的种子。将筛选出的纯净种子按 1∶3 的比例与湿沙混匀，然后用湿藏层积法在湿润、排水良好的土坑储存，并且留通气孔，确保种子新鲜。

（3）播种时间。采用春播，3 月中下旬进行，此期气温回升快，墒情好，有利于种子出芽。

（4）大田播种。采用条状点播，株行距为 20 cm×25 cm，深度为 3～4 cm，播种时种脐朝下，覆土 3～4 cm，覆土与畦面平，用脚轻轻踩踏，播种量为 150 kg/亩。播种繁殖。种子不耐储藏，易丧失发芽力，故应采后即播。亦可以储藏至翌年春播，播种时种脐向下，幼苗出土能力弱，故覆土要薄，且出苗之前勿灌水，以免表土板结。北京幼苗入冬前须包草防寒。南方庭院应配植在建筑物的东面或树丛中，孤植时应注意配植防西晒的伴生树种，免受暴晒，还可将树皮刷白。

（5）肥水管理。种子发芽前要保持土壤湿润，28～35 天萌芽出土。种子出芽后，要及时人工除草，保证苗圃地内无杂草；当苗高 25～30 cm 时，要再次松土、除草，并且在阴雨天进行间苗。幼苗生长期，还要经常保持圃地湿润，采取喷雾喷水为好，从苗木出土到 6 月上旬，是七叶树高生长期，要不断增大浇水量；7～8 月为七叶树苗木质化期，应减少浇水量，促进苗木地茎生长和木质化。夏季雨天要及时将圃地内的积水排出，防止因水大导致烂根。在幼苗期管理中，可于苗木速生期施尿素，苗木生长停止前 25～30 天应施磷钾肥，幼苗施肥次数宜多，但每次量都不宜太大，每亩 10～15 kg 即可。一年生七叶树苗木，可以进行分栽培育大苗。

3. 主要病虫害的发生与防治

1）主要虫害的发生与防治

（1）主要虫害的发生。七叶树主要虫害分别是：食叶害虫迹斑绿刺蛾、铜绿异金龟子、金毛虫等，造成叶片千疮百孔，惨不忍睹；蛀干害虫桑天牛，1 年 1 代，幼虫在树干中越冬危害枝干，造成树干空洞，严重影响树势生长。

（2）主要虫害的防治。4~7 月，苗木生长期，迹斑绿刺蛾发生危害，可在成虫期用黑光灯诱杀，幼龄幼虫期喷洒 3%高渗苯氧威乳油 3 000 倍液进行防治；铜绿异金龟子发生危害，可用黑光灯诱杀成虫，用绿僵菌感染和土壤内每亩施入森得保药物杀灭幼虫；金毛虫发生危害，幼虫发生为害期，可喷施 8 000 IU/mL 苏云金杆菌可湿性粉剂 400~600 倍液或 25%灭幼脲悬浮剂 2 000~2 500 倍液。桑天牛发生危害，可人工捕杀成虫，钩除幼虫，用磷化铝片剂堵塞熏蒸干内幼虫。

2）主要病害的发生与防治

（1）主要病害的发生。七叶树病害主要是根腐病，4~6 月，苗圃地高温高湿、积水情况下，易感染发生病害，造成幼苗根部腐烂，影响苗木生长成活。

（2）主要病害的防治。4~6 月，进入夏季雨天，应及时排除苗圃地树穴内的积水，如连续阴雨天，应在停雨后及时扒土晾根，并用百菌清、硫黄粉等药剂进行土壤消毒，然后用土覆盖。

（五）培育的目的

（1）观赏作用。七叶树树干耸直，冠大阴浓，初夏繁花满树，硕大的白色花序，又似一盏华丽的烛台，蔚然可观，是优良的行道树和园林观赏植物，可作人行步道、公园、广场绿化树种，既可孤植，也可群植，或与常绿树和阔叶树混种。在公园、庭园可作庭荫树、园路树。七叶树喜凉爽、畏干热，在傍山近水处生长良好，在幽深的古刹名寺更适合其生长。我国杭州、北京的古寺庙都有七叶树大树，树体高大，雄伟壮观，自然和谐，宜配植于开阔的大草坪、广场上。七叶树树形优美、花大秀丽、果形奇特，是观叶、观花、观果不可多得的树种，为世界著名的观赏树种之一。

（2）食用作用。七叶树种子可食用，但直接吃味道苦涩，需用碱水煮后方可食用，味如板栗。也可提取淀粉。

（3）经济作用。种子可作药用，榨油可制造肥皂。七叶树可作为食品、药品、木材等，叶芽可代茶饮，皮、根可制肥皂，叶、花可做染料，种子可提取淀粉、榨油，也可食用，味道与板栗相似，并可入药，有安神、理气、杀虫等作用。木材细密、质地轻，可用来造纸、雕刻、制作家具及工艺品等。

二十四、栓皮栎

栓皮栎，学名 *Quercus variabilis* BL，是山毛榉科、栎属，又名林子、栎树、柴河等，落叶乔木，是中原地区优良乡土树种，中国主要栽培珍贵树种。

（一）形态特征

栓皮栎，落叶乔木；树冠广卵形，树皮灰褐色，深纵裂，木栓层特厚。小枝淡褐黄色，先端渐尖，基部楔形，缘有芒状锯齿，背面被灰白色星状毛，雄花序生于当年生枝下部，雌花序单生或双生于当年生枝叶腋。总苞杯状鳞片反卷，有毛。坚果卵球形或椭球形。花期5月，9~10月果实成熟。

（二）生长习性

栓皮栎喜光，常生于山地阳坡，幼树以侧方庇荫为好。对气候、土壤的适应性强。在pH 4~8的酸性、中性及石灰性土壤上均能生长，亦耐干旱、瘠薄，以深厚、肥沃、适当湿润、排水良好的壤土和沙质壤土最适宜，不耐积水，幼苗地上部生长缓慢，地下主根生长迅速，以后枝干生长渐快。抗旱、抗风力强，耐火，不耐移植。萌芽力强，天然更新好，寿命长。

（三）主要分布

栓皮栎在中原地区主要分布于舞钢、叶县、栾川、鲁山、林州、确山、泌阳、淅川、南召、方城等县市。在我国主要分布于辽宁、河北、山西、陕西、甘肃、山东、江苏、安徽、浙江、江西、福建、台湾、河南、湖北、湖南、广东、广西、四川、贵州、云南等省区。

（四）苗木繁育

1. 苗圃地选择与整地

（1）苗圃地的选择。选择光照充足、水利条件好、浇灌方便、排水良好、土壤深厚、肥沃的沙壤土为佳。

（2）苗圃地的整地。9~10月，采用大型拖拉机旋耕犁地，深翻土壤，做到精耕细耙；同时，每亩地施入8 000~10 000 kg的农家肥作基肥，栓皮栎喜光、喜肥。

2. 大田播种与苗木保护管理

（1）采收种子。选择30年以上树龄、干形通直圆满、生长健壮、无病虫害的母树采种。采收时期，种子成熟期一般为8月下旬至10月上旬，种子成熟的表现特征，种壳呈棕褐色或黄色；良好的种子呈棕褐色或灰褐色，有光泽、饱满个大、粒重。

（2）种子储藏。栓皮栎种子含水率为40%~60%，无休眠期，遇适宜的土壤就能够发芽，易发芽霉烂，且易受虫害。种子采后应放在通风处摊开阴干，每天翻动2~3次，至种皮变淡黄色，种内水分减少至15%~20%，即可储藏。储藏前，用二硫化碳或敌敌畏密闭熏蒸24小时杀虫处理，然后储藏。采用室内沙藏法，选通风干燥的室内或棚内，先铺1层沙，接着铺1层种子，厚度8~10 cm，如此1层沙、1层种子堆上去，堆的高度不超过70 cm。另外，可将沙和种子拌和堆藏，堆之间必须间隔竖立草把，以利通气，防止种子发热霉烂。注意定期检查，发现有霉烂或鼠害及时处理。

（3）种子催芽。种子需进行催芽处理，用50 ℃温水浸种，自然冷却，如此反复

3~4次，可以提前10天左右发芽，发芽率可达80%~90%；也可以用湿沙层积催芽，待种壳开裂露白时播种。

（4）大田播种。播种一般采取苗床播种。株行距10 cm×20 cm或15 cm×15 cm，沟深6~7 cm，沟内每隔10~15 cm平放1粒种子，播种量为每亩地350~400 kg即可。

（5）肥水管理。在施足基肥的基础上，因地因苗适时追肥，第1次追肥，6月上中旬生长旺期进行；第2次在7月下旬左右，即在第1次新梢生长基本停止时追肥，以提供孕育二次新梢的养分。幼苗出土前后，苗床必须保持一定湿度，并注重浇灌和松土除草。7~8月进入雨季，在大雨后，必须在苗床上加盖1层细肥土，以补充土壤流失造成苗木根部土壤流失的不足。

（6）苗木间苗。4~6月，为保证良好长势，使苗木迅速生长，需及时间苗。间苗强度、次数和具体时间，根据苗木生长情况，即因立地条件而异，一般立地条件好，幼苗生长快，间苗时间早；立地条件差的地方，幼苗生长慢，间苗时间晚。通过人工间苗，可培育壮苗，壮苗的标准为，平均高40~50 cm，平均地径6~8 mm，每亩达到优质苗木8 000~10 000株。

3. 主要病虫害的发生与防治

（1）主要虫害的发生。栓皮栎主要虫害，一是豆天蛾，危害特征，4月中旬至5月下旬，幼虫危害树叶，大发生时，虫口密度一株树可达数千条，短期内可把树叶全部吃光。二是云斑天牛，一年一代，危害特征，幼虫在树干内越冬，并且危害主干和嫩皮层，严重的可使树枝干致死，或树被危害后，易遭风折。

（2）主要虫害的防治。4~5月，豆天蛾幼虫出现时，采取喷布灭幼脲或苦参碱1 400~1 800倍液灭杀；发生虫害严重的地方，用敌杀死1 200倍液喷杀。冬季可以防治，冬季剪除消灭小枝条上越冬的卵块，减少第二年的发生量。云斑天牛，1~6月，进入幼虫化蛹、蛹羽化成虫的活动期，此时，清除蛀孔的排泄物，用80%的敌敌畏200倍液注入蛀孔，然后用泥团封口，杀死幼虫；成虫盛发期，可组织人工捕捉成虫灭杀。

（五）培育的目的

（1）造林作用。栓皮栎是优良乡土树种，又是中国重要的荒山造林绿化树种。栓皮栎特性显著，其根系发达，适应性强，叶色季相变化明显，是良好的绿化观赏树种；适宜孤植、丛植或混交，干高叶大，是很好的防风林；根系发达，树皮不易燃烧，耐火，又是难得的水源涵养林及防护林、防火隔离带等优良树种。

（2）观赏作用。栓皮栎树干通直，枝条广展，树冠雄伟，浓荫如盖，秋季叶色转为橙色，季节变化明显，是良好的观赏绿化树种。

（3）用材作用。材质坚韧耐磨，纹理直，耐水湿，结构粗略，是重要用材，可供建筑、车船、家具、枕木等用。栓皮可作绝缘、隔热、隔音、瓶塞等原料。

（4）食用作用。种子含淀粉50%，可提取浆纱或酿酒，其副产品可作饲料，总苞可提取单宁和黑色染料，种壳可制活性炭。枝干、树梢、树桠等可粉碎成锯末培植银耳、木耳、香菇等。

（5）工业用途。该种边材浅黄褐色，栓皮质细而轻软，有弹力及浮力，不透气、不透水、不传电、不易传热、不易与化学药品起作用，为绝热、绝缘、防震、防湿、隔音的优良原料，是航海用的救生衣具、浮标、瓶塞、军用火药库、冷藏库、化学工业的保温设备等轻工业和国防工业的重要原料。

二十五、麻栎

麻栎，学名 *Quercus acutissima* Carruth，是壳斗科、栎属植物，落叶乔木，又名栎树、林子，是中原地区优良乡土树种，又是中国主要栽培珍贵树种。

（一）形态特征

麻栎，落叶乔木，高达 30 m，胸径达 1 m，树皮深灰褐色，深纵裂。幼枝被灰黄色柔毛，后渐脱落，老时灰黄色，具淡黄色皮孔。叶片形态多样，通常为长椭圆状披针形，长 8~19 cm，宽 2~6 cm，顶端长渐尖，基部圆形或宽楔形，叶缘有刺芒状锯齿，叶片两面同色，叶柄幼时被柔毛，后渐脱落。雄花序常数个集生于当年生枝下部叶腋，有花，花柱壳斗杯形，小苞片钻形或扁条形，向外反曲，被灰白色茸毛。花期 3~4 月；坚果卵形或椭圆形，顶端圆形，果脐突起，果熟期 9~10 月。

（二）生长习性

麻栎喜光，深根性，对土壤条件要求不严，耐干旱、瘠薄，亦耐寒、耐旱；喜酸性土壤，亦适石灰岩钙质土，是荒山瘠地造林的优良乡土树种。与其他树种混交能形成良好的干形，深根性，萌芽力强，但不耐移植。抗污染、抗尘土、抗风能力都较强。寿命长，可达 500~600 年。

（三）主要分布

麻栎在中原地区主要分布于舞钢、叶县、栾川、鲁山、林州、确山、泌阳、淅川、南召、方城等县市；在我国分布于河南、山东、辽宁、河北、山西、江苏、安徽、浙江、江西、福建、湖北、湖南、广东、海南、广西、四川、贵州、云南等省区。东北辽宁地区生于土层肥厚的低山缓坡，在河北、山东常生于海拔 1 000 m 以下阳坡，在西南地区分布至海拔 2 200 m。

（四）苗木繁育

1. 苗圃地选择与整地

（1）苗圃地的选择。圃地选择在交通便利、水源条件较好、土壤深厚肥沃、排水良好的缓坡或平坡荒地；不宜选择常年耕作的熟土，因易发生苗木病虫害。由于麻栎对土壤要求不严，可选择酸性、中性或微碱性土壤育苗，均能生长良好。

（2）苗圃地整地做床。9~10 月，先清除圃地杂草、杂灌，全面翻垦晾晒土壤，深 20~25 cm，同时用生石灰每亩撒入 9~10 kg 对土壤消毒；第二年 3 月进行土壤耙耕，施入育苗基肥，即农家肥或饼肥均匀施入土中，每亩施用 1 000 kg，平整土地，细致做床，苗床宽 1~1.2 m，床高 18~20 cm，要求床面平整，土壤细碎、疏松，还要根据地形开好苗圃排水沟，沟深 20~25 cm、宽 20~30 cm 即可。

2. 大田播种与苗木保护管理

（1）种子采收。选择 30~40 年生长健壮的母树，在 10~11 月，当成熟的麻栎种子从壳斗中自然掉落在地上时及时采收，否则，容易被老鼠、野兔等野生动物采食。种子收回后，剔除病种、残种以及劣质种子，留下种粒饱满、无明显病虫害的种子备用。

（2）种子处理。将采回的麻栎种子，及时用 0.5%高锰酸钾溶液消毒处理 2~3 小时，捞出密封 0.5~1 小时，用清水冲洗干净后阴干；再用 20 mg/L 的 GGR6#绿色植物生长调节剂浸种 2 小时，然后用新鲜河沙与种子混匀堆藏，待种子露白后，及时播种育苗。

（3）大田播种。3 月，采用开沟点播法，将露白后的麻栎种子，按行距 28~30 cm，播幅 3~4 cm，均匀点播在宽 9~10 cm、深 2.5~3 cm 的沟内，播种量每亩 140~150 kg，播后覆土 2~3 cm，稍加填压、耙平即可。

（4）肥水管理。播种后，做好防鼠保苗工作。待苗木出土后，每隔 15~20 天，苗地松土锄草一次；当苗高 20~30 cm 时即可间苗，剔除细弱病残苗，选留健壮苗，原则上苗木间距 5~6 cm。6 月初，可对苗木进行第一次浇水施肥，苗地松土锄草后对水浇施，施肥量为每亩 4~5 kg；当苗高 25~30 cm 时，需对苗木进行第二次施肥，施肥量为每亩 9~10 kg；7~8 月，进入干旱季节，要注意抗旱保苗，可结合浇水抗旱施肥，每亩 5~10 kg；9 月，即立秋之前，浇“防冻肥”，即按复合肥：尿素为 2：1（复合肥须充分浸泡，待腐熟后再浇施）配施，促使苗木尽快木质化，以免遭受霜雪的为害，每亩撒入 13~15 kg 即可。

3. 主要病虫害的发生与防治

1）主要虫害的发生与防治

（1）主要虫害的发生。麻栎主要虫害，一是栎毛虫，栎毛虫是栎类树木的食叶害虫，一年一代，7~8 月发生危害，受害轻的林木，叶片残缺不全，受害严重的叶子全无，呈夏树冬景；二是果实害虫栗实象鼻虫，每 2 年发生 1 代，以老熟幼虫在土内越冬，次年继续滞育土中，第 3 年 6 月化蛹。6 月下旬至 7 月上旬为化蛹盛期，经 25 天左右成虫羽化，羽化后在土中潜伏 8 天左右成熟。8 月上旬成虫陆续出土，上树啃食嫩枝、栗苞吸取营养。8 月中旬至 9 月上旬在栗苞上钻孔产卵，成虫咬破栗苞和种皮，将卵产于栗实内。一般每个栗实产卵 1 粒。成虫飞翔能力差，善爬行，有假死性。经 10 天左右，幼虫孵化，蛀食栗实，虫粪排于蛀道内。栗子采收后幼虫继续在果实内发育，为害期 30 多天。10 月下旬至 11 月上旬老熟幼虫从果实中钻出入土，在 5~15 cm 深处做土室越冬。

（2）主要虫害的防治。栎毛虫，7~8 月发生期，可用 90%敌百虫或 80%敌敌畏乳剂或 25%亚胺硫磷乳剂均为 1 400~1 500 倍液喷杀。

栗实象鼻虫，可以地面封锁和树冠喷药。7 月下旬至 8 月上旬成虫出土之际，用农药对地面实行封锁，可喷洒 50%杀螟松乳剂 500~1 000 倍液、80%敌敌畏 800 倍液等药剂；8 月中旬成虫上树补充营养和交尾产卵期间，可向树冠喷布 90%晶体敌百虫 1 000

倍液、25%蔬果磷 1 000~2 000 倍液、20%杀灭菊酯 2 000 倍液或 40%吡虫啉 1 000 倍液等药液；树体较大时，亦可按 20%杀灭菊酯：柴油为 1：20 的比例用烟雾剂进行防治，效果都很好。同时，可以人工捕杀成虫。利用成虫的假死性，于早晨露水未干时，在树下铺设塑料薄膜或床单，轻击树枝，兜杀成虫。

2）主要病害的发生与防治

（1）主要病害的发生。麻栎主要病害是白粉病，6~8 月发生危害叶片。在叶片上开始产生黄色小点，而后扩大发展成圆形或椭圆形病斑，表面生有白色粉状霉层。一般情况下部叶片比上部叶片多，叶片背面比正面多。霉斑早期单独分散，后联合成一个大霉斑，甚至可以覆盖全叶，严重影响光合作用，使正常新陈代谢受到干扰，造成早衰，产量受到损失。

（2）主要病害的防治。6~8 月，病害发生期，以硫黄、石硫合剂、甲基托布津、代森锰锌等无机硫和其他广谱杀菌剂为代表，对白粉病喷布防治；发生量大的白粉病几乎无治疗效果，主要用于发病前保护防治；发生严重的时期，以三唑酮（又名粉锈宁）、腈菌唑、烯唑醇、苯醚甲环唑、氟硅唑等为代表的三唑系列杀菌剂喷布，喷布 600~800 倍液即可，防治效果比第一代杀菌剂对白粉病的活性有较大提高。

（五）培育的目的

（1）食用作用。麻栎种子含淀粉和脂肪油，可酿酒和作饲料，油制肥皂；壳斗、树皮含鞣质，可提取栲胶；木材坚硬、耐磨，供机械用材；全木可以截段成段木后种植香菇和木耳。

（2）经济作用。叶含蛋白质 13.58%，可饲柞蚕；种子含淀粉 56.4%，可作饲料和工业用淀粉；壳斗、树皮可提取栲胶。

（3）造林作用。麻栎树形高大，树冠伸展，浓荫葱郁，因其根系发达，适应性强，可作庭荫树、行道树；造林绿化与枫香、苦槠、青冈等混植，可构成城市风景林；抗火、抗烟能力较强，也是营造防风林、防火林、水源涵养林的乡土树种。

（4）环保作用。麻栎对二氧化硫的抗性和吸收能力较强，对氯气、氟化氢的抗性也较强。

（5）用材作用。木材坚硬，不变形，耐腐蚀，可作建筑、枕木、车船、家具用材。

二十六、香椿

香椿，学名 *Toona sinensis*，又名香椿铃、香铃子、香椿子、香椿芽、香桩头、大红椿树、椿天等，在安徽地区也有叫春苗。根有二层皮，又称椿白皮；古代称香椿为椿，称臭椿为樗。香椿是中原地区优良乡土树种，又是中国主要栽培珍贵树种。

（一）形态特征

香椿，落叶乔木；雌雄异株，树皮粗糙，深褐色，片状脱落。叶具长柄，偶数羽状复叶，叶呈偶数羽状复叶，长 30~50 cm 或更长；小叶 16~20 个，小叶柄长 5~10 mm，对生或互生，纸质，卵状披针形或卵状长椭圆形，长 9~15 cm，宽 2. 5~4 cm，先端尾尖，基部一侧圆形，另一侧楔形，不对称，边全缘或有疏离的小锯齿，两面均无毛，无斑点，背面常呈粉绿色，侧脉每边 18~24 条，平展，与中脉几成直角开出，背面略凸起；圆锥花序，两性花白色，花期 6~8 月；果实是椭圆形蒴果，翅状种子，种子可以繁殖。长 2~3. 5 cm，深褐色，有小而苍白色的皮孔，果瓣薄；种子基部通常钝，上端有膜质的长翅，下端无翅，果期 10~12 月。

（二）生长习性

香椿树，喜温，适宜在平均气温 8~10 ℃的地区栽培，抗寒能力随苗树龄的增加而提高。用种子直播的一年生幼苗在-10 ℃左右可能受冻。较耐湿，适宜生长于河边、宅院周围肥沃湿润的土壤上，一般以沙壤土为好。适宜的土壤酸碱度为 pH 5. 5~8. 0。

（三）主要分布

香椿是中原地区优良乡土树种，主要分布于平顶山、许昌、漯河、开封、济源、焦作、安阳、濮阳、郑州、三门峡、南阳等地；香椿原产中国，主要分布于湖南、湖北、河北、河南、山东、山西、辽宁、甘肃、内蒙古、广东、广西、云南等地。其中尤以山东、河南、河北栽植最多。河南省舞钢市、信阳市有较大面积的人工林。陕西秦岭和甘肃小陇山均有天然分布。

（四）苗木繁育

1. 苗圃地选择与整地

（1）苗圃地选择。选择地势平坦、光照充足、排水良好的沙性土或土质肥沃的田块做育苗地最好；一般土地做苗圃，影响苗木生长，苗木质量差。

（2）苗圃地的整地。整地要早期动手，9~10 月，采用大型拖拉机旋耕整地，结合整地施肥，撒匀、翻透，每亩施入农家肥 5 000~8 000 kg；同时，施入过磷酸钙 100~150 kg、尿素 25 kg，撒匀深翻备播即可。

2. 大田播种与苗木保护管理

（1）种子的选择。挑选 20~30 年生健壮、无病虫害的母树采集种子。9~10 月，翅果成熟时连小枝一块儿剪下，翻晒 4~5 天，干燥净种后用干藏法储藏。胚珠滋芽力维持 2 年，第 2 年便显著减弱。胚珠空粒较多，普通带翅的胚珠纯净度为 85%~88%，每千克 30 000~34 000 粒，千粒重 28~32 g，出芽率 71%~75%。

（2）保温催芽。为了保证出苗整齐，需进行催芽处理。催芽方法是：用 40 ℃的温水，浸种 5 分钟左右，不停地搅动，然后放在 20~30 ℃的水中浸泡 24 小时，种子吸足水后；捞出种子，控去多余水分，放到干净的苇席上，摊 3 cm 厚，再覆盖干净布，放在 20~25 ℃环境下保湿催芽。催芽期间，每天翻动种子 1~2 次，并用 25 ℃左右的清水淘洗 2~3 遍，控去多余的水分。有 30%的种子萌芽时，即可播种。

（3）适时播种。选当年的新种子，种子要饱满，颜色新鲜，呈红黄色，种仁黄白色，净度在 98%以上，发芽率在 40%以上。在整地的基础上，精耕细耙土壤。然后打畦，畦1 m宽，长30 cm，开沟，沟宽5~6 cm，沟深5 cm，将催好芽的种子均匀地播下，覆盖2~3 cm厚的土。

（4）幼苗管理。种子播种后，6~7天出苗，未出苗前严格控制浇水，以防土壤板结影响出苗。当小苗出土长出4~6片真叶时，应进行间苗和定苗。定苗前先浇水，以株距20 cm定苗。株高50 cm左右时，进行苗木的矮化处理。用15%多效唑200~400倍液，每10~15天喷1次，连喷2~3次，即可控制徒长，促苗矮化，增加物质积累。在进行多效唑处理的同时结合摘心，可以增加分枝数。7~8月，进入雨季，雨后或灌水后要趁早松土。此时，苗木胚根系发达，侧根细弱。在苗高18~20 cm时施行截根，深度10~15 cm即可。

（5）幼苗定植管理。苗圃地繁育的新生幼苗，要及时定植，或间苗，密度以每亩定植3万株左右，株距15~18 cm、行距15~18 cm为宜，这样管理，加速苗木快速生长，提早成苗；同时，减少次生苗木的繁育，10月，到落叶前苗木达到高2.5~3 m，当年可以出圃销售。

3. 主要病虫害的发生与防治

1）主要虫害的发生与防治

（1）主要虫害的发生。香椿主要虫害是桑黄萤叶甲，又称黄叶虫、黄叶甲、蓝尾叶甲，1年发生1代，以老熟幼虫在土中越冬；春天，4月上旬化蛹，4月下旬开始羽化，羽化后成虫先在发芽较早的香椿、朴树、榆树上危害，当桑叶新梢长到8 ~ 10片叶时，转到桑叶上，成虫都咀食叶片，大发生时将全部叶片吃光，残留叶脉，植株生长发育受阻，危害后的叶片呈现全部发黄，如同火烧一样。

（2）主要虫害的防治。桑黄萤叶甲发生后，4月，采取化学防治，利用植物源农药0.63%烟苦参碱500~600倍液或生物农药Bt 2 000倍液进行喷雾防治。5月，成虫期，利用成虫的假死性进行捕杀；在清晨敲打树干，振落地上，迅速人工捕杀。

2）主要病害的发生与防治

（1）白粉病病害的发生。白粉病，4~6月发生，主要危害香椿叶片，有时也侵染枝条。发病初期在叶面、叶背及嫩枝表面形成白色粉状物，后期逐渐扩展形成黄白色斑块，白粉层上产生初为黄色，逐渐转为黄褐色至黑褐色大小不等的小粒点，即病菌闭囊壳。严重时布满厚层白粉状菌丝，影响树冠发育和树木的生长。严重时叶片卷曲枯焦，嫩枝染病后扭曲变形，最后枯死。

（2）白粉病的防治。主要防治措施，一是物理防治，11~12月，落叶后，人工及时清除病枝、病叶，集中堆沤处理或烧毁，减少初次侵染来源。二是生物防治，加强抚育管理，重视培育壮苗，使植株生长健壮，增强树体的生长势和抗病能力；合理密植，及时整枝打叶，改善通风透光条件，提高抗病能力；合理施肥，底肥需增施磷、钾肥，生长期间避免氮肥的过量使用。4~6月发生初期，采取化学防治，香椿叶芽萌动和抽梢期可喷1次5波美度的石硫合剂或高脂膜100倍液进行叶面喷雾；每8~10天喷1次，连续喷2~3次。同时，在发芽前或发病初期，可喷布40%福星乳油8 000~10 000倍液，或用30%特富灵可湿性粉剂2 000倍液、百菌清湿600~800倍液、40%多硫悬浮剂600倍液均匀喷洒枝叶；10~20天防治1次，发病期喷洒15%粉锈宁900~1 000倍液，或高脂膜与50%退菌特等量混用喷布，一般连续喷布2~3次即可。

（3）香椿叶锈病病害的发生。香椿叶锈病，4~6月发生，苗木发病较重，感病后生长势下降，叶部出现锈斑，受害植株生长衰弱，提早落叶，影响第二年香椿芽的产量。初期叶片正反两面出现橙黄色小点（病菌的夏孢子堆），散生或群生，以叶背为多，严重时可蔓延全叶，后期叶背面出现黑褐色小点（病菌的冬孢子堆），受害后使叶片逐渐变黄，造成早期脱落，影响树势生长。

（4）香椿叶锈病的防治。主要防治措施，一是物理防治，11~12月，香椿树进入落叶期，人工开展冬季清除病叶，携带林外集中烧毁，减少越冬病菌，减少第二年侵染来源和发生危害。二是生物防治，5~8月，苗木进入快速生长期，根据天气和干旱情况及时排灌，以降低湿度，创造不利于病害发生的条件；合理施肥，避免过晚或过量施用氮肥，适当增施磷、钾肥，促进香椿生长健壮，提高抗病能力；合理密植，注意通风透光，改善林内小气候，减轻病害。三是采取化学防治，4~6月发生，发现香椿叶片上出现橙黄色的夏孢子堆时，初春向树枝上喷洒1~3波美度石硫合剂，或五氯酚钠350倍液的混合液1~2次，或用15%三唑酮可湿性粉剂1 500~2 000倍液或15%可湿性粉锈宁600~800倍液喷洒防治，喷药次数根据发病轻重而定。当夏孢子初期时，向枝上喷100倍等量式波尔多液，每隔8~10天喷1次，每次每亩用药100~120 kg，连喷2~3次，有良好的效果。

（五）培育的目的

（1）用材作用。香椿为中原地区优良乡土树种，原产于中国，分布于长江南北的广大地区。落叶乔木，树体高大，在华北、华中、华东等地低山丘陵或平原地区是重要的用材树种，又为观赏及行道树种。尤其是在园林绿化中，配置于疏林，作上层骨干树种，其下栽以耐阴花木。

（2）药用作用。香椿椿芽营养丰富，并具有食疗作用，主治外感风寒、风湿痹痛、胃痛、痢疾等。香椿含钙、磷、钾、钠等成分，有补虚壮阳固精、补肾养发生发、消炎止血止痛、行气理血健胃等作用。凡肾阳虚衰、腰膝冷痛、遗精阳痿、脱发者宜食之。香椿中含维生素E和性激素物质，具有抗衰老和补阳滋阴作用，对不孕不育症有一定疗效，故有"助孕素"的美称。香椿是时令名品，含香椿素等挥发性芳香族有机物，可健脾开胃，增加食欲。香椿的挥发气味能透过蛔虫的表皮，使蛔虫不能附着在肠壁上而被排出体外，可用治蛔虫病。香椿含有丰富的维生素C、胡萝卜素等，有助于增强机体免疫功能，并有润滑肌肤的作用，是保健美容的良好食品。

（3）食用作用。宋代苏轼《春菜》云："岂如吾蜀富冬蔬，霜叶露芽寒更"。历史传说，早在汉代，食用香椿，曾与荔枝一起作为南北两大贡品，深受皇上及宫廷贵人的喜爱。宋苏轼盛赞："椿木实而叶香可啖。"香椿被称为"树上蔬菜"，可食用的是香椿树的嫩芽。每年春季谷雨前后，香椿发的嫩芽可做成各种菜肴。它不仅营养丰富，且具有较高的药用价值。香椿叶厚芽嫩，绿叶红边，犹如玛瑙、翡翠，香味浓郁，营养之丰富远高于其他蔬菜，为宴宾之名贵佳肴。今天，人们可炒食、凉拌、油炸、干制和腌渍。

（4）经济作用。香椿木材黄褐色而具红色环带，纹理美丽，质坚硬，有光泽，耐腐力强，不翘，不裂，不易变形，易施工，为家具、室内装饰品及造船的优良木材，素有“中国桃花心木”之美誉。树皮可造纸，果和皮可入药，价值很高。

二十七、楝树

楝树，学名 *Melia azedarach* L. ，楝科、楝属，又名楝、苦楝、哑巴树、紫花树、森树等，落叶乔木，是中原地区优良乡土树种。

（一）形态特征

楝树，落叶乔木，高达 18~20 m。树皮灰褐色，分枝生长，叶为 2~3 回奇数羽状复叶，小叶对生，叶片卵形、椭圆形至披针形，顶生略大，老叶无毛。花有芳香，淡紫色，腋生圆锥花序；裂片卵形或长圆状卵形，先端急尖，花瓣淡紫色，倒卵状匙形，两面均被微柔毛，花药着生于裂片内侧，且互生，子房近球形，无毛，每室有胚珠，花柱细长，柱头头状，花期 4~5 月；核果球形至椭圆形，内果皮木质，种子椭圆形，熟时为黄色，种子黑色数粒，果期 10~12 月。

（二）生长习性

楝树适应性较强，喜温暖、湿润气候，喜光，不耐阴凉，较耐寒冷，喜肥，耐干旱、耐瘠薄，也能生长于水边，但以在深厚、肥沃、湿润的土壤中生长较好。对土壤要求不严，在酸性土、中性土与石灰岩地区均能生长，是平原及低海拔丘陵区的良好造林树种，在土质疏松、土层深厚、水分充足、排水良好的地方，均适宜栽种苦楝。

（三）主要分布

楝树在中原地区主要分布于平顶山、三门峡、安阳、许昌、漯河、南阳、濮阳、开封、林业、郑州、新乡、焦作、济源等地，生于旷野或路旁，山沟、丘陵地带。在我国主要分布于河南、山东、山西、河北、湖北、安徽等地区；在海拔 200 m 左右丘陵区，广泛引种栽培。

（四）苗木繁育

楝树优质苗木繁育技术，主要采取大田种子播种繁育和营养钵育苗木方法，现在分别介绍如下。

1. 苗圃地选择与整地

（1）苗圃地的选择。楝树苗木繁育，要选择土质疏松、土层深厚、水分充足、排水良好的地方，尤其是地势平坦稍有缓坡、排水良好的地方作苗床最好。

（2）苗圃地整地。楝树繁育的土壤做到精耕细耙，播种前做好平整圃地、打垄、碎土，播种地还要求排水良好、平坦；同时，每亩地施入农家肥 6 000~7 000 kg、复合肥 100~120 kg 作底肥。

2. 播种与苗木保护管理

1）种子播种育苗

（1）采收种子。楝树 10~11 月种子成熟，其种子为肉质果，种子成熟后由绿色变为淡黄色，即可以采种，采种要选择 25 年生以上健壮、无病虫害的母树上的种子为好；采后放置在干燥通风处保存。

（2）种子处理。楝树种子种皮结构坚硬、致密，具有不透性，不经处理，种子发芽率极低。播种前将种子在阳光下暴晒 2~3 天，再放入 60~70 ℃的热水中浸泡，适当沤制 2~3 天，使果皮变软，再将其揉搓，用水将果肉淘洗干净。另一种方法是在播种前用 0.5%高锰酸钾溶液浸泡 2~3 分钟，用清水冲洗干净即可。最后一种是沙藏处理方法，在背风向阳处挖深 30 cm、宽 1 m 的浅坑，坑底铺一层厚约 10 cm 的湿沙，将种子混以 3 倍的湿沙，上盖塑料薄膜。催芽过程中要注意温度、水分和通气状态，经常翻倒种子，待有 13%种子萌动（露芽）时进行播种。用该法处理的种子发芽率可达到 80%。

（3）播种时间。楝树繁育苗木的播种季节分为春播和秋播，春播在 3~4 月上中旬播种即可。

（4）种子播种。楝树播种采取条播，条播行距 30~35cm，株距 18~20 cm。为了使播种沟通直，应先画线，然后照线开沟，开沟深度 2~3 cm，深度要均匀，沟底要平；为防止播种沟干燥，应随开沟，随播种，随覆土。每亩按 15~20 kg 播种量进行播种。播种后应立即覆土，以免播种沟内土壤和种子干燥，要求覆土快、均匀，覆土后立即镇压。

（5）幼苗管理。楝树播种果实，种子播种后 10~15 天出苗。每个果核内有种子 4~6 粒，出苗后呈簇生状发芽出土，幼苗疏密不均，要及时进行人工间苗，为了保证苗木成活质量，选择阴雨天间苗为好；当小苗长至 5~10 cm 时间苗，按株距 13~15 cm 定苗，每簇留 1 株壮苗即可。

（6）浇水管理。苗圃地育苗，在播种后及时浇水，盖上覆盖物来保持土壤温度，一般不需要浇水。抽去覆盖物后，根据苗圃地的干旱情况适度浇水，做到见干见湿。培育大苗木的，3 年生苗木，应加强土壤水、肥管理。每年施肥 3 次，浇水 4~5 次。在 5~6月，各施一次速效肥，用尿素和磷酸二氢钾，用量以每株 0.5 kg 为宜。施用方法：在距树干 20~30 cm 处挖放射沟 4~6 条，其长度与树冠相等，宽度、深度为 20~30 cm，将肥料均匀撒入沟内，覆土，随后灌水。在生长旺季视土壤墒情适时浇水。9 月，施一次复混肥或有机肥，用量每株 2~5 kg，及时浇水。

（7）合理追肥。新生幼苗，科学追肥是培育大苗壮苗的基础，苗期追肥应以基肥为主，为使苗木生长健壮，在苗木生长期应追肥加以补充。追肥以速效性肥料为主，应掌握分期追肥、看苗巧施的原则，即根据幼苗不同的生长时期对不同营养元素的需要控制肥料的种类和数量。幼苗期，应以氮肥、磷肥为主，以促进苗木根系的生长。苗木速生期氮、磷、钾适当配合，因该期苗木生长最快，需肥水最多，应加强松土、除草。苗木硬化期，应以钾肥为主，停施氮肥。

（8）中耕除草管理。苗木生长期，应及时进行除草，并与扶苗相结合。对树穴内外的杂草、杂灌做到除早、除小、除了。每次浇水后地表土层干结时，应给林地及时松土。松土除草应做到不伤害苗木根系，深度一般 10～15 cm。每簇选留健壮幼苗一株，其余补栽或移栽。1 年生长高 1.2～2 m，每苗产苗量 5 000～6 000 株。10 月，即可起苗销售，起苗适当修剪主根，以促进侧根生长。

2）营养钵育苗

（1）营养钵苗。就是用营养钵来育苗的方法，营养钵是当前比较常用的一种快速、方便、运输造林成本低、成活率高的育苗办法。营养钵因为体积小，移植的时候直接把整个苗加土一起种到别的盆里，所以这种育苗办法是不会伤到根部的。用营养钵育种、育苗便于集中培育和移栽，无论发芽率、成苗率还是移栽成活率，营养钵育苗均优于苗圃地育苗。同时，提高经济效益。营养钵由钵壁和营养土两部分组成。钵壁为农用塑料薄膜或稻草等材料做成的圆筒形，高 20 cm，直径 10 cm。营养土采用 1 m^3 土壤中加饼肥 5～9 kg，或腐熟的堆、厩肥 50～90 kg，拌和均匀而成，黏重土壤需掺 1/3 细砂。应在塑料大棚中进行，其过程分为营养土的配制和播种。

（2）营养土的配制。营养土要求土壤细密疏松，富含腐殖质，通气透水良好，具有一定的保水、保肥效果。营养土的组成是：田间表土 35%，腐殖土 20%，酒糟 10%，沙土 20%，有机肥料 15%，为防治楝树立枯病可加入 40%甲基托布粉剂 15 g/m^2。以上各成分搅拌均匀，即可备用。

（3）营养钵播种。将拌匀的营养土装入营养钵中，底层营养土要用木棍压实，营养土装至离袋口 2～3 cm 处，每袋播一粒种子，然后覆土。营养钵有次序排入整好的畦内，排好袋后喷水，让种子与土壤充分结合。

（4）营养钵育苗管理。营养钵育苗，无覆盖物，水分蒸发快，所以，要注意保湿，每天的清晨和傍晚喷水一次，喷水时要做到少量勤喷。高温季节要适当多喷，阴雨天气要少喷或不喷，切忌中午高温时喷水。

3. 主要病虫害的发生与防治

1）主要虫害的发生与防治

（1）主要虫害的发生。楝树主要虫害，黄刺蛾、扁刺蛾、斑衣蜡蝉是食叶害虫，5～8月，苗木生长期，集中危害叶片、嫩梢；星天牛危害枝干，是蛀干害虫，1 年 1 代，幼虫在枝干中越冬危害。

（2）主要虫害的防治。5～8 月，苗木生长期，用溴氰菊酯 1 200～1 300 倍液，或 5%吡虫啉 1 000 倍液，或 50%杀螟松 800 倍液，在 5 月底至 6 月上旬喷布叶片，防治第一代初孵若虫。冬季造林时，尽量营造混交林，减少害虫的传播和生长；11～12 月，在枝干上寻找刺蛾和斑衣蜡蝉的卵块，人工刮除消灭。星天牛，1～4 月在树干上对虫孔注射敌敌畏 300～400 倍液，一定用黄泥封口，可以杀死幼虫或蛹，5～7 月，人工捕捉天牛成虫。

2）主要病害的发生与防治

（1）主要病害的发生。楝树主要病害有立枯病、溃疡病、褐斑病、丛枝病、花叶病、叶斑病，4～8 月发生或交替或集中发生危害，造成叶片早期落叶或伤害枝干，或造成树势衰弱，影响树势生长。

（2）主要病害的发生。4～8 月，苗木生长期，病害防治常用的方法有 50%扑海因处理苗圃地土壤，用量为 35 g/m^2；0.1%~0.15%的可湿性粉剂溶液处理种子；幼苗期喷施 0.067%的 50%多菌灵溶液；大苗期喷施 0.33%的 72%农用硫酸链霉素溶液。防治病害要掌握治早、治小、治了的原则，苗圃地育苗发病率控制在 15%以内，营养钵育苗控制在 10%。

（五）培育的目的

（1）用材作用。楝树材质优良，木材淡红褐色，纹理细腻美丽，有光泽，坚软适中，白度高，抗虫蛀，易加工，是制造高级家具、木雕、乐器等的优良用材。

（2）经济作用。楝树叶、枝、皮和果的皮肉中分离、提炼出的楝素可用于生产牙膏、肥皂、洗面奶、沐浴露等产品。楝的树皮、叶中含鞣质，可提取制栲胶，树皮纤维可制人造棉及造纸；楝花可提取芳香油；果核、种子可榨油，也可炼制油漆；果肉含岩藻糖，可用于酿酒。性味：苦，寒。有毒。舒肝行气止痛，驱虫疗癣。用于治疗蛔虫病、虫积腹痛、疥癣瘙痒。楝树耐烟尘，抗二氧化硫能力强，并能杀菌。楝树与其他树种混栽，能起到对树木虫害的防治作用。种皮结构坚硬、致密，具有不透性。

（3）景观作用。楝树花开 4 月，有芳香，淡紫色；楝树种子果皮淡黄色，略有皱纹，立冬成熟，熟后经久不落，是优良的乡土绿化树种，在公园、风景区是很好的行道树、景观树。

二十八、青檀

青檀，学名 *Pteroceltis tatarinowii* Maxim.，榆科、青檀属，又名青檀、檀、翼朴、檀树、青壳榔树，落叶乔木，是中原地区优良乡土树种。

（一）形态特征

青檀树皮灰色或深灰色，不规则的长片状剥落；小枝黄绿色，干时变栗褐色，疏被短柔毛，后渐脱落，皮孔明显，椭圆形或近圆形；冬芽卵形。小坚果两侧具翅，其材质坚韧，纹理细密，耐腐耐水浸。树皮淡灰色，幼时光滑，老时裂成长片状剥落，剥落后露出灰绿色的内皮，树干常凹凸不圆；小枝栗褐色或灰褐色，单叶互生，纸质，卵形或椭圆状卵形，花期 3~5 月，花色为淡绿色，雌雄同株。两性花、单叶，花芽生长在叶腋。果期 8~10 月。果实圆形，周围呈长翅状，具细长柄，悬垂。青檀是国家 2 级保护稀有树种。

（二）生长习性

青檀喜钙，较耐干、耐瘠薄，根系发达，常在岩石隙缝间盘旋伸展。成小片纯林或与其他树种混生。适应性较强，生长速度中等；萌生性强，寿命长；但是，种子天然繁殖力较弱。常生长在山麓、林缘、沟谷、河滩、溪旁及壁石隙等处。

（三）主要分布

青檀在中原地区主要分布于平顶山、安阳、林州、焦作、济源、栾川、鲁山、卢氏、南召、西峡、舞钢等地。在我国主要分布于辽宁（大连蛇岛）、河北、山西、陕西、甘肃南部、青海东南部、山东、江苏、安徽、浙江、江西、福建、河南、湖北、湖南、广东、广西、四川和贵州。较耐干旱瘠薄，根系发达，常在岩石隙缝间盘旋伸展。生长速度中等。山东等地庙宇留有千年古树。种子天然繁殖力较弱。常生于山谷溪边石灰岩山地疏林中，海拔 100~1 500 m。在村旁、公园有栽培。但是，广泛分布于海拔 800 m 以下，在四川康定可达海拔 1 700 m。

（四）苗木繁育

青檀果实成熟后，易脱落自然飞散，所以采种要适时采收。青檀的苗木繁殖，主要采取种子育苗，即有性繁殖，播种育苗，这种方法可以培育大量的幼苗，苗木的生活力强，经济寿命长，植树造林都宜采用种子育苗繁殖；还可采用压条法繁育，即无性繁殖苗木。

1. 苗圃地选择与整地

（1）苗圃地的选择。苗圃地选择土壤肥沃、土壤疏松、浇水方便、交通便利、沙壤土为好。

（2）苗圃地的整地。9~10 月，苗圃地采用大型拖拉机旋耕土壤，同时，施入农家肥作基肥，施肥量每亩 5 000~8 000 kg、复合肥 50~100 kg 即可。

2. 苗木繁育与苗木保护管理

（1）采收种子。青檀 8~9 月成熟，即种子在“处暑”到“白露”左右成熟，果实由青变黄，就应及时采收。果实有圆翅，惟顶部有隙，基部具有长柄。果实采回后应去翅，阴干，防潮湿，但也不能过分干燥，以免影响发芽能力。凡种壳色泽鲜，种仁饱满，种肉白色，均为良种。

（2）种子催芽。为了使种子发芽整齐，促进幼苗生长，播种前可采取催芽方法，一种为冷水浸种，其方法是把纯净的种子放在容器内，加入冷水浸渍，每天更换清水一次，一般浸种 2~3 天，种皮吸水柔软后，即能促进发芽。此法简易稳定，但效果较差。另一种为热水浸种，青檀种壳坚硬，因此热水浸种比冷水浸种效果更好，方法相同，唯热水温度掌握在 30~40 ℃，每天调换温水需 2~3 次。

（3）大田播种。播种，春播为好，2~3 月。好的青檀种子，每亩播种量 1~1.5 kg 即可。播种的方法，采取以条播为宜。苗床土壤保持湿润状态，床面一般按照行距 2~5 cm，即播幅 2~3 cm，行间距在 5~6 cm，即用锄头开一条小沟，沟底要平实，沟深 2~3 cm，做到播种、覆土、覆草要均匀，覆土厚度 1~2 cm，覆草厚度以不见复土为宜，覆草可以保湿保墒，提高出芽率。

（4）幼苗管理。幼苗发芽出土 50%~60%，即可揭去部分覆草，发芽出土整齐后，覆草全部揭去，揭草最好在阴天或傍晚进行。种苗发育生长期间要防涝、防旱，清除杂草。幼苗出齐 30 天后，开展 2~3 次间苗。管理好的幼苗，一年就可以出圃，一般每亩可产 8 000~10 000 株，苗木高 1~1.5 m 的壮苗。

（5）肥水管理。苗木生长期，除草松土，每年施肥 2~3 次，或除草浅松土 2~3 次。合理施肥，土壤肥沃，要少施或不施肥；土壤肥力不足，可适当施肥，每次施肥量每亩 10~15 kg 复合肥。7~8 月，雨季雨后开浅沟撒施化肥。

（6）压条繁育。即无性繁殖，主要是压条法，即将青檀细长的枝条弓形压弯，中间埋在土里，上压石块，2~3 年后，待压在土里的部分已生根，将其砍断即是一棵新生苗木。这种方法青檀树桩越低越有利于发展。

3. 主要病虫害的发生与防治

1）主要虫害的发生与防治

（1）主要虫害的发生。一是檀香粉蝶，又名斑马虫，以幼虫啃食叶片，造成叶片残缺不全。二是象鼻虫，成虫咬食叶片嫩枝，造成枝条干枯或死亡，影响树势生长。

（2）主要虫害的防治。檀香粉蝶、象鼻虫等主要发生在生长期，即 5~9 月，使用 90%敌百虫草原药 800 倍液或 80%敌敌畏乳油 1 000~1 500 倍液喷杀。同时，可人工捕杀象鼻虫的幼虫、卵、蛹。或用 50%吡虫啉 600~800 倍液喷雾。

2）主要病害的发生与防治

（1）主要病害的发生。一是幼苗立枯病，是立枯丝核菌侵染所致，侵害幼苗，6~8 月，土壤排水不良时发生。二是根腐病，是一种常见病害，幼苗、幼龄树和大树均会发生。

（2）主要病害的防治。6~8 月，立枯病发病前用 0.25%~0.5%的波尔多液喷洒，或 1%~2%石灰水浇施；发病期间用托布津可湿性粉剂 900~1 000 倍液或百菌清 600 倍液喷杀防治。根腐病发病初期可用 5%退菌特可湿性粉剂 500~800 倍液，或 50%托布津 800~1 000 倍液，或 70%敌克松原粉 500 倍液喷洒防治。

（五）培育的目的

（1）用材作用。树皮纤维为制宣纸的主要原料；木材坚硬细致，纹理细密，耐腐耐水浸，是制作农具、车轴、家具和建筑用的上等木料，是园艺、室内装饰等的珍贵树种。

（2）油料作用。种子可榨油，工业用油。

（3）科研作用。青檀喜钙，较耐干、耐瘠薄，根系发达，常在岩石隙缝间盘旋伸展生长，为我国特有的单种属，对研究榆科系统的发育有学术价值；对我国的气候、物种演化等具有十分重要的科学价值。

（4）观赏作用。青檀属榆科、翼朴属，其材质坚韧，纹理细密，耐腐、耐水浸，花色为淡绿色，雌雄同株。两性花单叶于叶腋。果期 8~10 月。果实圆形，周围呈长翅状，具细长柄，悬垂，是国家 2 级保护稀有树种，具有良好的观赏价值。

二十九、泡桐

泡桐，学名 *Paulownia fortunei*，为玄参科、泡桐属，又名兰考泡桐、桐树、毛泡桐、光泡桐、楸叶泡桐 、白花泡桐等，落叶乔木，兰考泡桐是中原地区优良乡土树种。

（一）形态特征

泡桐，落叶乔木，皮灰色、褐色或黑色。树干多低矮弯曲，树冠伞形，高达 25~30 m。树皮灰褐色，幼枝、叶、叶柄、花序各部及幼果均被黄褐色星状茸毛；叶呈卵形或心脏形，叶对生，叶大而长柄，叶片长 18~20 cm，叶柄长达 11~12 cm；花萼肉质，倒圆锥状或钟状，花冠大，紫色或白色，花序狭长几成圆柱形，长 24~25 cm，呈小聚伞花序有花 3~8 朵，秋天生花蕾，第二年花先叶开放；总花梗与花梗近等长，花萼倒圆锥形，长 2~2.5 cm，花期 4~5 月。幼树树皮光滑但皮孔显著，大树逐渐纵裂，叶枝稀疏，树冠呈圆锥状或伞状，大多数树种属假二杈分枝，顶芽越冬后枯萎。随树龄增大，叶面积逐渐变小，果为蒴果，卵状或椭圆状，种子椭圆状，很小，数量多，果期 8~9 月。

（二）生长习性

泡桐，落叶乔木，阳性光照树种，怕积水，最适宜生长于排水良好、土层深厚、通气性好的沙壤土或砂砾土上，它喜土壤湿润肥沃，以 pH 6~8 为好，对镁、钙、锶等元素有选择吸收的倾向，因此要多施氮肥，增施镁、钙、磷肥。由于泡桐的适应性较强，一般在酸性或碱性较强的土壤中，或在较瘠薄的低山、丘陵或平原地区也均能生长。泡桐对温度的适应范围也较大，在北方能耐−20~−25 ℃的低温。

（三）主要分布

泡桐在中原地区主要分布于兰考、平顶山、汝州、叶县、漯河、许昌、开封、商丘、周口、西平、驻马店、确山、舞阳、南阳、南召等地。中原地区主要品种是兰考泡桐，本种一般很少结籽，但它的干形较好，树冠稀疏，发叶晚，生长快，根系主要集中在 35~40 cm 以下的土层内，不与一般农作物争夺肥力，故适于农桐间作，兰考泡桐是中原地区进行农桐兼作的优良乡土树种，在河南等地已普遍种植。在我国主要分布于河北、河南、山西、陕西、山东、湖北、安徽、江苏等地，栽培或野生，各地都有适应当地生态环境的种类。河南有野生树种。

（四）苗木繁育

泡桐优良苗木繁殖容易，人们主要采用分根、分蘖、播种等方法育苗。

1. 苗圃地选择与整地

（1）苗圃地的选择。育苗地应该选择背风向阳、沙壤土或壤土，排水、浇水、交通运输方便的地方为好。

（2）苗圃地的整地。圃地要深耕细作，每亩施入 8 000~10 000 kg 农家肥作基肥，同时施入 100~150 kg 复合肥，整理苗床，或高床，方便浇水管理。

2. 繁育苗木与苗木保护管理

1）埋根繁育

（1）埋根时间。一般选择时间为春季，即 2 月下旬至 3 月中旬进行。

（2）埋根种条的采集。10~11 月出圃苗木或 2~3 月出圃苗木留下的根。要及时收集，把苗木出圃时遗留在土壤内的根集中埋在湿润的土穴内保存，或选择沙藏第二年 3 月备埋。

（3）埋根整理。采集的种根，截成长 15~20 cm，按粗细分级处理，即直径 0.5~2 cm 的根，为一级按 30 根捆一捆存放；直径 2~3 cm 为二级，按 20 根捆一捆存放；直径 4~5 cm 为三级，按 10 根捆一捆存放。

（4）大田埋根。圃地要深耕细作，施足基肥，筑高床。埋根按照分级集中成片育苗；同时，埋根按株行距 0.8 m×1 m 直插入土中，上端与地面平；埋后覆土、浇水，18~20 天可发芽出土。另选择根直径 0.5~1.0 cm 的细根育苗时，要集中平埋于深 2~3 cm 的条沟中，头尾相接，覆土压实即可。3 月出圃的苗木留下的根，挑选 0.5~2 cm 的根，晾晒 1~3 天即可埋根繁育。

（5）埋根苗木管理。2~3 月埋的根，20 天出芽后及时管理，当新生苗高 9~10 cm 时，从数个萌蘖芽中选留 1 壮芽，其余的全部抹去，保留 1 个壮芽，促使生长。日后，根据天气、土壤墒情加强肥水管理。另外，冬季或春季可以随采集泡桐树，可以随即埋根育苗。即做高 15~20 cm 的高垄苗床，选用 1~2 年生苗根，以直埋根为好，埋根株行距以 1 m×0.8 m 或 1 m×1 m 为宜，施足基肥，在 6~8 月生长旺盛期，及时追施速效化肥，促使其快速生长。当年苗高一般可达 3~6 m。

2）播种繁育

播种可以春季芽萌动前或秋季落叶后进行，但以春季为好。

（1）选择良种。通常所说的泡桐，实际上是泡桐属的总称。河南省、山东省等地区，应该选择品种兰考泡桐为好，即生长迅速、干形通直、枝下树干高、适应性强；南方地区，选择白花泡桐或以白花泡桐为亲本的杂交种。白花泡桐是适宜在长江以南地区推广的优良品系。

（2）大田播种。播种地用高苗床进行，土壤要消毒，灌足底水，床面整平。播种前苗木种子消毒。然后用 401 温水浸种，冷却后，用冷水继续浸种 24 小时，然后捞出置于温暖处催芽。待 30%苗木种子裂嘴露白时和草木灰混匀后播种。撒播、条播均可，播后覆土、盖草保湿保墒，采用塑料薄膜覆盖更能保温保湿。播后 6~7 天出苗。

（3）播种苗管理。出苗后揭草，床面要保持湿润，不得积水，浇水宜次多量少。当苗木有 6 对真叶时间苗，按株距 30~40 cm 定苗。6 月以后进入速生期，结合浇水每 18~20 天施追肥 1 次。8 月下旬停止水肥和松土除草。一年生苗高达 2~3 m。大苗培育，泡桐顶端优势强，在大苗培育中要保护好顶芽，维护顶端优势；因萌芽力强，要经常抹除茎干萌蘖芽，不得让其干扰顶端生长。此外，还要保护顶芽不受冻害，否则需进行截干，重新培育通直主干。加强苗床的田间管理，苗床地四周开设排水沟，以降低苗床湿度；及时间苗、除草和追肥，促进泡桐苗木健壮生长，提高抗病能力。

3. 主要病虫害的发生与防治

1）主要虫害的发生与防治

（1）泡桐龟甲的发生。泡桐龟甲，其发生规律为 1 年发生 2 代。以成虫在树皮裂缝、树洞及石块等处越冬，甚至在表土中越冬。翌年 4 月中下旬出蛰，在新叶上取食、交配产卵。幼虫孵化后，群集叶面啃食叶肉。5 月下旬幼虫老熟化蛹，6 月上旬第二代幼虫发生。8 月中旬以后第二代成虫陆续羽化，10 月在杂草、石头下、树缝等场所越冬。

（2）泡桐龟甲的防治。防治措施，一是在树冠投影外围，挖宽 18~20 cm、深 15~20 cm、长 30~50 cm 的弧形沟 2~3 条，施入 3%的呋喃丹颗粒剂，并浇水，然后用土将沟填平。胸径 5 cm 以下的泡桐，每株用药 20 g；胸径 5~10 cm 的泡桐，每株用药 50 g；胸径为 11~20 cm 的泡桐，每株用药 100 g；胸径 20 cm 以上的泡桐，每株用药 200~300 g。二是在幼虫发生期，即 6 月，喷 40%的氯氰菊酯乳油 1 000~1 200 倍液等进行防治。

（3）大袋蛾的发生。泡桐大袋蛾，其发生规律为 1 年发生 1 代。以老熟幼虫在枝梢上的虫囊内越冬。春天，4 月中下旬陆续化蛹。5 月下旬成虫陆续羽化。卵产于雌成虫袋囊内。幼虫孵化后吐丝下垂，遇到寄主后即吐丝做囊，背负行走、取食。幼虫危害叶片，11 月自行封闭囊口，休眠越冬。

（4）大袋蛾的防治。一是大面积营造泡桐树林的时候，开展间作其他树林，采取农、桐间作时应以大袋蛾不喜食的杨、柳树做防护林带，以阻隔传播，减轻大袋蛾危害。二是 11~12 月或 3~4 月，人工摘除袋囊。三是在幼虫发生期，大树可于树干基部打 3 个孔，注入 50%的氯氰菊酯乳油原液 2~3 mL。也可用 90%的晶体敌百虫 800~1 000倍液喷雾防治。

2）主要病害的发生与防治

（1）丛枝病的发生。泡桐丛枝病，俗称扫帚病，主要症状表现为，泡桐树的枝、叶、干、根、花都能发生危害，该病对苗木和幼树的生长影响很大，会导致植株生长缓慢，严重情况下甚至造成死亡。幼树发病后，常常于主干或主枝上部丛生小枝小叶，看上去就像是扫帚或鸟窝等。常见的有两种类型，一是丛枝型。即个别枝上的腋芽或不定芽大量萌发，侧枝丛生，节间变短，叶片黄而小且薄，有时皱缩。整个丛枝呈扫帚状；幼苗发病，则植株矮化。二是花变枝叶型。花瓣变成叶状，花柄及柱头生出小枝，花萼明显变薄，花托多裂，花变形。地下根系亦呈丛生状。发病规律，病原体为类菌原体。该病可通过病根及嫁接苗传播，亦可通过茶翅蝽、烟草盲蝽等传播。从影响发病的因素来看，不同品种的泡桐抗病程度不同。一般兰考泡桐、楸叶泡桐、绒毛泡桐发病率较高，白花泡桐、川泡桐发病较少。一般土层深厚、生长健壮的植株发病较轻；土壤瘠薄、生长不良的植株发病重。

（2）丛枝病的防治。主要防治方法，一是培育无病苗木，选取无病母树的根作为繁殖材料。种子育苗不易发生丛枝病。二是建立无病幼林。用无病苗木造林，加强抚育管理，适时施肥，防治病虫害，促进苗木健壮生长。三是在生长期或树枝初发病时应及早剪除。除去病枝或进行环状剥皮，减少病害的传播。四是选育抗病品种和抗病无性系。或将带病根插穗浸泡于 50 ℃左右的温水中约 10 分钟。用石硫合剂残渣埋在病株根部土中，并用 0. 3 度石硫合剂喷洒病株，能有效抑制病害的发展。

（3）炭疽病的发生。炭疽病发生症状表现为，泡桐树炭疽病主要危害幼苗的叶、叶柄和嫩梢。受害叶片上，病斑初为点状，失绿，后扩大，呈褐色近圆形病斑。病斑周围黄绿色，直径约 1 mm，病斑多时可连结成不规则较大的病斑，后期病斑中间常破裂，病叶早落。叶柄、叶脉及嫩梢受害，初为淡褐色圆形小斑点，后纵向延伸，呈椭圆形或不规则形、中央凹陷的病斑。发病时，病斑连成片，常使叶片和嫩梢枯死。泡桐炭疽病是由半知菌亚门的胶孢炭疽菌浸染引起的。病菌主要以菌丝体在寄主组织内越冬。苗圃内留床苗、周围幼林和泡桐丛枝病病枝易发生该病。第二年春季产生分生孢子，经风、雨传播直接浸染幼嫩组织。苗木密度过大、通风透光不良、苗圃排水性差、生长细弱都有利于病害发生。

（4）炭疽病的防治。主要防治方法，科学培育实生苗，采用塑料薄膜覆盖的温床要早播种，然后挑选健壮苗，并将其带土移植于露地苗圃中，适时追肥浇水，促进苗木迅速生长，提高植株抗病和抗旱能力。二是插根育苗并加强田间管理，可避免该病发生。三是泡桐育苗应远离泡桐大树及有丛枝病的植株，防止大树及丛枝病株上的越冬炭疽病菌传播到苗木上危害。四是在发病期向泡桐幼苗上喷 1∶2∶200 波尔多液，或 50% 的甲基托布津 600~800 倍液 2~3 次，防治效果较好。另外，播种苗密度要适当，出苗后要及时间苗、施肥、中耕、排水、培育壮苗、提高抗病力；同时，如果是带病菌圃地，应该处理土壤。播种前将硫酸亚铁均匀撒在地表，然后翻入土中；新生幼苗，可以喷施波尔多液或 50%退菌特 800~1 000 倍液，每隔 8~10 天可喷一次。在 5~6 月可喷施波尔多液防治炭疽病，也可喷施 65%的代森锌 500 倍液或 50%的退菌特 800 倍液，每 15 天喷 1 次。

（五）培育的目的

（1）用材作用。泡桐为高大乔木，材质优良，轻而韧，具有很强的防潮隔热性能，耐酸耐腐，导音性好，不翘不裂，不被虫蛀，不易脱胶，纹理美观，油漆染色良好，易于加工，便于雕刻，还可制作各种乐器、家具、电线压板，雕刻手工艺品和制造优质纸张等；建筑上做梁、檩、门、窗和房间隔板等；在农业生产中用途广泛。

（2）工业作用。泡桐在工业和国防方面，可利用其制作胶合板、航空模型、车船衬板、空运水运设备。

（3）饲料作用。泡桐叶、花可作猪、羊的优良饲料。

三十、梓树

梓树，学名 *Catalpa ovata* G. Don，紫葳科、梓属，又名花楸、水桐、河楸、臭梧桐、黄花楸、木王、楸、木角豆等，落叶乔木树种，是中原地区优良乡土树种。

（一）形态特征

梓树高 10~15 m，树冠伞形，主干通直，嫩枝具稀疏柔毛，树冠倒卵形或椭圆形，树皮褐色或黄灰色，纵裂或有薄片剥落，嫩枝和叶柄被毛并有黏质。叶、果实、茎白皮和根白皮。叶对生或近于对生，有时轮生，阔卵形，长宽近相等，长约 25 cm，顶端渐尖，基部心形，全缘或浅波状，常 3 浅裂，叶片上面及下面均粗糙，微被柔毛或近于无毛，侧脉 4~6 对，基部掌状脉 5~7 条，叶柄长 6~18 cm；花朵生于枝条顶端，圆锥花序，花序梗微被疏毛，长 12~28 cm，花萼蕾时圆球形，2 唇开裂，长 6~8 mm，花冠钟状，淡黄色；淡黄色的花在夏季开放，颜色及质地如同被水浸泡过的旧纸，人们大都不会专门观赏此花，花期在 4~5 月；入秋之后，梓树结出细长的果实，种子长椭圆形或蒴果线形，下垂，长 20~30 cm，粗 5~7 mm。种子长 6~8 mm，宽约 3 mm，两端具有平展的长毛。梓树的果熟期在 8~10 月。

（二）生长习性

梓树喜光、耐阴，抗寒力强，适应性强，根系发达，对土壤要求不严，以湿润、肥沃的沙质壤土为好。适于生长在温带地区。抗污染能力很强。

（三）主要分布

梓树在中原地区主要分布于平顶山、鲁山、舞钢、栾川、许昌、淅川、南阳、安阳、济源、确山、方城等地，野生生长；在我国主要分布于河北、河南、山西、山东、甘肃、内蒙古、黑龙江、吉林、辽宁等地，尤其是多分布于中国长江流域及以北地区；经常生长在山坡或山谷杂木林内，多栽培于村庄附近及公路两旁，山东省泰山山顶有栽培，生长表现良好，生于海拔 500~2 500 m 的低洼山沟或河谷。

（四）苗木繁育

梓树优良苗木繁育技术，以播种繁殖为主，扦插、分蘖繁殖为辅。播种繁殖技术如下。

1. 苗圃地选择与整地

（1）苗圃地的选择。大田育苗的苗圃地选择，要选择温暖向阳、土层深厚，并且湿润的土壤为最佳；同时，交通运输方便的地方。

（2）苗圃地的整地。选择好繁育苗木的地方，施入农家肥 5 000~6 000 kg、复合肥 50~120 kg 作底肥，然后要将土地做畦整平、整细，开沟条播或者撒播。春季播种，最好在上年秋冬季节将播种地用大型拖拉机翻耕 1~2 遍，达到平整、精细的要求。

2. 大田播种与苗木保护管理

（1）种子采收。梓树果实 9~11 月成熟。应选择生长优良、干形通直优美、树冠开张、果实饱满的母树进行采种。采收后的果实要及时处理，把采集到的果实放在干净、向阳的地方摊平晾晒，或者摊开阴干，蒴果开裂以后敲打去掉外壳，挑拣出合格的种子干藏备用。

（2）种子催芽。3 月上旬，把种子与 3 倍湿润沙子混合分层堆放或混合堆放在一起，堆高 30~45 cm。堆放过程中，要防止种子过湿、发热和霉烂，室温控制在 4~12 ℃。常温干燥器储藏种子平均发芽率最高可达 76.7%，如果种子储藏在常温常湿、4~20 ℃的冰箱条件下，平均发芽率仅 50%左右。

（3）种子播种。3 月，采取条播繁育，将种子混湿沙催芽，待种子有 30%以上发芽时条播，要将行距控制在 20 cm 左右，把种子与草木灰均匀混合后撒在沟内；撒播，要确保种子撒得均匀，种子播种后，立即覆土厚度 2~3 cm；发芽率 40%~50%，播种移栽的密度每亩 10 000~12 000 株为宜，即每亩种子用量为 1~1. 2 kg。播种后，上面覆盖枯草或其他材料保持温度和湿度。当年苗高可达 1~1. 5 m。

（4）浇水管理。4~8 月，新生苗木出土后，及时浇水，保持土壤湿润，中国夏季多数地区气温普遍偏高，地表水分蒸发快，土壤很容易缺水干旱。梓树苗木的生长需要一个土壤湿润的条件，养护过程中应对其幼苗及时灌溉。每次灌溉的水量要适中，泡根或者干旱都会不同程度地影响移植苗木的成活。浇水时必须见干见湿，注意浇水一定浇透。

（5）松土除草。梓树要求土壤条件湿润、肥沃、深厚。降水或灌溉后应当及时中耕松土、除草，尤其需要注意的是机械松土、除草不适用于梓树种植，可以采用人工清除苗间杂草，再在土层表面散盖细土或细沙用来防止露根透风。中耕松土时须小心谨慎，不要伤苗和压苗，除草时尽量避免碰伤苗木根须，推荐方法为逐次加深。另外，松土、除草的最佳时间为阴天的早、晚或者降水以后。

（6）施肥管理。梓树喜肥，新生苗木在生长期，要不断施肥，施肥方法有很多种，如放射状开沟施、环状沟施、条沟施、穴施、水施、撒施等。梓树施肥，要求在操作规程上施肥量不要过多，施肥浓度不要过高，做到少量多次，有机肥和无机肥搭配使用，肥料种类要丰富齐全。如有需要，在松土、除草后可以施水肥，即浇水时，把复合肥添加水中施入，每亩每次 5~7 kg，施水肥的时间以早、晚为宜，注意不能在苗行间进行大面积撒施化肥和复合肥，以免伤害苗木。

（7）适度遮阳。5~8 月，进入夏季，气温高，天气干旱，适度遮阳有利于梓树幼苗生长。在有条件的情况下，搭建遮阳网，适度遮阳后使地表温度保持在 10 ℃左右，这样有利于梓树幼苗的快速生长。冬季幼苗落叶后至春季发芽前新栽的苗木，生长初期一般都可以正常生长。但是部分植株幼苗一旦遇到气温升高、水分亏损等，可能会发生萎蔫甚至脱水死亡的现象。因此，梓树苗木是否快速生长成活在短时间内无法看出，一般需要经过 1~2 年的高温干旱后才能确定其是否真正成活。

3. 主要病虫害的发生与防治

1）主要虫害的发生与防治

（1）主要虫害的发生。梓树主要虫害是金龟子、蝼蛄、蟋蟀等，它们 2 年 1 代，或 1 年 1 代；同时，还有共同危害的特点是，危害根、茎、叶、果实和种子，对幼苗的损害特别严重；均具趋光性。5 月上旬至 6 月中旬，它们交替或共同活跃危害，也是第一次危害的高峰期，6 月下旬至 8 月下旬，天气炎热，转入地下活动，6~7 月为产卵盛期。9 月气温下降，再次上升到地表，形成第二次危害高峰，10 月中旬以后，陆续钻入深层土中越冬。昼伏夜出，以夜间 7~11 时活动最盛，特别在气温高、湿度大、闷热的夜晚，大量出土活动。早春或晚秋因气候凉爽，仅在表土层活动，不到地面上，在炎热的中午常潜至深土层，以幼虫在土壤中越冬。

（2）主要虫害的防治。6~8 月，一是根据成虫的趋光性，每亩挂诱杀虫灯，诱杀成虫，从而减少繁殖量；二是发生害虫时，可喷洒敌百虫或氯氰菊酯 1 000~1 200 倍液等药剂防治；三是开展人工捕捉成虫，杀死害虫。

2）主要病害的发生与防治

（1）主要病害的发生。6~8月，夏季苗木主要病害是立枯病、根腐病等。立枯病，在夏季集中危害新生幼苗，造成植株枯萎死亡；根腐病，危害新生幼苗根部，造成幼苗根系腐烂，无法吸收养分和水分，致使苗木缓慢死亡。

（2）主要病害的防治。病虫害以预防为主。6~8月，当发生立枯病、根腐病时，可用喷洒波尔多液、甲基托布津600~800倍液等药物喷布苗木防治；另外，在苗圃地挖15~20 cm深，在树木根系23~25 cm周围环状沟槽，埋120 g根动力2号配合根腐灵15 g，进行回填埋土，再进行浇水，一次完成可以防治地下根部和地下幼虫。梓树在夏季高温高湿的环境下容易发生立枯病、根腐病，喷洒甲霜恶霉灵或铜制剂进行防治；一旦发病，应立即采用甲霜恶霉灵或铜制剂对其进行灌根处理。

（五）培育的目的

（1）景观作用。梓树树干挺拔优美，春天发芽，绿叶青青，枝叶秀丽。初夏叶片葱葱，白花如雪，招蜂引蝶。早秋果实累累，红黄相间与绿叶相配，相得益彰。晚秋叶色多样，或粉、或黄、或红、或紫，更衬托出果实红艳。冬天枝叶脱落，伟岸的身姿缀满了红红的果实。一年四季都有它独特的风景，更因它的叶色多变，有“秋天魔术师”的美称。是一种优良的观叶、观花、观果型树种，因此在园林种植、绿化美化等多方面是优选树种。

（2）环保作用。梓树树姿优美，叶片浓密，宜作行道树、庭荫树。它花繁果茂，成簇状长条形果实挂满树枝，果期长达半年以上。它还有较强的消声、滞尘、忍受大气污染能力，能抗二氧化硫、氯气、烟尘等，是良好的环保树种，可营建生态风景林。

（3）用材作用。梓树木材白色稍软，可做家具。木材还可作枕木、桥梁、电杆、车辆、船舶、坑木和建筑、高级地板、家具（箱、柜、桌、椅等）、水车、木桶等用材；还宜作细木工、美工、玩具和乐器用材。古人珍爱梓木，用桐木（泡桐）为琴面板，用梓木作琴底，叫作“桐天梓地”，视为琴中上品，古人爱植桑梓，且以桑梓代表家乡。

（4）苗木繁育作用。梓树因其播种繁殖育苗容易，可用梓树做砧木快速繁殖楸树。

三十一、枫香

枫香，学名*Liquidambar formosana* Hance，为金缕梅科、枫香树属，又名枫树、枫木、红枫、三角枫、大叶枫等，落叶乔木，是中原地区优良乡土树种。

（一）形态特征

枫香，落叶乔木，高20~30 m，胸径最大0.5~1 m，树皮灰褐色，方块状剥落；小枝干后灰色，被柔毛，略有皮孔；芽体卵形，长0.8~1 cm，略被微毛，鳞状苞片敷有树脂，干后棕黑色，有光泽。叶薄革质，阔卵形，掌状3裂，中央裂片较长，先端尾状渐尖；两侧裂片平展；基部心形；上面绿色，干后灰绿色，不发亮；下面有短柔毛，或变秃净仅在脉腋间有毛；掌状脉 3~5 条，在上下两面均显著，网脉明显可见；边缘有锯齿，齿尖有腺状突；叶柄长 10~11 cm，常有短柔毛；托叶线形，游离，或略与叶柄连生，长 1~1.4 cm，红褐色，被毛，早落。花序常多个排成总状，雄蕊多数，花丝不等长，花药比花丝略短。雌性头状花序有花 24~43 朵，花序柄长 3~6 cm；果序圆球形，木质，直径 2.5~3.5 cm；蒴果下半部藏于花序轴内，有宿存花柱及针刺状萼齿。褐色，多角形或有窄翅。花 4 月上旬开花，9~10 月果实成熟。

（二）生长习性

枫香喜温暖湿润气候，性喜光，幼树稍耐阴，耐干旱瘠薄土壤，不耐水涝。在湿润、肥沃而深厚的红黄壤土上生长良好。深根性，主根粗长，抗风力强，不耐移植及修剪。种子有隔年发芽的习性，不耐寒，不耐盐碱及干旱。在海南岛常组成次生林的优势种，性耐火烧，萌生力极强。

（三）主要分布

枫香在中原地区主要分布于平顶山、三门峡、南阳、安阳、驻马店等地；在我国主要分布于河南、山东、山西、四川、云南、西藏、广东；秦岭及淮河以南各省地区种植，黄河以北不能露地越冬，要做好防寒准备。

（四）苗木繁育

1. 苗圃地选择与整地

（1）苗圃地的选择。枫香优质苗木育苗圃地，以选择在交通状况良好、与水源距离近、土层深厚、土壤疏松、土质较肥沃、pH 值为 5.5~6.0 的沙质壤土为佳。为了减少病害，最好选择在前茬为农作物的地块上进行枫香树育苗。不宜选择过于黏重的土壤或蔬菜地，这些土壤细菌较多，容易使幼苗发生根腐病，影响苗木生长。

（2）苗圃地的整地。9~10 月，把选择好的苗圃地，选择大型拖拉机旋耕整理土壤，同时，施入 5 000~6 000 kg 农家肥、50~100 kg 复合肥作底肥，经过冬天 3~4 个月寒冷天气的冬冻，土壤疏松，农家肥和化肥充分分解，致使土壤肥沃，有利于苗木繁育。

2. 大田播种与苗木保护管理

（1）种子采集。枫香在进行种子的采集时，应选择生长 10~20 年以上、无病虫害发生、长势健壮、树干通直的优势树作为采种母树。10 月下旬果实成熟期，即可采种。果穗球形，由多数蒴果组成。每一蒴果仅有 1~2 枚可孕的黑色种子，顶端具倒卵形短翅。优良饱满的种子有翅，为黑色；劣质种子无翅，为黄色，较淡。果实成熟后开裂，种子易飞散。当果实的颜色由绿变成黄褐（稍带青）、尚未开裂时，应将其击落，以便于收集。

（2）种子晾晒。采回的果实应置于阳光下进行晾晒，一般 3~5 天即可。在晾晒的过程中，应常用木锨翻动果实，待蒴果裂开后将种子取出。然后用细筛除去含有的杂质即可获得纯净的枫香种子。以鲜果的重量进行计算，出种率为 1.5%~2.0%。采集的种子应装于麻袋内置于通风干燥处进行储藏。

（3）种子播种。枫香播种可冬播，也可春播。冬播较春播发芽早而整齐。春播时间，3 月 10~20 日进行，因枫香种子籽粒小，播种前可不进行处理。播种量为每亩 0.5~1.0 kg。由于枫香种子的籽粒小，圃地的发芽率仅在 20%~57%。播种可采取撒播、条播两种方式进行。一是撒播，将种子均匀撒在苗床上，方法简单，省力，出苗量高，播种量为每亩 1.5~2 kg。二是条播，播种的行距控制在 20~25 cm，沟底的宽度为 6~10 cm，播种时均匀地将种子撒在沟内，一般播种量为每亩 1.0~1.5 kg。播种结束后应及时覆土，以微可见种子为佳，细土应先用筛子筛后再进行覆盖，并在其上覆盖 1 层稻草或秸秆。也可不覆土，直接将稻草或茅草覆盖在播种后的苗床上，为了防止草被风吹起，应用棍子压上，或用竹片、薄膜穹形盖好，不仅可以起到保暖、防风的作用，还可以防止鸟兽的危害，从而确保苗木繁育成功。

（4）适时揭草。枫香播种后 24~26 天种子开始发芽，40~45 天幼苗基本出齐。当幼苗基本出齐时，要及时揭覆盖的杂草、秸秆等。揭草最好分两次进行，第一次揭去 1/2，5 天后第二次揭剩下的部分，让幼苗有一个适应的过程。揭草时动作要轻，以防带出幼苗。

（5）间苗补苗。揭覆盖的杂草后，幼苗长至 3~5 cm 时，应选阴天或小雨天，及时进行间苗和补苗。将较密的苗木用人工移出，去掉泥土，将根放在 0.01% ABT3 号或 ABT6 号生根粉溶液中浸 1~2 分钟，再补栽于缺苗的苗床上，株行距一般为 5 cm × 8 cm，栽后及时地浇透水。间苗后的枫香苗密度控制在每平方米 100 株左右即可。

（6）肥水管理。幼苗揭覆盖的杂草后 35~40 天，可选择合适的氮肥进行追施。第 1 次追肥的浓度应小于 0.1%，施肥量为每亩 3~5 kg。以后根据苗木的实际情况，每隔 1 个月左右追肥 1 次，施肥量为 5~6 kg。在枫香的整个生长季节应施肥 2~3 次。前期主要施氮肥，后期施磷、钾肥。施肥时间，应选择在 16：00 以后进行。当施肥的浓度超过 0.8%时，施肥后应用清水冲洗。遇下雨时，为了防止苗木出现烂根现象，应及时排除苗圃地的积水；在遇到持续干旱的天气时，应及时浇灌苗地，满足苗木生长对水分的需求。

（7）松土除草。4~7 月，在苗木生长期间，要及时松土除草。苗小时，一定要人工拔草。枫香苗木长到 30 cm 以上时，可用 1/3 000 浓度果尔除草剂进行化学除草，每亩每次用量为 15 mL。施药时应将喷雾器头对准条播行距中间喷雾，注意药液不要喷洒到嫩叶和幼茎上，枫香幼苗对果尔除草剂敏感，以免产生药害；撒播枫香苗圃地不宜使用果尔溶液进行喷雾处理；如育苗面积较大，确需进行化学除草的，可用 25 mL 果尔，加水 1 kg，与 25 kg 细沙拌匀，堆放 2 小时，摊开晾干，然后均匀撒在苗床上，并用棕把将枫香苗上的沙轻轻扫落即可，部分枫香幼苗会受到轻微药害，10~15 天后会恢复生长。

3. 主要病虫害的发生与防治

1）主要虫害的发生与防治

（1）主要虫害的发生。主要虫害是天幕毛虫，1 年发生 1 代，危害特点是，刚孵化幼虫群集于一枝，吐丝结成网幕，食害嫩芽、叶片，随生长渐下移至粗枝上结网巢，白天群栖巢上，夜出取食，5龄后期分散为害。即5月上中旬，幼虫转移到小枝分杈处吐丝结网，白天潜伏网中，夜间出来取食。幼虫经4次蜕皮，于5月底老熟，在叶背或果树附近的杂草上、树皮缝隙、墙角、屋檐下吐丝结茧化蛹。蛹期12天左右。以完成胚胎发育的幼虫在卵壳内越冬。第二年树木发芽后，幼虫孵出开始为害。成虫发生盛期在6月中旬，羽化后即可交尾产卵。严重时全树叶片吃光。

（2）主要虫害的防治。一是人工摘茧，消灭蛹。二是保护天敌，把野外采摘的茧中已被寄生的蛹，捡出放回林中或不采摘；喷布药物，用25%灭幼脲3号3 500倍液，或20%杀灭菊酯2 000倍液，或25%溴氰菊酯2 000倍液，用机动喷雾机于傍晚喷雾树冠，防治效果均在90%以上。还可用氯氰菊酯1 200倍液喷入网幕内，防效达95%以上。三是毒绳法，用20%杀灭菊酯与机油按1∶8混合调好，纸绳浸泡0.5小时后，捞出晾干，之后绑于树干胸高处，防治效果在90%上。四是灯光诱蛾，在危害较重林地集中设置诱虫灯，诱杀成虫，效果较好。

2）主要病害的发生与防治

（1）主要病害的发生。枫香幼苗具有较强的适应性，因此一般不易发生病虫害。但在刚揭草时，由于苗木长势较为幼嫩，短期内有病虫发生立枯病或白粉病等，主要集中在4~5月发生危害幼苗，即苗木幼苗生长期，轻者致使苗木有部分受害，发生严重时致使苗木大片死亡。

（2）主要病害的防治。预防为主，可在揭草后7~8天，选择百菌清1 000倍液的药剂进行喷雾，或可用多菌灵2 000倍液。以后隔20~30天喷百菌清1 000倍液，或多菌灵800~1 000倍液1次；在苗木的生长期间，应做好松土除草工作。由于枫香幼苗对除草剂敏感，当发生草害时，一般采取人工拔草的方式，不可采用除草剂。

（五）培育的目的

（1）园林作用。枫香在中国可在园林中栽作庭荫树，可于草地孤植、丛植，或于山坡、池畔与其他树木混植。倘与常绿树丛配合种植，秋季红绿相衬，会显得格外美丽，具有景观作用。

（2）用材作用。枫香具有较强的耐火性和对有毒气体的抗性，可作为厂矿区绿化、荒山造林绿化树种，木材稍坚硬，可制作家具及贵重商品的包装箱。具有用材作用。但因不耐修剪，大树移植又较困难，故一般不宜用作行道树。

三十二、水曲柳

水曲柳，学名 *Fraxinus mandshurica* Rupr.，木樨科、梣属，又名大叶梣、东北梣、白栓，落叶乔木，是中原地区优良乡土树种，又是国家2级重点保护野生植物，是中国主要栽培珍贵树种之一。

（一）形态特征

水曲柳，落叶大乔木，高25~30 m，树皮厚，灰褐色，冬芽大，圆锥形，小枝粗壮，四棱形，叶痕节状隆起，半圆形。羽状复叶；叶柄近基部膨大，叶着生处具关节，纸质，叶片长圆形至卵状长圆形，叶缘具细锯齿，上面暗绿色，下面黄绿色，圆锥花序生于去年生枝上，先叶开放，花序梗与分枝具窄翅状锐棱；雄花与两性花异株，均无花冠也无花萼；雄花序紧密，花梗细短，花药椭圆形，花丝甚短，子房扁而宽，翅果大而扁，长圆形至倒卵状披针形，长 3~3.5 cm，宽 6~9 mm，中部最宽，先端钝圆、截形或微凹，翅下延至坚果基部，明显扭曲，脉棱凸起。4 月开花，8~9 月结果。

（二）生长习性

水曲柳，喜欢湿润的土壤，耐瘠薄，适应性强，适合生长在土壤温度较低、含水率偏高的下坡位。喜欢在浅山丘陵或山地与天然次生林中的其他树木混交生长。

（三）主要分布

水曲柳在中原地区主要分布于南阳、西峡、栾川、鲁山，舞钢、汝州、宝丰、方城、内乡、济源、安阳、林州、确山等地；在我国主要分布于河南、山东、陕西、甘肃、湖北以及东北、华北等地。水曲柳分布范围极广，但具有不连续性，跨越中国东北部、中国西北部分地区，俄罗斯东部。其中，中国东北部是水曲柳的主要分布区，也是中心分布区。尤其是中长白山北部山地区是水曲柳的中心产区，小兴安岭山地区和千山低山丘陵区是水曲柳的边缘分布区。水曲柳为渐危种，是古老的残遗植物，分布区虽然较广，但多为零星散生，生长于海拔 700~2 100 m 的山坡疏林中或河谷平缓山地。水曲柳是第三纪孑遗种，与胡桃楸、黄菠萝并称为中国东北珍贵的“三大硬阔树种”，它们的木材坚硬致密，纹理美观，是工业和民用的高级用材。

（四）苗木繁育

1. 苗圃地选择与整地

（1）苗圃地的选择。苗圃地要选择排水性能好的地块，土层深厚、土壤肥力高的沙壤以及壤土为好；同时，具备交通条件，运输条件方便的地方即可。

（2）苗圃地的整地。整地要及早动手，把选择的苗圃地在 12 月用大型拖拉机旋耕一遍，施入 6 000 kg 的农家肥作底肥；第二年春季，3 月上旬，打畦做垄，保持土壤的松软度，对土壤当中存在的残根以及石块进行有效的清理，然后拌匀有机肥作为上层肥。

2. 大田播种与苗木保护管理

（1）种子处理。选择优良饱满的种子，用 0.3%高锰酸钾溶液浸种 2~3 分钟，浸种之后再通过清水对其实施清洗，然后将种子放在 20 ℃的温水中浸泡一天，捞出晾晒，实施催芽。催芽采用埋藏催芽的方式，按照体积 1∶3 混拌之后埋藏催芽。

（2）种子播种。3 月上旬播种，播种实施做垄。在垄的规格方面，宽度可保持在 60~70 cm，高度保持在 15~25 cm，秋冬季进行翻地深 30~40 cm，然后施底肥。播种，随即覆土和镇压，播种的时候实施条播的方式，在播幅和间距之间的宽度比例按照 2∶1~3∶1的比例，采用一边播种，一边进行覆土，一边镇压，一边进行浇水操作。

（3）苗木管理。4~5 月，在种子出苗之后要进行间苗以及补苗，对死去的苗木和枯萎的苗木进行剔除。做好除草、松土管理，10~15 天实施一次浇水、除草、松土管理，一般幼苗期除草浇水 3~4 次；同时，做好间苗，间苗能有效地调整苗木的密度，提高苗木生长速度。间苗之后就要进行灌溉。对于刚出的苗，比较容易受到病害的感染，要对这些病害及时进行预防，采用 8%波尔多液进行喷药防治，6~7 月施入尿素或硝酸铵。在苗木长到 1~1.2 m，以及地径达 0.5~1 cm 时，可以分苗移栽，按照 50 cm×70 cm 的行距实施分栽移植，培育成大苗木。

3. 主要病虫害的发生与防治

1）主要虫害的发生与防治

（1）主要虫害的发生。水曲柳主要虫害是介壳虫，介壳虫体小，繁殖快，1 年繁殖 2~7 代，虫体被厚厚的蜡质层所包裹，防治非常困难。苗木受到危害后，造成枝叶发黄、畸形，叶片脱落，严重者导致整株死亡，严重影响树木的正常生长。

（2）主要虫害的防治。4 月上旬，新生苗木幼林当中，发生介壳虫之后，少量时，可通过人工捕杀的方式进行消灭；当成虫的体壳还没有变硬时，尤其是雨后可以振动枝条使其落地死亡，6 月中旬，是介壳虫自母壳爬出准备羽化成虫的时期，爬出后就可通过喷施氯氰菊酯 1 000~1 500 倍液进行有效的防治。

2）主要病害的发生与防治

（1）主要病害的发生。水曲柳新生苗木比较容易出现大范围的病害，主要是幼苗立枯病。4~5 月，立枯病病菌发育的适温 20~24 ℃。刚出土的幼苗及大苗均能受害，一般多在育苗中后期发生。多在苗期床温较高或育苗后期发生，阴雨多湿、土壤过黏、重茬发病重。播种过密、间苗不及时、温度过高易诱发病害。主要危害幼苗茎基部或地下根部，初为椭圆形或不规则暗褐色病斑，病苗早期白天萎蔫，夜间恢复，病部逐渐凹陷、溢缩，有的渐变为黑褐色，当病斑扩大绕茎一周时，逐渐干枯死亡，但不倒伏。轻病株仅见褐色凹陷病斑而不枯死。苗床湿度大时，病部可见不甚明显的淡褐色状霉粉。

（2）主要病害的防治。立枯病对水曲柳的生长危害很大，同时造成很大的威胁。苗圃地要采取相应的措施进行防治，来提高其生长的质量。对水曲柳的幼苗立枯病的防治，要注意不能在重黏土以及连作地上进行育苗，出苗之后每 8~10 天喷洒 0.8%波尔多液，连续喷布一直到 6 月中旬，可有效地防治幼苗的立枯病。或在 3 月中旬即发芽前或者是在落叶之后采用 5 波美度石硫合剂进行喷洒防治，可以预防立枯病等病害的发生，效果显著。

（五）培育的目的

（1）用材作用。水曲柳树干端直，材质坚韧致密，富有弹性，纹理通直，刨面光滑，是一种用途较广的优良用材树种，在国际市场上享有极高的信誉，具有高于针叶树种 4~5 倍的价格。由于水曲柳木材胶接、油漆性能较好，具有良好的装饰性能，可供建筑、飞机、造船、仪器、运动器材、家具等广泛应用。

（2）绿化作用。水曲柳树形圆阔、高大挺拔，适应性强，具有耐严寒、抗干旱、抗烟尘和病虫害能力，是优良的绿化和观赏树种。同时可与许多针阔叶树种组成混交林，形成复合结构的森林生态系统，对提高整个林分涵养水源、保持水土、防止环境恶化等能力有很大意义和作用。

三十三、君迁子

君迁子，学名 *Diospyros lotus* L.，柿科、柿属，又名黑枣、软枣、牛奶枣、野柿子、丁香枣、梬枣、小柿等，落叶乔木，其果实经过霜冻后可以生食，是中原地区优良乡土树种，又是中国主要栽培珍贵树种之一。

（一）形态特征

君迁子，落叶乔木，高 25~30 m，胸高直径可达 1.3 m；树冠近球形或扁球形；树皮灰黑色或灰褐色；小枝褐色或棕色；嫩枝通常淡灰色，有时带紫色。冬芽带棕色。叶椭圆形至长椭圆形，上面深绿色，有光泽，下面绿色或粉绿色，有柔毛；叶柄有时有短柔毛，上面有沟。雄花腋生；花萼钟形；花冠壶形，带红色或淡黄色。果近球形或椭圆形，长 6~7 mm，初熟时为淡黄色，后则变为蓝黑色，常被有白色薄蜡层，8 室；种子长圆形，褐色，侧扁。基部常有宿存的星芒状毛；果翅狭，条形或阔条形，长 12~20 mm，宽 3~6 mm，具近于平行的脉。花期 5~6 月，果期 10~11 月。

（二）生长习性

君迁子喜光，也耐半阴，较耐寒，既耐旱，也耐水湿，生性强健。喜肥沃深厚的土壤，较耐瘠薄，对土壤要求不严，有一定的耐盐碱力，在 pH 8.7、含盐量 0.17%的轻度盐碱土中能正常生长。寿命较长，浅根系，但根系发达，移栽后 3 年内生长较慢，3 年后则长势迅速。抗二氧化硫的能力较强。

（三）主要分布

君迁子在中原地区主要分布于平顶山、三门峡、洛阳、安阳、南阳、焦作、驻马店等地，野生分布；在我国主要分布于河南、山东、辽宁、河北、山西、陕西、甘肃、江苏、浙江、安徽、江西、湖南、湖北、贵州、四川、云南、西藏等省区；生于海拔 1 500 m 以下的沿溪涧河滩、阴湿山坡地的林中，海拔 500~2 300 m 的山地、山坡、山谷的灌丛中，或在林缘。

（四）苗木繁育

1. 苗圃地选择与整地

（1）苗圃地的选择。要及早选好圃地，早备苗床。选背风向阳、土壤疏松、肥力较高的土壤作圃地，交通运输方便为佳。

（2）苗圃地的整地。11 月上旬深耕细耙，建议采用大型拖拉机旋耕土地，每亩施农家肥 4000 kg、过磷酸钙 100~200 kg 作基肥；再用硫酸亚铁 15 kg、3%呋喃丹颗粒剂 5 kg 进行土壤消毒和灭虫。最后，做成深沟高床，床宽 120 cm、高 25 cm。

2. 大田播种与苗木保护管理

（1）种子采收。10月，君迁子种子可以采收，果实成熟后，选择在干形好、树形端正的植株上采摘果实，将果实置于阴凉干燥处摊开进行晾干，然后将种子取出，洗净晾干后装入干净布袋中保存备播。

（2）种子处理。3月下旬，将种子浸泡在40 ℃温水中两天，种子膨胀后再进行播种。采用温水催芽，播前用冷开水浸种2天，置于有草袋垫盖的箩筐中，每天喷洒40 ℃的温水，保持种间温度在20~50 ℃进行催芽。

（3）种子播种。3月上旬播种。采用条播，行距30 cm，播深2 cm，播后盖土齐床面，再覆盖稻草，有条件的地方搭盖小拱棚保温。每亩用种量12 kg。

（4）苗木管理。育苗期，应加强水肥管理、病虫害防治和锄草、松土等基础工作。播种的苗床应选择阳光充足处，且排水良好，播种后覆土0.5 cm，用脚轻踩后立即用浸灌法浇一次透水，苗子出齐30天后，齐苗后每隔10天喷施0.2%的尿素溶液或磷酸二氢钾溶液1次；苗高20 cm后，每隔15天每亩沟施尿素100~150 kg；5月间苗，每亩留苗4 000~5 000株。当苗高35~40 cm时摘心；同时，可选择阴天进行间苗，然后追施氮肥。第二年3月，及时揭除覆盖的杂草、稻草等，4月初，无霜冻后拆除拱棚。在生长期，经常除草松土，雨后排除积水，旱时进行灌水，强化管理，才能培育壮苗。

（5）大苗移栽。大苗木培育，3月上旬，苗圃苗木可进行移栽，栽植株行距为4 m×6 m，君迁子根系发达，且毛细根较多，移栽时9~10 cm以下的苗子可裸根栽植，9~10 cm以上的苗子则应带土球，但土球可以稍微挖小点，为树干直径的5倍即可，高度为直径的60%。君迁子的栽植时间在春季和秋末落叶后均可，因为其萌芽相对较晚，故此可以适当晚栽，但必须在萌芽前栽植完毕，如果在萌芽后栽植则成活率不高。

（6）大苗管理。新移栽的苗木，栽植时要施用一些经腐熟发酵的农家肥作基肥，基肥要与栽植土充分拌匀，回填土壤时要注意分层踏实，然后及时浇第一次水，4~5天后浇第二次水，再过8~10天浇第三次水。在此后的管理中，可视土壤墒情来浇水，总的原则是使土壤保持大半墒状态。每次浇水后要及时进行松土。夏季雨天应及时将积水排除。秋末浇足浇透防冻水。翌年早春及时浇解冻水，萌芽期施用一次氮肥，如植株长势不佳，5月用0.5%尿素溶液进行叶面喷雾，8~10天一次，连续喷洒2~3次可见效。7月施用一次磷钾肥，秋末浇好封冻水。第三年按第二年方法进行浇水、施肥。从第四年起，每年秋末施用一次农家肥，浇好解冻水，封冻水要浇足浇透，其他时间可靠自然降水生长，如不是特别干旱，不用单独浇水。

3. 主要病虫害的发生与防治

1）主要虫害的发生与防治

（1）主要虫害的发生。君迁子主要虫害有吹绵蚧、刺蛾和柿毛虫，危害新生枝梢和叶片。一是吹绵蚧，繁殖能力强，一年发生多代。卵孵化为若虫，经过短时间爬行，营固定生活，即形成介壳。它的抗药能力强，一般药剂难以进入体内，防治比较困难。因此，一旦发生，不易清除干净。吹绵蚧危害叶片、枝条和果实。吹绵蚧往往是雄性有翅，能飞，雌虫和幼虫一经羽化，终生寄居在枝叶或果实上，造成叶片发黄、枝梢枯萎、树势衰退，且易诱发煤烟病。二是刺蛾，河南平顶山、河北、山西、山东菏泽等地，1 年发生 1 代，湖北、浙江等长江下游地区 1 年发生 2 代，少数 3 代。均以老熟幼虫在树下 3~6 cm 土层内结茧以前蛹越冬。1 代区 5 月中旬开始化蛹，6 月上旬开始羽化、产卵，发生期不整齐，6 月至 8 月上旬均可见初孵幼虫，8 月为害最重，8 月下旬开始陆续老熟入土结茧越冬。2~3 代区 4 月中旬开始化蛹，5 月至 6 月上旬羽化。第 1 代幼虫发生期为 5 月至 7 月中旬。第 2 代幼虫发生期为 7 月至 9 月中旬。第 3 代幼虫发生期为 9~10 月。三是柿毛虫，1 年发生 1 代，以卵块在树体上、石块、梯田壁等处越冬。3 月中旬，发芽时开始孵化，初龄幼虫日间多群栖，夜间取食，受惊扰吐丝下垂借风力传播，故称秋千毛虫。2 龄后分散取食，日间栖息在树杈、皮缝或树下土石缝中，傍晚成群上树取食。幼虫期 50~60 天，6 月中下旬开始陆续老熟，爬到隐蔽处结薄茧化蛹，蛹期 10~15 天。7 月成虫大量羽化。成虫有趋光性，雄蛾白天飞舞于冠上枝叶间，雌虫体大、笨重，很少飞行。常在化蛹处附近产卵，在树上多产于枝干的阴面，卵 400~500粒成块，形状不规则，上覆雌蛾腹末的黄褐色鳞毛，每雌产卵 1~2 块，400~1 200粒。

（2）主要虫害的防治。吹绵蚧发生期，3~6 月可在若虫孵化繁盛期，用 10%吡虫啉可湿性粉剂 2 000 倍液杀灭。刺蛾发生期，可在其幼虫期喷洒 25%高渗苯氧威可湿性粉剂 300 倍液进行防治。柿毛虫发生期，可在其幼虫期喷洒 20%除虫脲 7 000 倍液进行杀灭，也可在树干上直接喷洒高浓度触杀剂。或利用幼虫白天下树潜伏习性，在树干基部堆砖石瓦块，诱集 2 龄后幼虫，白天捕杀。或在树干上涂 50~60 mm 宽的药带采用高浓度残效长的触杀剂，毒杀幼虫。也可在树干直接喷洒残效期长的高浓度触杀剂。或当柿芽长，5 月初，生长到 3 cm 左右长时，可喷施 50%的敌敌畏或 75%的辛硫磷 800~1 000倍液，或喷 50%的对硫磷 1 000~1 500 倍液。第二次用药在柿芽长到 5~8 cm 长时，可喷施 20%的菊马乳油 4 000 倍液，或 35%的杀虫磷乳油 1 000 倍液，或 35%的四甲基硫环磷乳油 1 500 倍液，或 2. 5%的溴氰菊酯 1 500 倍液，或 20%的速灭杀丁 6 000 倍液等防治。

2）主要病害的发生与防治

（1）主要病害的发生。君迁子主要病害发生在生长期，即 4~8 月。一是炭疽病，主要危害新梢和果实，也时常侵染叶片。以菌丝体在枝梢、病果、叶根及冬芽中越冬。第二年长出分生孢子，借雨水、昆虫传播，从伤口或直接侵入；高温高湿季节为发病高峰期。新梢受伤害后，其下部木质腐朽，病梢极易折断；果实遭受伤害后，表层会着生有病斑，果内形成黑色硬块，果实常早期脱落；叶片遭侵害后，会出现不规则形黑褐色长斑。二是圆斑病，主要危害叶片和果蒂，叶片受害初期产生浅褐色圆形小斑点，病斑渐变为深褐色，发病严重时，病叶在 7 天内即可变成红色并脱落，仅留柿果，接着果实也变色、脱落，果蒂上的病斑圆形，褐色，出现时间晚于叶片，病斑一般也较小。圆斑病菌以未成熟的子囊果在病叶上越冬，如上一年病叶多，当年夏季雨水多，树势衰弱时，病害发生严重。三是角斑病，主要危害叶片，病菌以菌型体或子座在病落叶上越冬，早春发生多因孢子借雨水传播，从气孔侵入。叶片受伤后着生有多角形病斑，叶面斑点中央灰白色至灰色或淡灰褐色，病斑边像有黑色细线圈，发生严重时可致使叶片提早脱落。

（2）主要病害的防治。一是炭疽病的防治，清除落叶，秋末冬初彻底清除落叶，集中烧毁。如有发生，可于6月上中旬落花后，子囊孢子大量飞散以前，用65%代森锌可湿性粉剂500倍液喷洒1~2次，可有效控制住病情。二是圆斑病的防治，加强水肥管理，及时去除病果、病枝，如有发生，可用25%炭特灵可湿性粉剂500倍液或50%苯菌灵可湿性粉剂1 000倍液进行喷雾，每8~10天一次，连续喷3~4次，可有效控制病状。三是角斑病，加强水肥管理，提高植株防病能力，如有发生，可用20%代森锰锌可湿性颗粒500倍液，或65%代森锌可湿性颗粒500倍液喷雾，每7~8天一次，连续喷2~3次，可有效控制住病态。

（五）培育的目的

（1）园林绿化作用。君迁子是中原地区优良乡土树种，又是国家珍贵树种，人们非常喜欢，所以广泛栽植作庭园树或行道树。

（2）经济作用。君迁子树皮和枝皮含鞣质，可提取栲胶，亦可作纤维原料；可作嫁接胡桃的砧木。君迁子未熟果实可提制柿漆，供医药和涂料用。木材质硬，耐磨损，可作纺织木梭、小用具及用于雕刻等，又材色淡褐，纹理美丽，可作精美家具和文具。树皮可供提取单宁和制人造棉。

（3）食用作用。君迁子成熟果实可供食用，亦可制成柿饼；又可供制糖、酿酒、制醋；果实、嫩叶均可供提取丙种维生素。成熟果实，入药可止消渴，去烦热。

三十四、杜仲

杜仲，学名*Eucommia ulmoides* Oliver，杜仲科、杜仲属，又名棉皮树、胶木树，为落叶乔木，俗称植物黄金，是中原地区优良乡土树种，也是优良的绿化观赏和经济树种；杜仲是中国特有的珍稀濒危二类保护植物树种及中国主要栽培珍贵树种。

（一）形态特征

杜仲，落叶乔木，高达18~20 m，胸径35~50 cm；树冠圆球形。树皮灰褐色，粗糙，内含橡胶，折断拉开有多数银白色胶细丝。嫩枝有黄褐色毛，不久变秃净，老枝有明显的皮孔，小枝光滑，无顶芽。芽体卵圆形，外面发亮，红褐色，有鳞片6~8片，边缘有微毛。单叶互生，椭圆形或卵形或矩圆形，长7~14 cm，宽3.5~6.5 cm；有锯齿，羽状脉，老叶表面网脉下陷，无托叶，薄革质，基部圆形或阔楔形，先端渐尖；上面暗绿色，初时有褐色柔毛，不久变秃净，老叶略有皱纹，下面淡绿，初时有褐毛，以后仅在脉上有毛；侧脉6~9对，与网脉在上面下陷，在下面稍突起；边缘有锯齿；叶柄长1~2 cm，上面有槽，被散生长毛。花单性，与叶同放或先叶开放。花期4~5月，雌雄异株，花生于当年枝基部，雄花无花被；花梗长约3 mm，无毛；苞片倒卵状匙形，长6~8 mm，顶端圆形，边缘有睫毛，早落。翅果扁平，长椭圆形，长3~3.5 cm，宽1~1.3 cm，坚果位于中央，稍突起，种子1粒。果期10~11月。

（二）生长习性

杜仲喜光，阳光越充足，树势较好，喜欢温和湿润气候，耐寒，对土壤要求不严，丘陵、平原均可种植。杜仲浑身都是宝，从树叶到树皮中都含有丰富的杜仲胶，若折断一根树枝会发现，里面有非常多的白色丝状的物质。每年3~5月开花，单性花异株，翅果长3~4 cm、宽1~2 cm，果实的成熟期在每年的9~11月，待果实成熟后，果身就会变成褐色，树皮呈灰色样，芽近卵形，有鳞片，叶互生，呈椭圆形，长6~13 cm，宽3~7 cm；同时，杜仲树具有较强的适应性，对土壤没有过多的要求，在栽种时最好将其放在土层肥厚湿润的地方，土壤的pH值为5~7.5，这样才有利于杜仲的生长。杜仲长得就越茂盛。因此，通常杜仲都会长在阳坡以及半阳坡等阳光充足的环境中。杜仲还具有保持水土的作用，对生态环境有着一定的保护作用，是一种优良的绿化树种。生于山地林中或栽培。

（三）主要分布

杜仲在中原地区主要分布于南阳、西峡、淅川、南召、鲁山、栾川、汝阳、舞钢、确山、方城、安阳、林州、禹州等地；在我国主要分布于河南、山东、浙江、湖北、四川、贵州、云南、陕西、安徽、广西、江西、甘肃、湖南等地。在自然状态下，生长于海拔300~500 m的低山、谷地或低坡的疏林里，对土壤的选择并不严格，在瘠薄的红土，或岩石峭壁上均能生长。张家界为杜仲之乡，是世界最大的野生杜仲产地。

（四）苗木繁育

杜仲优质苗木繁殖的方法，一般采用种子播种育苗、扦插育苗，压条及嫁接繁殖。林业生产上以种子繁殖为主。

1. 苗圃地选择与整地

（1）苗圃地选择。杜仲对土壤要求不是很高，适应能力比较强。育苗地选择在向阳、土层深厚、疏松肥沃、排水及灌溉方便的沙质壤土地比较好。

（2）苗圃地整地。11~12月，选好地后，及时整地，采用大型拖拉机旋耕整地，每亩施农家肥3 000~3 500 kg，有条件时施入饼肥100~150 kg、过磷酸钙40~50 kg，然后深翻30~35 cm，精耕、耙细、整平后做宽1.2 m、高18~20 cm的高畦。

2. 大田播种与苗木保护管理

（1）种子采收。冬季10~11月采种。播种的原材料是种子，因此选择优良种子对播种繁殖、育苗好坏都至关重要。为了保证后期的繁殖，提高种子的发芽率，一定选择在20年以上的健壮优良母树上采收成熟种子，生长发育健壮、树皮光滑、无病虫害和未剥过树皮的植株，尤以有光泽、饱满、新鲜、色呈淡褐色者为优。种子要选新鲜、饱满、黄褐色有光泽的种子。采收后放阴凉通风处阴干，或晾干，扬净，切忌暴晒；及时把采收的种子进行层积处理，即种子与湿沙的比例为1∶10储藏备播。

（2）种子催芽。3~4月，选择好的种子，播种前，先将其放入40~45 ℃的温水中浸泡，并不断搅动，使水凉了以后捞出来，再将其放在凉水中浸泡48小时，等种子泡膨胀以后捞出来，和细沙拌在一起。把拌好的种子放入事先准备好的坑内，再洒上水使其保持湿润，最后盖上一层塑料薄膜，每隔 1~2 天搅拌 1 次，等种子露出裂嘴或幼芽，即可播种育苗。或于播种前，用 20 ℃温水浸种 2~3 天，每天换水 1~2 次，待种子膨胀后取出，稍晒干后播种，可提高发芽率。

（3）大田播种。3~4 月，播种方法应该采取条播，天气稳定在 10 ℃以上时进行。在整好的苗床上，按行距 25~30 cm，开深 2~3 cm 的沟，将种子均匀播入沟内，覆土 1~1.5 cm，稍加镇压，浇水，覆盖草，以防霜冻。

（4）幼苗管理。出苗后，幼苗 5~7 cm 时，选阴天进行第 1 次间苗，苗高 15~20 cm 时进行第 2 次间苗或定苗。苗期适量灌水，保持土壤湿润，7~8 月生长旺盛时，加强施肥，全年施肥 6~8 次，有机肥和无机肥交替施用。覆盖 1~2 cm 厚的细土，整平畦面，盖草保湿保温。每亩播种量 6~8 kg。经常保持床土湿润，13~15 天可出苗。播种后盖草，保持土壤湿润，以利种子萌发。幼苗出土后，于阴天揭除盖草。每亩可产苗木 2 万~3 万株。

（5）肥水管理。苗木生长期，苗木管理主要是及时进行松土、锄草，并根据不同幼苗成长的情况施肥、浇水。当幼苗长出 2~4 片叶子时，为使每棵幼苗之间的距离不太近，需拔除多余的幼苗，并进行第 1 次追肥，施用尿素每亩 2.5~3.0 kg，以钾肥为主。当幼苗长出 5~6 片叶子时，结合调整株距把多余的幼苗除掉，补在稀少的地方，每亩保留 1.2 万~2.5 万株。杜仲在幼苗后期容易死苗，要在播种前对土壤用 0.5%的波尔多液每隔 8~10 天喷洒 1 次，1 个月后用 0.1%波尔多液每隔 15 天喷洒 1 次进行消毒，重复 2 次。新生苗木需要对其进行 2~4 次中耕除草。

（6）苗期管理。6~8 月，苗木进入生长快速时期，部分新生苗若树干弯曲，可于早春沿地表将地上部全部除去，促发新枝，从中选留 1 个壮旺挺直的新枝作新干，其余全部除去。同时，注意中耕除草，浇水施肥。幼苗忌烈日，要适当遮阴，最好搭建防晒网遮阴；旱季要及时喷灌防旱，雨季要注意防涝。结合中耕除草追肥 4~5 次，每次每亩施尿素 1~1.5 kg。

（7）苗木定植。培育 1~2 年生的苗高达 1 m 以上时，即可在落叶后 10~11 月，或萌芽前定植。据上述株行距，每穴 1 株。幼树生长缓慢，宜加强抚育，每年春夏应进行中耕除草，并结合施肥。秋天或翌春要及时除去基生枝条，剪去交叉、过密枝。对成年树也应酌情追肥，避免晚期生长过旺而降低抗寒性。

3. 主要病虫害的发生与防治

1）主要虫害的发生与防治

（1）主要虫害的发生。杜仲主要虫害是褐蓑蛾、黄刺蛾危害叶片。一是褐蓑蛾，1 年发生 1 代，幼虫喜集中危害，多以低龄幼虫越冬，3~4 月危害，6 月化蛹并羽化为成蛾，栖息在苗木林集中的丛内中下部。7 月出现当年幼虫，虫在护囊中咬食叶片、嫩梢或剥食枝干、果实皮层，造成叶片局部光秃。二是黄刺蛾，1 年发生 1 代，幼虫食叶，低龄幼虫啃食叶肉，使叶片成网眼状，大龄幼虫将叶片食成缺刻和孔洞，严重时只残留主脉和叶柄，河南平顶山、山东菏泽等地，1 年 2 代。幼虫 10 月在树干和干处结茧过冬。第二年 5 月中旬开始化蛹，下旬始见成虫。5 月下旬至 6 月为第一代卵期，6~7 月为幼虫期，7月下旬至8月中旬为蛹期，7月下旬至8月为成虫期；第二代幼虫8月上旬发生，10月结茧越冬。成虫羽化多在傍晚，成虫夜间活动，趋光性不强。雌蛾产卵多在叶背，卵数粒产在一起。幼虫多在白天孵化。初孵幼虫先食卵壳，然后取食叶下表皮和叶肉，剥下上表皮，形成圆形透明小斑，隔1日后小斑连接成块。4龄时取食叶片形成孔洞；5~6龄幼虫能将全叶吃光，仅留叶脉。

（2）主要虫害的防治。褐蓑蛾，3~4月危害，一是人工发现虫囊及时摘除，集中烧毁；二是在幼虫低龄盛期喷洒90%晶体敌百虫800~1 000倍液、80%敌敌畏乳油1 200倍液、50%杀螟松乳油1 000倍液、50%辛硫磷乳油1 500倍液、90%巴丹可湿性粉剂1 200倍液、2.5%溴氰菊酯乳油4 000倍液。

黄刺蛾，5~8月危害，一是人工防治处理黄刺蛾幼虫，幼龄幼虫多群集取食，被害叶显现白色或半透明斑块等，甚易发现。此时斑块附近常栖有大量幼虫，及时摘除带虫枝、叶，加以处理，效果明显。老熟幼虫常沿树干下行至干基或地面结茧，可采取树干绑草等方法及时予以清除。二是人工清除越冬虫茧，刺蛾越冬代苗期长达7个月以上。此时农、林作业较空闲，可根据不同刺蛾虫种越冬场所的异同，采用敲、挖、剪除等方法清除虫茧。虫茧可集中用纱网紧扣，使害虫天敌羽化外出。三是灯光诱杀成虫，成虫具较强的趋光性，可在成虫羽化期于19~21时用灯光诱杀。四是化学防治，幼龄幼虫对药剂敏感，一般触杀剂均可奏效。采用90%敌百虫晶体8 000倍液对黄刺蛾老熟幼虫防止效果显著；在杜仲树剥皮后，再生新皮受到危害时，可用50%西维因可湿性粉剂1∶400倍液或50%西维因1∶50倍液，加入一定量牛胶（约0.5%）涂刷在新皮上、下两端的树干上，形成两个“保护圈”，可防虫害袭击。

2）主要病害的发生与防治

（1）主要病害的发生。新生苗木病害主要是立枯病，4月下旬至6月中旬苗木进入夏季，气温高、干旱或雨水多，易造成病苗，主要表现症状是近茎基部腐烂变褐，收缩腐烂，或倒伏干枯。

（2）主要病害的防治。主要防治方法是，尽量减少杜仲树幼苗大田繁育施行轮作和注意田间排除积水，发病时，应该及早拔除病株，并用50%多菌灵1 000倍液浇灌。叶受害发病，叶片出现褐色病斑或破裂穿孔，发病期间，可喷50%多菌灵800~1 000倍液。

（五）培育的目的

（1）工业作用。杜仲树皮和树叶及果实里都含有珊瑚糖苷及杜仲胶，杜仲胶是我国特有的资源。除此之外，杜仲种子也有应用价值，种子里含有大量脂肪油，主要为亚油酸脂，可为工业所用。

（2）造林绿化作用。杜仲树干比较挺直，直立性又很强，树冠紧凑，非常密集，遮阴面积大，树皮呈灰白色或灰褐色，叶子颜色又浓又绿，美观协调，为绿化和行道树提供了很好的资源。

（3）药用价值。作为强壮剂及降血压，并能医治腰膝痛、风湿及多种疾病等。

三十五、朴树

朴树，学名 *Celtis sinensis* Pers.，榆科、朴属，又名沙朴、黄果朴、白麻子、朴榆等，落叶乔木，是中原地区优良乡土树种。

(一)形态特征

朴树，落叶乔木，树皮平滑，灰色；一年生枝被密毛。树皮光滑，粗糙而不开裂，枝条平展。叶质较厚，阔卵形或圆形，中上部边缘有锯齿，叶面无毛，叶脉沿背疏生短柔毛。异花同株，雄花簇生于当年生枝下部叶腋。叶厚纸质至近革质，通常卵状椭圆形或带菱形，幼时叶背常和幼枝、叶柄一样，密生黄褐色短柔毛，老时或脱净或残存，变异也较大；花期4～5月，两性花和单性花同株，生于当年枝的叶腋；核果近球形，红褐色；果柄较叶柄近等长；核果单生或2个并生，近球形，熟时红褐色；果核有穴和突肋。核果近球形，红褐色；果柄较叶柄近等长；果梗常2～3枚（少有单生）生于叶腋，其中一枚果梗（实为总梗）常有2果（少有多至具4果），其他的具1果，无毛或被短柔毛，长7～17 mm；果成熟时黄色至橙黄色，近球形，直径约8 mm；核近球形，直径约5 mm，具4条肋，表面有网孔状凹陷。种子9～10月成熟，果实呈红褐色。

（二）生长习性

朴树喜光，稍耐阴，耐水湿，适宜温暖湿润气候，适生于肥沃平坦之地。对土壤要求不严，有一定耐干旱能力，亦耐水湿及瘠薄土壤，适应力较强。喜肥沃湿润而深厚的土壤，耐轻盐碱土。深根性，抗风力强，寿命较长。

（三）主要分布

朴树在中原地区主要分布于平顶山、鲁山、安阳、汝州、南阳、南召、林州、方城、西峡、舞钢等地，在低山区、村落附近生长；在我国主要分布于河南、山东、江苏、浙江、湖南、安徽、福建、江西、湖南、湖北、四川、贵州、广西、广东等地，多生于平原耐阴处；长江中下游和淮河流域、秦岭以南至华南各省区、长江中下游地区，常见200～300年生的古树。多生于路旁、山坡、林缘，海拔100～1 500 m。

（四）苗木繁育

朴树优良苗木繁育方式，林农通常用播种繁殖。

1. 苗圃地选择与整地

（1）苗圃地的选择。朴树适应性强，不择土质；但是，繁育优质苗木的苗圃地，应该选择在肥沃疏松、排水良好的沙质壤土上，苗木生长较好。

（2）苗圃地整地。11～12月，选好地后，及时整地，采用大型拖拉机旋耕整地，每亩施农家肥4 000～4 500 kg，有条件的施入饼肥100～150 kg、过磷酸钙40～50 kg作为底肥，然后深翻30～35 cm，精耕、耙细、整平即可。

2. 大田播种与苗木保护管理

（1）种子采收。种子9～10月成熟，果实呈红褐色，应及时采收。采收后堆放后熟，摊开阴干，去除杂物，擦洗取净，与沙土混拌储藏。

（2）种子播种。春季3月播种，播种前要进行种子处理，用木棒敲碎种壳，或用沙子擦伤外种皮，方可播种，这样有利于种子发芽。苗床土壤以疏松肥沃、排水良好的沙质壤土为好，播后覆上一层细土，1～2 cm厚，再盖以杂草、秸秆、稻草，浇一次透水即可。

（3）苗木管理。播种后，9～10天后即可开始发芽，新生苗木出苗后，及时揭去杂草、秸秆、稻草。苗期要做好养护管理工作，注意松土、除草、追肥，并适当间苗，当年生苗木可高达30～40 cm。培养朴树盆景用的幼树苗要注意修剪整形，抑顶促侧，控制树苗高生长，促其主干增粗、侧枝生长，以利上盆加工造型。

3. 主要病虫害的发生与防治

1）主要虫害的发生与防治

（1）主要虫害的发生。朴树主要虫害有朴盾木虱、红蜘蛛等。朴盾木虱是朴树的常见虫害之一，属同翅目、木虱科单食性害虫，仅危害朴树。该虫在河南、河北、东北1年2代，以卵越冬，每年4月末开始孵化，若虫共5龄，为害期每代持续30多天。红蜘蛛，每年都可产卵一次，一次数量多，可达1 000只左右，一个月后进行孵化，一年可发生13代。它的分布范围广、食性杂，危害的植物较多。

（2）主要虫害的防治。朴盾木虱用40%氧化乐果乳油800～1 000倍液防治效果最佳。红蜘蛛用1 000倍乐果乳油液喷杀，用呋喃丹拌入土中采取逐渐渗入树体的办法可防治各种病虫害。

2）主要病害的发生与防治

（1）主要病害的发生。朴树常见的病害是白粉病。白粉病，一种危害叶片、茎和果实的疾病。白粉病发生在叶、嫩茎、花柄及花蕾、花瓣等部位，初期为黄绿色不规则小斑，边缘不明显。随后病斑不断扩大，表面生出白粉斑，最后该处长出无数黑点。染病部位变成灰色，连片覆盖其表面，边缘不清晰，呈污白色或淡灰白色。受害严重时叶片皱缩变小，嫩梢扭曲畸形，花芽不开。在叶片上开始产生黄色小点，一般情况下部叶片比上部叶片多，叶片背面比正面多。霉斑早期单独分散，后联合成一个大霉斑，甚至可以覆盖全叶，严重影响光合作用，使苗木正常新陈代谢受到干扰，造成早衰，产量受到损失。

（2）主要病害的防治。一是越冬期用3～5波美度的石硫合剂稀释液喷或涂枝干，消灭越冬菌源。二是生长期在发病前可喷保护剂，发病后宜喷内吸剂，根据发病症状、花木生长和气候情况及农药的特性，间隔5～20天施药一次，连施2～5次。三是病害盛发时，可喷15%粉锈宁1 000倍液、2%抗霉菌素水剂200倍液、10%多抗霉素1 000～1 500倍液，故提倡交替使用。每3～6天喷一次，连续喷3～6次，冲洗叶片到无白粉为止。白粉病用2 000倍的粉锈宁乳液喷杀，最后要在冬季进行摘除病叶，并加以烧埋，清洁田园，减少越冬病源，加强栽培管理，增施肥料，以加强树势和提高抗病力。这样才可以降低它的发病率。

（五）培育的目的

（1）工业作用。朴树茎皮为造纸和人造棉原料；果实榨油作润滑油；木树坚硬，可供工业用材；茎皮纤维强韧，可作绳索和人造纤维。

（2）园林用途。朴树是良好的行道树品种，主要用于道路绿化、公园小区绿化美化、景观营造等。对二氧化硫、氯气等有毒气体的抗性强。在园林中孤植于草坪或旷地，列植于街道两旁，尤为雄伟壮观，又因其对多种有毒气体抗性较强，吸滞粉尘的能力较强，常被用于城市及工矿区，并能吸收有害气体，作为街坊、工厂、道路两旁、广场、校园绿化树种颇为合适。绿化效果体现为速度快，移栽成活率高，造价低廉。朴树树冠圆满宽广，树荫浓郁，可用于农村“四旁”绿化，也是河网区防风固堤树种。朴树，又是城乡绿化的重要树种。可孤植作庭荫树，也可作行道树。并可选作厂矿区绿化及防风、护堤树种。又是制作盆景的常用树种。

三十六、五角枫

五角枫，学名为 *Acer mono* Maxim，槭树科、槭属，又名五角槭、色木，落叶乔木，是槭类树种中分布区域和栽培范围最广的树种，又是中原地区优良乡土树种，及中国主要栽培珍贵树种之一。

（一）形态特征

五角枫，落叶乔木，高达 15 ~ 20 m，树皮粗糙，常纵裂，灰色，稀深灰色或灰褐色。小枝细瘦，无毛，当年生枝绿色或紫绿色，多年生枝灰色或淡灰色，具圆形皮孔。冬芽近于球形，鳞片卵形，外侧无毛，边缘具纤毛。叶纸质，基部截形或近于心形，叶片的外貌近于椭圆形，长 6 ~ 8 cm，宽 9 ~ 11 cm，深达叶片的中段，上面深绿色，无毛，下面淡绿色，除在叶脉上或脉腋被黄色短柔毛外，其余部分无毛；叶柄长 4 ~ 6 cm，细瘦，无毛。花多数，杂性，雄花与两性花同株，多数常成无毛的顶生圆锥状伞房花序，长与宽均约 4 cm，生于有叶的枝上，花序的总花梗长 1 ~ 2 cm，花的开放与叶的生长同时；黄绿色，长圆形，长 2 ~ 3 mm；花瓣 5，淡白色，椭圆形或椭圆倒卵形，长约 3 mm，花梗长 1 cm，细瘦，无毛。翅果嫩时紫绿色，成熟时淡黄色；小坚果压扁状，长 1 ~ 1.3 cm，宽 5 ~ 8 mm；翅长圆形，宽 5 ~ 10 mm，连同小坚果长 2 ~ 2.5 cm，张开成锐角或近于钝角。花期 4 ~ 5 月，果期 9 月。

（二）生长习性

五角枫，稍耐阴，深根性，喜湿润肥沃土壤，在酸性、中性、石炭岩上均可生长。萌蘖性强。干旱山坡、河边、河谷、路边、山谷栎林下、疏林中、山坡阔叶林中和林缘、阴坡林中、杂木林中，都有人工引种栽培，适生于海拔 800 ~ 1 500 m 的山坡或山谷疏林中。

（三）主要分布

五角枫在中原地区主要分布于平顶山、安阳、焦作、三门峡、南阳、驻马店、南召、方城、鲁山、汝州、舞钢等地；在我国主要分布于河南、山东、山西以及东北、华北和长江流域各省。

（四）苗木繁育

1. 苗圃地选择与整地

（1）苗圃地的选择。用作育苗的苗圃地，应重点选择地势平坦、排水良好的沙壤土或壤土，pH 值以 6.7～7.8 为宜。五角枫适应性强，不择土质，但是繁育优质苗木的苗圃地，应该选择在肥沃疏松、排水良好的沙质壤土上，苗木生长较好；同时，以交通运输方便的地方为佳。

（2）苗圃地整地。11～12 月，选好地后，及时整地，采用大型拖拉机旋耕整地，每亩施农家肥 5 000～6 000 kg，有条件时施入复合肥 120～150 kg、过磷酸钙 40～50 kg 作为底肥，然后拖拉机深翻 30～35 cm，精耕、耙细、整平即可。

2. 大田播种与苗木保护管理

（1）种子采收。9 月下旬，种子进入成熟期，采种种子，选择母树应为品质优良的壮年 20 年生以上的植株，在秋季翅果由绿色变为黄褐色时采集。采种后需晒 2～3 天，去杂后再干藏。从外地调进种子的检验、检疫，应该符合相关规定。

（2）种子处理。种子消毒时，要将种子用 0.5% 的高锰酸钾溶液浸泡 2 小时，捞出后再密封 0.5 小时。然后，再用清水冲洗。种子催芽采用层积催芽时，将种子与含水量为 60%～70% 的湿沙以 1∶3的体积比混合，在室内用容器或选背风向阳、地势高燥处挖深 80 cm、宽 100 cm 的储藏坑，坑长度视种子量多少而定。坑底铺湿沙 10 cm 左右，置入种子与湿沙的混合物至距地面 10～20 cm，四周挖排水沟以防积水。种子入坑后，每 10～15 天翻动检查一次，严防坑内沙过干、过湿或种子霉变。层积时间 45～60 天。待种子有 30% 裂口露白即可播种。播种前如种子未发芽萌动，应按上法在背风向阳处挖浅坑 30 cm 层积，上覆盖塑料薄膜，或置于室内 20～30 ℃ 催芽。种子催芽采用中温水浸催芽时，将50～60 ℃ 水倒入容器内，然后边倒种子边搅拌，倒完种子后，水面要高出种子 10 cm 以上。自然放凉后浸泡 24 小时，中间换水 1～2 次。种子捞出置于室温 25～30 ℃ 环境中保湿，每天冲洗 1～2 次。待有 30% 的种子裂口露白，即可进行播种。

（3）种子播种。大田育苗时，整地用低床或低垄。播种方法为条播，行距 15 cm。播种深度为 2～3 cm。播种量每亩 15～20 kg。播后可以覆盖地膜或细碎作物秸秆。

（4）苗木管理。出苗率达 40% 左右时，应撤除覆盖物。用地膜覆盖的，应及时破膜放苗。用作物秸秆覆盖的，分 2～3 次撤除覆盖秸秆。苗高 10 cm 时可间苗、定苗，株距 8～10 cm。定苗后，每 10～15 天灌溉并施肥一次，施尿素每亩 1～2 kg，9 月后，停止施氮肥和灌溉。适时中耕除草，本着除早、除小、除了的原则，见草就除，每除必净。

3. 主要病虫害的发生与防治

1）主要虫害的发生与防治

（1）主要虫害的发生。五角枫主要虫害是蚜虫，又称腻虫、蜜虫，蚜虫以刺吸式口器从植物中吸收大量汁液，使植株长得矮小，叶片卷曲；蚜虫也是地球上最具破坏性的害虫之一，是危害农林业和园艺业最严重的害虫。蚜虫的大小不一，身长从 1 ~ 10 mm 不等。蚜虫的繁殖力很强，一年能繁殖 10 ~ 30 代，世代重叠发生危害。

（2）主要虫害的防治。3 ~ 5 月，发现大量蚜虫时及时喷施农药，用 50% 马拉松乳剂1 000倍液，或 50% 杀螟松乳剂 1 000 倍液，或 50% 抗蚜威可湿性粉剂 3 000 倍液，或 2.5% 溴氰菊酯乳剂 3 000 倍液，或 2.5% 灭扫利乳剂 3 000 倍液，或 40% 吡虫啉水溶剂1 500 ~ 2 000 倍液等，喷洒植株 1 ~ 2 次即可。

2）主要病害的发生与防治

（1）主要病害的发生。五角枫主要病害是猝倒病。多发生在 6 ~ 8 月的雨季。猝倒病是苗木幼苗期的重要病害，严重的可引起成片死苗。症状是幼苗大多从茎基部感病，初为水渍状，并很快扩展，缢缩变细如"线"样，病部不变色或者呈黄褐色，子叶仍为绿色。病情发展迅速，萎蔫前从茎基部倒伏贴于床面。苗床湿度大时，病残株周围床土上可生一层絮状白霉。种子出苗前染病，引起子叶、幼根幼茎变褐腐烂，造成烂种烂芽。病害开始往往是个别幼苗发病，条件适合时，中心病株迅速向四周扩展蔓延，形成一块病区。主要靠雨水、喷灌等方式传播，带菌的有机肥和农具也能传病。浇灌后积水或者薄膜滴水处最易发病成为中心病株。光照不足，播种过密，幼苗徒长时往往发病重。

（2）主要病害的防治。五角枫猝倒病的防治，一是苗床选择地势高燥、避风向阳、疏松肥沃的地块，并使用腐熟的优质肥料。二是加强育苗管理，早春育苗，苗床温度不低于 15 ℃，空气湿度 85% 以下。三是种子消毒，每千克种子可用 0.5 ~ 1 g 99% 恶霉灵可溶性粉剂和 4 g 80% 多 · 福 · 锌可湿性粉剂混合后拌种。四是苗期药剂防治。田间发现病株立即拔除，同时用上述药土均匀撒在苗床上，也可用 99% 恶霉灵可溶性粉剂 3 000 ~ 5 000倍液喷雾或灌根。移栽前 2 ~ 3 天，再施一次药，防效更佳。

（五）培育的目的

（1）经济作用。五角枫树皮纤维良好，可作人造棉及造纸的原料；叶含鞣质；种子榨油，可供工业方面的用途，也可食用；木材细密，可供建筑、车辆、乐器和胶合板等制造之用。

（2）景观作用。五角枫观赏性强，极具开发前景，是优良的乡土彩色叶树种，是北方重要的秋天观叶树种，叶形秀丽，嫩叶红色，入秋又变成橙黄或红色，可做园林绿化庭院树、行道树和风景林树种。在风景区、城乡建设、园林绿化中具有良好的景观作用。

（3）防火作用。五角枫是城乡优良的绿化树种。其树体含水量较大，而含油量较小，枯枝落叶分解较快，不易燃烧，也是理想的林区防火树种。

（4）用材作用。五角枫分布很广，木材坚硬、细致，有光泽，可供家具、乐器、仪器、车辆、建筑细木工用材。

三十七、毛白杨

毛白杨，学名 *Populus tomentosa*，杨柳科、杨属，又名棉白杨、大叶杨、响杨等，落叶大乔木，是中原地区优良乡土树种。

（一）形态特征

毛白杨，落叶乔木，高达 28 ~ 35 m。树皮灰绿色或灰白色，皮孔菱形散生，或 2 ~ 4 连生，老树干基部黑灰色，纵裂。芽卵形，花芽卵圆形或近球形，微被毡毛。长枝叶阔卵形或三角状卵形，长 10 ~ 15 cm，宽 8 ~ 13 cm，先端短渐尖，基部心形或平截，边缘具波状牙齿；叶柄上部侧扁，长 3 ~ 7 cm；短状叶通常较小，卵形或三角状卵形；边缘具深波状牙齿，叶柄稍短于叶片，侧扁，先端无腺点。花期 3 ~ 4 月，雄花序长 10 ~ 20 cm；雌花序长 4 ~ 7 cm，苞片尖裂，边缘具长毛；子房长椭圆形，柱头 2 裂，粉红色。果序长达 13 ~ 14 cm；蒴果 2 瓣裂，果期 4 ~ 5 月。

（二）生长习性

毛白杨，深根性，耐干旱力较强，适应性强，主根和侧根发达，枝叶茂密，黏土、壤土、沙壤土或低湿轻度盐碱土上均能生长。在水肥条件充足的地方生长最快，20 年生即可成材。树姿雄壮、冠形优美，生长快，树干通直挺拔，是造林绿化的树种，广泛应用于城乡绿化，是速生用材林、防护林和行道河渠绿化的好树种。喜欢生长于海拔 1 500 m 以下的温和平原地区。

（三）主要分布

毛白杨在中原地区主要分布于安阳、濮阳、开封、洛阳、郑州、三门峡、商丘、周口、漯河、南阳、平顶山、淅川、鲁山、驻马店、许昌等地；在我国主要分布于河南、山东、辽宁、河北、山西、陕西、甘肃、江苏、安徽、浙江等地。分布广泛，以黄河流域中下游为中心分布区。雌株以河南省中部最为常见，山东次之，其他地区较少，北京南口、西拐子（八达岭）引有雌株，表现优良。

（四）苗木繁育

毛白杨，其优质苗木繁育主要采取扦插方式繁育为好，扦插可以冬季扦插，或春季扦插；林农经常采用春季扦插，扦插技术大家已经熟悉，如下介绍冬季扦插技术，也是专利技术，专利号 ZL2012 1 0045166.6。

1. 苗圃地选择与整地

（1）苗圃地选择。毛白杨的繁育苗圃地要选择地势平坦，土壤肥沃、湿润、排水良好的土地。同时，苗圃地一定要设在浇水方便的地方，保证干旱能随时灌水，以及交通便利的地方。

（2）苗圃地的整理。9 月下旬，对准备育苗的苗圃地进行旋耕、晾晒冬冻土壤60 ~ 80 天。12 月中下旬，再次对晾晒的苗圃地旋耕深翻，每亩施入 8 000 ~ 12 000 kg 农家肥和 100 kg 复合肥作为基肥；翻耕土地深在 25 ~ 30 cm，做到精耕细耙；然后，整地筑畦，在整好的土地上筑成边长 10 m、宽 1 m、垄宽 12 ~ 15 cm、高 5 ~ 10 cm 的畦备用。

2. 种条扦插与苗木保护管理

（1）种条的选择。9 月下旬至 10 月上旬，杨树落叶后，选择生长健壮、发育良好、芽子饱满、无病虫害的一年生苗干作种条，用红漆标记做好备用。

（2）种条的处理。11 月，把选定的种苗在扦插前 24 小时采收，采收当天及时把种条分别截成 15 ~ 20 cm，截时用修枝剪剪截为好，上部留 1 ~ 2 个饱满芽子，芽顶离切口长 1 ~ 1.5 cm，下截口为马蹄形，便于扦插，有利于吸收水分或伤口愈合及促进萌蘖新根，提高苗木成活率，做好备用。

（3）扦插时间。每年的 11 ~ 12 月上中旬进行种条扦插，种条全部插入土壤内，地面以上不留种条即可。

（4）扦插技术。在土壤商情达到扦插的墒情要求时，即可做畦做垄，做到土地平整、疏松，方便扦插。采取高垄育苗，因高垄透气性好、土层深厚、温度较高，扦插前应灌透底水，保持土壤湿润。在垄地表土稍松的情况下，可进行直插，插穗上切口与垄面平或略低于垄面。扦插前，把截好捆整齐的枝条放在清净的冷水中浸泡 48 小时，使其充分吸水、沥干，然后放在 SSAP 抗旱保水剂糊状（1 kg 水∶0.02 kg SSAP 抗旱保水剂）中浸粘一次，进行种条包衣即可扦插，按株行距 20 cm × 25 cm，垂直插入土内，而后踏实，使插穗与土壤紧密结合。扦插时一定注意随采种条，随剪处理枝条，随插种节，随封土壤，尽可能做到当天完成。插穗在土壤内的第一个芽要埋入土壤内 0.5 ~ 1.2 cm，把土封成圆馒头形土丘状，有利于插条越冬防寒，为第二年春季萌发芽枝打下良好的基础。

（5）肥水管理。扦插后到生根，需 35 ~ 45 天，因毛白杨是生根慢的树种，扦插后一般先放叶，后生根，管理上一定要精细，促使其迅速生根。扦插后的第二年 3 月中旬，对扦插的种条进行浇水一次；在 3 月下旬至 4 月上中旬，及时抹去多余的扦条萌芽，因为幼芽出土后，常是 2 ~ 3 个，密集一处，选留一个健壮良好的芽，把其他芽摘除；在 5 ~ 8 月，对培育的苗木生长期要及时增施追肥，并掌握“多次，量少”的原则，在 5 月中旬、6 月中旬、7 月上旬和 8 月底施追肥；每次每亩施入 50 ~ 70 kg 的复合肥。同时，要注意及时松土、除草；在 7 ~ 9 月要及时抹除枝干上多余的枝梢、萌发的新杈，同时对苗木根部培土等，防止风吹雨打倒伏。10 月上旬苗木可以达到 3.5 ~ 4.4 m，即可出圃销售。

3. 主要病虫害的发生与防治

1）主要虫害的发生与防治

（1）主要虫害的发生。在 5 月中旬的幼苗期，主要虫害是金龟子，其幼虫（蛴螬）是主要地下害虫之一，危害严重，常将植物的幼苗咬断，导致植株枯黄死亡。成虫危害林木、果树的叶片，危害轻时叶片呈孔洞，严重时叶片全无。

（2）主要虫害的防治。防治方法是，在发生期使用氯氰菊酯 1 000 倍液喷雾叶片防治，每隔15天喷药1次，连喷2次；在6~9月苗木生长期，主要是杨小舟蛾、杨扇舟蛾、杨黄卷叶螟等食叶害虫的发生为害，在害虫危害初期对苗木喷布灭幼脲3号1 200~1 500倍液或氯氰菊酯1 500倍液进行防治。

2）主要病害的发生与防治

（1）主要病害的发生。主要是毛白杨破腹病，在7~8月高热多雨季节易发生，特别在潮湿底洼处易感染发生。在同一地方连年繁育杨树苗木的苗圃地也易发生病害。危害部位在树干基部和中部，纵裂长度不一，自数厘米至数米，宽度1~3 cm，露出木质部，裂缝初形成时，表现为机械伤。春季3月树木萌动后，逐渐产生愈合组织，但多数不能完全愈合。当树液流动时，树液不断从伤口流出，逐渐变为红褐色黏液，并有异臭。破腹病常常引起毛白杨红心。这种现象发生在已是裂缝的组织上时，裂缝就向内及上下延伸。毛白杨红心病是由伤口直接诱发的一种生理病变，木质部变色是一系列生理生化反应的结果。在纯林条件下，林内温度变幅比林外小得多，林内木不易受到低温时温度的突然变化而产生冻裂。林缘木因受外来温度变化的影响而易发生冻裂，发病率也高。一般情况下，林内木病害率为2.8%，而林缘木则为14.3%。在林木密度方面，表现为稀林发病重，密林发病轻。“四旁”零星林木，管理差的，受害率高。靠近水源及湿度大的地方，病害发生率低。

（2）主要病害的发生。防治方法是，每7~10天喷一次1%的波尔多液，连续喷3~4次。加强管理，实行轮作。一是适地适树地发展毛白杨。选择土质较厚的林地植树造林。二是营造适当密度的纯林或混交林。山地造林应选择阴坡或半阴坡，以减少温度变动的幅度。加强抚育管理，提高树势，增强植株的抗逆性。三是冬季寒流到来之前树干涂白或包草防冻。早春对伤口可用刀削平，以利提早愈合。加强病虫害的防治，并保护好树干，避免人畜或其他原因造成的机械伤。

（五）培育的目的

（1）观赏作用。毛白杨树干灰白、端直，树形高大广阔，在园林绿地中很适宜作行道树及庭荫树。孤植或丛植于空旷地及草坪上，更能显出其特有的风姿。在广场、干道两侧规则列植，则气势严整壮观。该树种还是防护林以及用材林的重要树种。

（2）造林作用。毛白杨人工培育的新品种三倍体毛白杨叶片大而浓绿，落叶期晚，比二倍体毛白杨落叶推迟15~20天，增加了中国北方深秋初冬季节的景观效益；同时，这些三倍体毛白杨新品种尤其适于生长在黄河中下游地区，这对黄河河滩的绿化、防止荒漠化、改善环境都具有重要的生态意义，毛白杨是人造纤维的原料，因材质好、生长快、寿命长、较耐干旱和盐碱、速生等特性，又是杨树中寿命较长的一个优良用材林和防护林树种。还是用材造林树种。

（3）用材作用。毛白杨因木材轻而细密，淡黄褐色，纹理直，易加工，可供建筑、家具、胶合板、造纸及人造纤维等用途。毛白杨木材白色，纹理直，纤维含量高，易干燥，易加工，油漆及胶结性能好，可做箱板及火柴杆、造纸等用材。

三十八、无患子

无患子，学名 *Sapindus*，无患子科、无患子属，又名油患子、海苦患树、黄目子、油罗树、洗手果、肥皂树、搓目子、假龙眼、鬼见愁等，落叶乔木。相传以无患子的木材制成的木棒可以驱魔杀鬼，因此名为无患。因为它那厚肉质状的果皮含有皂素，只要用水搓揉便会产生泡沫，可用于清洗，是古代的主要清洁剂之一。是中原地区的优良乡土树种。

（一）形态特征

无患子，落叶乔木，高可达 17 ~ 25 m，树皮灰褐色或黑褐色；嫩枝绿色，无毛。单回羽状复叶，叶连柄长 25 ~ 45 cm 或更长，叶轴稍扁，上面两侧有直槽，无毛或被微柔毛；小叶 5 ~ 8 对，通常近对生，叶片薄纸质，长椭圆状披针形或稍呈镰形，长 7 ~ 15 cm 或更长，宽2 ~ 5 cm，顶端短尖或短渐尖，基部楔形，稍不对称，腹面有光泽，两面无毛或背面被微柔毛；侧脉纤细而密，15 ~ 17 对，近平行；小叶柄长约 5 mm。花序顶生，圆锥形；花小，辐射对称，花梗常很短；萼片卵形或长圆状卵形，大的长约 2 mm，外面基部被疏柔毛；花瓣 5，披针形，有长爪，长约 2.5 mm，外面基部被长柔毛或近无毛，鳞片 2 个，小耳状；花盘碟状，无毛；雄蕊 8，伸出，花丝长约 3.5 mm，中部以下密被长柔毛；果的发育分果爿近球形，直径 2 ~ 2.5 cm，橙黄色，干时变黑。花期春季，果期夏秋核果球形，熟时黄色或棕黄色。种子球形，黑色，花期 6 ~ 7 月。果期 9 ~ 10 月。

（二）生长习性

无患子喜光，稍耐阴，耐寒能力较强。对土壤要求不严，深根性，抗风力强。不耐水湿，能耐干旱。萌芽力弱，不耐修剪。生长较快，寿命长。

（三）主要分布

无患子原产中国，主要分布于中国东部、南部至西南部、长江流域以南各地以及中南半岛、印度和日本。如今，浙江金华、兰溪等地区有大量栽培，其他地区不多。5 ~ 6 年长成，1 年 1 结果，生长快，易种植养护。100 ~ 200 年树龄，寿命长。各地寺庙、庭园和村边常见栽培。

（四）苗木繁育

1. 苗圃地选择与整地

（1）苗圃地的选择。育苗圃地要求土层深厚、肥沃，排水良好。整地要求，大型拖拉机旋耕，而后深翻细耕，施足基肥，每亩施入 5 000 ~ 6 000 kg 农家肥、复合肥 50 ~ 80 kg。为了方便排水，开好排水沟。

（2）苗圃地整地。选好圃地，施足基肥，按东西向做床，床宽 1.5 m，床高 25 cm

备播。

2. 大田播种与苗木保护管理

（1）采收种子。种子繁殖一定要选择优良种子。果期9~10月，果熟时即可采收，及时去皮净种。因种壳坚硬，可当年秋播，当年不能播种的，种子要沙层积埋藏，第二年才能播种出芽。

（2）种子处理。采收的种子可用湿沙层积埋藏越冬后春播才能出芽。11月或12月，一是选择沙子，沙子应选用干净的河沙，用细筛子过筛，去除大的颗粒及杂质，筛子的孔径大小以漏沙不漏种子为宜；第二年播种前还要筛掉沙藏的沙子，方便播种。二是拌种，拌种时沙子与种子按1∶5的体积比混合均匀，沙子用水洗净并用0.5%多菌灵消毒，湿度以手握成团，一触即散为宜。混匀后用通透性好的网袋装好。三是埋种，沙藏处理的种子在沙藏期间不能积水，应选择地势稍高的地方埋种。储藏坑不需要太深，以种子离地面20~30 cm为宜，长宽以种子多少而定，沟底先铺10 cm厚的湿沙，培土成土丘状，防积水。背阴面埋种往往早春萌发较晚，需提前取出催芽，阳面埋种可通过覆盖草帘防提前萌发。层积以后的种子在3~4月气温回升后，要及时检查发芽情况，对出芽不整齐或不出芽的种子要及时取出，并进行室内催芽处理，当种子胚根露白长到0.5 cm左右时，即可进行田间播种。

（3）播种方式。无患子播种以点播为宜，密度为行距25 cm，株距12~15 cm，盖土厚度以5 cm为好。每亩用种50~60 kg，亩产苗1万~1.2万株，苗木出圃高度60~100 cm，当年地径0.8 cm左右。

（4）种子播种。播种前首先要对种子进行挑选，种子选得好不好，直接关系到播种能否成功。一是选用当年采收的无患子种子。种子保存的时间越长，其发芽率越低。二是选用籽粒饱满、没有残缺或畸形的无患子种子。三是选用没有病虫害的无患子种子。四是催芽，用温热水把种子浸泡12~24小时，直到种子吸水并膨胀起来。对于很常见的容易发芽的种子，这项工作可以不做。播种，对于用手或其他工具难以夹起来的细小的种子，可以把牙签的一端用水沾湿，把种子一粒一粒地粘放在基质的表面上，覆盖基质1 cm厚，然后把播种的花盆放入水中，水的深度为花盆高度的1/2~2/3，让水慢慢地浸上来，这个方法称为“盆浸法”，对于能用手或其他工具夹起来的种粒较大的种子，直接把种子放到基质中，按3 cm×5 cm的间距点播。播后覆盖基质，覆盖厚度为种粒的2~3倍。

（5）苗木管理。播后可用喷雾器、细孔花洒把播种基质质淋湿，以后土略干时再淋水，仍要注意浇水的力度不能太大，以免把种子冲起来。无患子播种后的管理：在播种后，遇到寒潮低温时，可以用塑料薄膜覆盖，以利保温保湿；幼苗出土后，要及时把薄膜揭开，并在每天上午的9：30之前，或者在下午的3：30之后让幼苗接受太阳的光照，否则幼苗会生长得非常柔弱；大多数的种子出齐后，需要适当地间苗，把有病的、生长不健康的幼苗拔掉，使留下的幼苗相互之间有一定的空间；当大部分的幼苗长出了3片或3片以上的叶子后就可以移栽。

（6）大苗培育。要挑选树形好、长势旺盛、无病虫害的一年生苗木，按株行距60 cm×80 cm定植。起苗及定植时，应保护好顶芽及根系，并尽量多带宿土。定植后，再做好常规的田间管理。一是定植后，如有侧枝萌发，要及早抹除，以利培养通直的主干，定干高度2～2.5 m。二是修剪时，要特别注意顶端一层侧枝的修剪，确保中心主干顶端延长枝占绝对优势，削弱并疏除与其同时生出的一轮分枝，保留定干后的第二、三树枝。三是采用自然式树冠可促进枝繁叶茂，要特别注意保护顶芽，切忌碰伤，除密生枝和病虫枝要及时修剪外，其余应任其生长。经过3～4年的培育管理，所培育的苗木生长良好，苗木平均胸径可达4 cm，苗高可达3.5 m，此时，可出圃销售。

（7）施肥管理。幼树期以营养生长为主，施肥以氮肥为主，配合磷、钾肥，并根据树龄大小逐年提高施肥量。幼树定植成活后1个月左右，开始施肥，1年可施2次，5月、8月各施肥一次。

（8）抚育管理。根据造林地的环境条件、树种特性、造林密度和经营水平等具体情况而定，一般应进行到幼林郁闭为止，大约需3年。松土除草的季节和次数，要根据造林地具体条件和幼林生长特点综合考虑，一般地说，造林初期幼林抵抗力弱，抚育次数宜多，后期逐渐减少。造林第1～2年，每年松土除草2～3次，第3年，每年1～2次。应根据幼林年生长规律、土壤的水分、养分动态及杂草生活习性而定。一般松土除草时间应在5～6月和8～9月进行。

（9）树形培育。无患子定植后，距接口以上，等树苗长高到1 m处定干，开始剪除顶芽，适当保留主干，促进侧芽生长，使树冠扩展成伞形，抑制树形直上，这样有利于今后采收果实、防治病虫害、修剪树冠等操作；第一年在20～30 cm处选留3～4个生长健壮、方位合理的侧枝培养为主枝；第二年再在每个主枝上保留2～3个健壮分枝作为副主枝；第3～4年在继续培养正、副主枝的基础上，将其上的健壮春梢培养为侧枝群，并使三者之间比例合理，均匀分布。

3. 主要病虫害的发生与防治

1）主要虫害的发生与防治

（1）主要虫害的发生。无患子树的主要虫害有蜡蝉、天牛、桑褐刺蛾这三种。一是蜡蝉危害，又名透明疏广蜡蝉，以若虫刺吸嫩枝梢为害，成虫产卵于寄主小枝一侧，造成长10～20 cm的伤口，影响树木枝条的生长。体长1 cm。二是天牛虫害危害。以幼虫在树干基部、根颈处迂回蛀食，有粪屑积于隧道内，数月后方蛀入木质部，并向外蛀一通气孔（排粪孔），排出粪屑堆积于基部。三是桑褐刺蛾危害。主要以幼虫啮食或蚕食无患子叶部，当虫口密度大时，能在短期内把叶片吃光，仅剩下主脉，严重影响苗木生长。

（2）主要虫害的防治。一是蜡蝉的防治，采取80%敌敌畏乳油加10%吡虫啉乳油1 000～1 500倍液，或40%速扑杀乳油加阿维菌素1 000倍液，或50%杀螟松乳油或者20%杀灭菊酯1 000倍液喷施。二是天牛的防治。发现无患子基部有粪屑堆积，可以用细铅丝从排粪孔沿着隧道刺杀幼虫；如找不到幼虫，也可以塞入蘸有80%敌敌畏乳油，或用40%乐果乳油10～50倍液浸过的药棉球，或注入80%敌敌畏乳油500～600倍液，施药后用湿泥封口；还可以用敌百虫精或杀虫双500倍液进行浇灌，效果显著。三是桑褐刺蛾防治，采用结合冬季修剪，剪除在枝上越冬的虫茧；或发动群众挖除在土中越冬的虫茧。幼虫发生期可喷施每克孢子含量100亿以上青虫菌0.5 kg掺水1 000倍液；或

90%晶体敌百虫1 000～1 500倍液；或青虫菌0.5 kg加90%晶体敌百虫0.2 kg掺水1 000倍的菌药混合液。

2）主要虫害的发生与防治

（1）主要病害的发生。无患子主要病害是枯萎病，是一种毁灭性病害，在密不透风、排水不良的苗圃地，危害新生苗木，造成苗木受害后缓慢死亡。

（2）主要病害的防治。作为树干内部病害，木本植物枯萎病向来就难以治愈，加上目前尚未得知病原菌属，更是无行之有效的治疗方法。因此，防治该病，重点在于控制生长条件和日常管理，如控制合理种植密度、加强清沟排水、严控刺吸式害虫危害等。在4～5月，用百菌清或多菌灵或12.5%烯唑醇可湿性粉剂等，配制900～1 000倍液喷布叶片和枝干，做好预防。

（五）培育的目的

（1）园林绿化作用。无患子树干通直，枝叶广展，绿荫稠密。到了冬季，满树叶色金黄，故又名黄金树。可算是彩叶树种之一。到了10月，果实累累，橙黄美观。是园林绿化景观中的优良观叶、观果树种。

（2）用材作用。无患子由于木材内含天然皂素，不必用防腐药物处理就可自然防虫。树干笔直少枝，木质硬且重，可制作成各种家具用品，也可制作木梳。在举世皆重视环保的世界潮流中，生产无患子有机木材是一种非常有前瞻性的新兴产业。

（3）商业作用。无患子枝干含天然皂素，佛教传统上认为无患子可避邪，无患子幼树或树枝可以制作成“打鬼棒”或薰香材料等礼品。无患子果核用于制作天然工艺品及佛教念珠。

（4）药用作用。无患子树根可入药，具有清热解毒、化痰止咳的功效。

（5）化工作用。无患子果皮含无患子皂苷等三萜皂苷，可制造天然无公害“洗洁剂”，用于日常洗涤、餐具清洁、美容、洗头、皮肤保健。天然植物无患子的果实，通过人工晒制、剥皮，而后得到的纯果皮，可以直接用来提取其有效成分——皂苷，制造天然无公害洗洁用品——无患子皂乳、无患子手工皂等。

（6）油料作用。无患子种仁含油量高，用来提取油脂，制造天然滑润油；最新科研透露：无患子种仁提取油脂，可用来制造生物柴油。

三十九、白榆

白榆，学名*Ulmus pumila* L.，榆科、榆树；又名春榆、白榆、家榆树、榆钱树、春榆树、榆树等，素有“榆木疙瘩”之称，落叶乔木，是中原地区优良乡土树种。

（一）形态特征

白榆，落叶乔木，高达25～30 m，胸径1 m、树冠圆球形。树皮灰褐色，幼时光滑，老干则呈圆片状剥落，小枝灰白色，无毛，幼树树皮平滑，灰褐色或浅灰色，大树之皮暗灰色，不规则深纵裂，粗糙，冬芽先端不紧贴小枝。叶小、质厚而硬，椭圆形、卵形或倒卵形，先端短渐尖或钝，基部楔形，不对称，边缘有单锯齿，叶面光滑而有光泽，叶背淡青绿色，叶椭圆状卵形等，叶面平滑无毛，叶背幼时有短柔毛，后变无毛或部分脉腋有簇生毛，叶柄面有短柔毛，在生枝的叶腋成簇生状。花簇生。翅果近圆形，熟时黄白色，无毛。花期3～4月，先叶开放；簇生于叶腋。翅果长椭圆形或卵形，先端凹果熟近圆形，熟时黄白色，无毛。翅果稀倒卵状圆形。果熟期4～6月。

（二）生长习性

白榆为阳性树种，喜光，耐旱，耐寒，耐瘠薄，不择土壤，适应性很强。根系发达，抗风力、保土力强。能耐干冷气候及中度盐碱，但不耐水湿（能耐雨季水涝）。具抗污染性，叶面滞尘能力强。亦能耐－20 ℃的短期低温；对土壤的适应性较广，耐干旱瘠薄。在酸性、中性和石灰性土壤的山坡、平原及溪边均能生长，生长速度中等，寿命较长。深根性，萌芽力强。对二氧化硫等有毒气体及烟尘的抗性较强。

（三）主要分布

白榆在中原地区主要分布于濮阳、安阳、焦作、郑州、开封、新乡、三门峡、洛阳、平顶山、南阳、驻马店、信阳、周口、商丘等地；在我国主要分布于黑龙江、内蒙，伊春、佳木斯、长春、四平、沈阳、葫芦岛、大连、丹东、鞍山、辽阳、锦州、营口、盘锦、北京、天津、太原、临汾、长治、石家庄、秦皇岛、保定、唐山、邯郸、邢台、承德、济南、德州、延安、青岛、烟台、日照、威海、济宁、泰安、淄博、潍坊、枣庄、临沂、莱芜、东营、新泰、滕州、郑州、洛阳、开封、新乡、焦作、安阳、西安、咸阳、徐州、连云港、盐城、淮北、蚌埠、南京、扬州、镇江、南通、常州、无锡、苏州、合肥、芜湖、安庆、淮南、襄樊、武汉、沙市、黄石、宜昌、南昌、景德镇、九江、吉安、井冈山、赣州、上海、长沙、株洲、岳阳、怀化、吉首、常德、湘潭、衡阳、邵阳、桂林、温州、金华、宁波、重庆、成都、都江堰、绵阳、内江、乐山、自贡、攀枝花、贵阳、遵义、六盘水、安顺、昆明、大理、兰州、平凉、阿勒泰、海拉尔、满洲里、齐齐哈尔、阜新、丹东、大庆、西宁、银川、通辽、榆林、呼和浩特、包头、张家口、集宁、赤峰、大同等地，零星种植或路林、行道树种植。

（四）苗木繁育

白榆优质苗木繁育技术主要采用播种繁殖，也可用嫁接、分蘖、扦插法等方法繁殖。种子播种宜随采随播，千粒重7.7 g，发芽率65%～85%。扦插繁殖成活率高，达85%左右，扦插苗生长快，管理粗放。

1. 苗圃地选择与整地

（1）苗圃地的选择。选择土壤肥沃、平坦、水源较好、排水良好、浇水条件优越、交通便利，或土层较厚的沙壤土地作苗圃地为好。

（2）苗圃地整地。苗圃地选择好以后，在9～12月用大型拖拉机旋耕土地，同时，每亩地施入农家肥6 000～8 000 kg、复合肥100 kg作基肥，做好备播。

2. 大田播种与苗木保护管理

（1）采收种子。为了提高种子品质，种子应选自 15～30 年生的健壮母树。4 月中旬榆钱由绿变浅黄色时适时采种，或当种子变为黄白色时即可采收。过早采收，种子秕，影响发芽率；过晚采集，种子易被风刮走。种子采收后不可暴晒，而应使其自然阴干，轻轻去掉种翅，避免损伤种子。

（2）种子播种。4 月，采收阴干后及时播种。一般采用条播行距 30 cm，开浅沟将种子播入，覆土 0.5～1 cm，覆土过深则种子萌芽出土困难。播种后应稍加镇压，便于种子与土紧密结合和保墒。土壤干旱时不可浇蒙头大水，只可喷淋地表，以免土壤板结或冲走种子，覆土 1 cm 踩实，因发芽时正是高温干燥季节，最好再覆 3 cm 土保湿，促进种子发芽。每亩用种 3～4 kg。

（3）苗木管理。播种后，6～10 天出芽，10～13 天幼苗出土，小苗长到 2～3 片真叶时开始间苗，苗高 5～6 cm 时定苗，每亩留苗 3 万～4 万株。间苗时及时浇水，幼苗期加强中耕除草，7 月至 8 月上旬可追施复合肥 8～10 kg，每 15 天一次，追施 2～3 次；也可施用新型叶面肥。8 月中旬以后不可再施氨态氮肥，并要控制土壤水分，以利苗木木质化和苗木快速生长。苗高生长达到 10～20 cm，第二年间苗至行株距 60 cm×30 cm，以后根据培养苗木的大小间苗至合适的密度即可，后期依然加强肥水管理，抚育成长为大苗木。

（4）扦插育苗。白榆扦插育苗，秋季落叶后和春季萌动前均可扦插。一是整地做床。无论秋插或春插，圃地都要深翻 25～30 cm，细整，施足基肥，土壤消毒。春季扦插，圃地最好冬季灌足底水，翌春，深耕做床。二是采条剪穗。秋季扦插，应随采随剪随插；春季扦插，种条可以冬藏，也可随采随插。选出 0.5 cm 以上的壮条，剪成 15～20 cm 长的插穗，其上剪口要平，下剪口要在靠近芽眼处剪成马耳形，这样有利于扦插生根。三是扦插。扦插的行距 30 cm，株距 20 cm。随开沟随扦插，接穗微露地面，覆土塌实，灌透水。前期多灌水，水分影响扦插生根成活。扦插 28～35 天后才能生根，所以在插后到生根前，应多灌水，以保持土壤湿润，促进生根成活。四是及时抹芽。白榆萌芽力强，萌条较多，当萌条到 2～3 cm 时，选留一个健壮萌条，其余萌条全部剪掉，以防消耗插穗的养分和水分，有利于生根成活。因萌芽出土有早晚，所以除萌条要进行多次。五是松土除草。松土除草能保持墒情，增加地温，促进生根成活，但要防止伤根、伤芽，日后加强肥水管理，促进苗木快速生长。

3. 主要病虫害的发生与防治

（1）主要虫害的发生。白榆的主要虫害是食叶害虫和蛀干害虫，分别为榆毒蛾、绿尾大蚕蛾、榆风蛾、金花虫、天牛等。榆毒蛾、绿尾大蚕蛾、榆风蛾、金花虫集中在生长期发生危害，危害特点是幼虫破坏叶片，受害轻时，叶片残缺不全；严重的时候，叶片全无，呈夏树冬景。天牛是蛀干危害，以幼虫蛀食树干，危害皮层和木质部，切断植物的输导组织，使树体水分、养分供应不足而逐渐衰弱，发生严重危害造成树干枝枯折断等情况，经天牛的连年危害后，树木可整株枯死。

（2）主要虫害的防治。针对白榆的主要食叶害虫和蛀干天牛，采取综合防治方法。一是灯光诱杀。成虫羽化期利用黑光灯诱杀。二是人工防治。结合养护管理摘除卵块及初孵群集幼虫集中消灭，消灭越冬幼虫及越冬虫茧。三是生物防治。保护和利用土蜂、马蜂、麻雀等天敌。于绿尾大蚕蛾卵期释放赤眼蜂，寄生率达60% ~70%，低龄幼虫期危害，喷洒25%灭幼脲3号悬浮剂1 500 ~2 000倍液防治，高龄幼虫期喷洒每毫升含孢子100亿以上苏云金杆菌（Bt）乳剂400 ~600倍液防治。四是化学防治。幼虫盛发期喷洒20%灭扫利乳油2 500 ~3 000倍液或20%杀灭菊酯乳油2 000倍液。五是天牛防治。5 ~6月，成虫发生期，人工捕杀成虫。杀卵，天牛在树干上产卵部位较低，产卵痕明显，用锤敲击可杀死卵和小幼虫。毒杀，清除虫孔粪屑，注入50%敌敌畏乳油100倍液，用湿泥封口，以杀死树干内的幼虫，或用棉球蘸50%杀螟松乳剂40倍液，塞入虫孔，泥土封闭蛀孔，熏杀幼虫。

（五）培育的目的

（1）景观作用。在园林绿化中，白榆新叶嫩绿可人，树皮斑驳可观，树形优美，姿态潇洒，枝叶细密，具有较高的观赏价值。

（2）绿化作用。在庭园中孤植、丛植，与亭榭、山石配植都很合适。栽作庭荫树、行道树或制作成盆景均有良好的观赏效果。因抗性较强，还可选作厂矿区绿化树种。榆树是良好的行道树、庭荫树、工厂绿化、营造防护林和“四旁”绿化树种。白榆是一种温带植物，生命力强，较为耐寒，适合在肥沃的沙壤土上生长，生长速度快。榆树为新农村建设的重要绿化树木，亦常见于民居村落前后。

（3）用材作用。白榆木是人们喜爱的木材，其木材直，可作为房屋、家具、农具等良好用材。

四十、榉树

榉树，学名*Zelkova serrata*（Thunb.）Makino，榆科、榉属植物，又名光叶榉、光光榆、马柳光树、鸡油树等，落叶乔木，是中原地区优良乡土树种，国家二级重点保护植物。

（一）形态特征

榉树，落叶乔木，高达25 ~30 m，胸径达80 ~100 cm；树皮灰白色或褐灰色，呈不规则的片状剥落；当年生枝紫褐色或棕褐色，疏被短柔毛，后渐脱落；叶薄纸质至厚纸质，大小形状变异很大，卵形、椭圆形或卵状披针形，长2 ~8 cm，宽1 ~3 cm，先端渐尖或尾状渐尖，基部有的稍偏斜，稀圆形或浅心形，边缘有圆齿状锯齿，具短尖头，侧脉8 ~14对；上面中脉凹下被毛，下面无毛。叶柄长4 ~9 mm，被短柔毛。雄花具极短的梗，径约3 mm，花被裂至中部，花被裂片6 ~7，不等大，外面被细毛，退化子房缺；雌花近无梗，径约1.5 mm，花被片4 ~5，外面被细毛，子房被细毛。核果，上面偏斜，凹陷，直径约4 mm，具背腹脊，网肋明显，无毛，具宿存的花被。花期4月，果期10月。

（二）生长习性

榉树喜光，喜温暖环境。耐烟尘及有害气体。适生于深厚、肥沃、湿润的土壤上，对土壤的适应性强，酸性、中性、碱性土及轻度盐碱土均可生长，深根性，侧根广展，抗风力强。忌积水，不耐干旱和贫瘠。生长慢，寿命长。

（三）主要分布

榉树在中原地区主要分布于濮阳、安阳、焦作、郑州、开封、新乡、三门峡、洛阳、平顶山、南阳、驻马店、信阳、周口、商丘等地；在我国主要分布于河南、山东、甘肃、陕西、湖北、湖南、四川、云南、贵州、山东、安徽、辽宁、江苏等地。多在海拔500 m以下的浅山丘陵、山地、平原等地，在云南可达海拔1 000 m。

（四）苗木繁育

1.苗圃地选择与整地

（1）苗圃地的选择。育苗圃地宜选地势平坦、整地做床有水源浇灌，且土层深厚肥沃的沙壤土或轻壤土立地。

（2）苗圃地整地。播种前，苗圃地要深翻细耕，清除杂草，施足基肥，每亩施入农家肥5 000～8 000 kg。圃地细耙整平后，筑成宽120 cm、高20～25 cm的苗床做好备播。

2.大田播种与苗木保护管理

（1）种子采收。选择结实多、籽粒饱满的健壮母树采种。榉树培育用材林，母树要求树形紧凑、树体高大、干形通直、枝下高较高、旺盛且无病虫害；培育园林绿化品种，母树要求树冠开阔、树体丰满、叶色季相变化丰富、色叶期较长、变色期早；培育盆栽观赏类型，母树要求树体矮小、树形奇异。不同的用途，采收不同母树的种子。

（2）采种时间与采种方法。10月下旬至11月上旬，当果实由青色转褐色时采种。采用自然脱落法或敲打小枝法在地面收集种子。采种后要先除去枝叶等杂物，然后摊在室内通风干燥处自然干燥2～3天，再行风选。储存前于室内自然干燥5～8天，使种子含水量降到13%以下。

（3）种子播种。插种可在晚秋和初春进行。采取条播方式，行距20 cm，覆土厚度0.5 cm，并盖草浇透水。秋播随采随播；春季在3月上中旬发芽，种子发芽率和出苗率高，苗木生长期长；但易受鸟兽危害。春播宜在雨水至惊蛰时播种，最迟不得迟于3月下旬。苗床播种后加盖遮光率50%～75%的遮阳网，有利于保湿和后期苗木管理。播种量为每亩15～20 kg种子，保持土壤湿润，以利种子萌发。

（4）苗期管理。插种后25～30天，种子发芽出土，应及时揭草炼苗，并防治鸟害。幼苗期需及时间苗、松土除草和灌溉追肥。苗木生长高峰期在7月至9月下旬。苗期每年应除草3～5次，每次松土除草后追肥1次，最后一次施肥可在8月上旬进行。榉树苗期苗木会出现分杈，需及时修整修剪。

（5）中耕除草。榉树苗木生长期，除草、松土是榉树大苗（幼树）管抚的重要措施。通过除草、松土，防止杂草与幼树争夺土壤水分和养分，提高土壤通气性，改善苗木根系的呼吸作用和根际环境，促进土壤微生物的繁殖和土壤有机物的分解，促进苗木生长。幼龄期的榉树圃地，每年需松土、除草 3 ~ 4 次。每次除草、松土后，应将杂草覆盖根际保墒保湿。

（6）抗旱排涝。榉树虽能适应一定的干旱气候，但仍需适生湿润气候。气候持续干旱时，应及时浇水灌溉，防止苗木失水致死，雨季，尤要及时开沟排水、降渍。地下水位过高和土壤含水过多，均会对榉树产生严重不良影响。

（7）合理施肥。榉树苗木培育需在速生季节适时施肥。施肥的原则是：苗木生长初期，选用速效肥料；生长中期（速生期）施用氮素化肥；后期增施磷、钾肥，促进苗木木质好。施肥量：1 年生苗木年平均每亩施复合肥 3 ~ 4 kg，采用前轻、中稳、后控的施肥方法，一般年施追肥 4 ~ 6 次。2 至多年生苗木每年每亩施复合肥 8 ~ 10 kg 即可。

（8）修枝整形。榉树修枝整形是为了培养漂亮的树形，增加卖相，提高经济收入。修枝宜在初夏生长季或冬季休眠期进行，时间以冬季休眠时为好。随着树龄增大，2 ~ 3 年开始逐年修去树高 1/3 的底层枝，持续修剪多次。依据榉树的培植目标，修枝培养树形的要求：培育园林绿化树种，主干枝下高度应保持在 2.5 ~ 3 m，并及时去除内膛枝、交叉枝、平行枝、病虫枝及枯死枝。

3. 主要病虫害的发生与防治

1）主要虫害的发生与防治

（1）主要虫害的发生。苗木生长期，主要虫害是毒蛾、袋蛾、金龟子等，危害叶片。危害叶片的害虫，主要发生在苗木幼苗期，它们集中危害，或交替危害，受害的苗木枝叶不全，影响苗木快速生长。

（2）主要虫害的防治。4 ~ 6 月，害虫集中发生期，预防为主，防治为辅，对食叶害虫可及时喷洒 80% 敌敌畏 1 000 倍液、90% 敌百虫 1 200 倍液或 2.5% 敌杀死 6 000 倍液等杀虫剂 1 ~ 2 次防治；对于地下害虫，须浇灌或用毒饵诱杀防治。

2）主要病害的发生与防治

（1）主要病害的发生。榉树主要病害是溃疡病，该病为全株性传染病，病害主要发生在树干和主枝上，不仅为害苗木，也能为害大树。症状表现，感病植株多在皮孔边缘形成分散状、近圆形水泡形溃疡斑，初期较小，其后变大呈现为典型水泡状，泡内充满淡褐色液体，水泡破裂，液体流出后变黑褐色，最后病斑干缩下陷，中央有一纵裂小缝。受害严重的植株，树干上病斑密集，并相互连片，病部皮层变褐腐烂，植株逐渐死亡。

（2）主要病害的防治。榉树溃疡病发病时间，4 月上旬至 5 月间以及 9 月下旬为病害发生高峰。防治方法，一是及时清除死亡植株；二是在病害发生初期，施用多菌灵或敌百虫 20 ~ 30 倍液进行全株涂抹，7 ~ 8 天连续用药 3 ~ 4 次。

（五）培育的目的

（1）观赏作用。榉树树姿端庄，高大雄伟，秋叶变成褐红色，是观赏秋叶的优良树种。可孤植、丛植于公园和广场的草坪、建筑旁作庭荫树；与常绿树种混植作风景林；列植于人行道、公路旁作行道树，降噪防尘。榉树侧枝萌发能力强，在其主干截干后，可以形成大量的侧枝，是制作盆景的上佳植物材料，可使其脱盆或连盆种植于园林中或与假山、景石搭配，均能提高其观赏价值。

（2）经济价值。木材纹理细，质坚，能耐水，供桥梁、家具用材；茎皮纤维制人造棉和绳索。

（3）用材作用。榉树苗期侧根发达，长而密集，耐干旱瘠薄，固土、抗风能力强，可作为防护林带树种和水土保持树种加以推广。榉树还可以作为混交林的树种，例如榉树与国槐混交栽培，可以充分利用空间和营养面积，能较好地发挥防护效益，增强抗御自然灾害的能力，改善立地条件，充分利用土地资源和光照资源，提高林产品的数量和质量，实现经济利益最大化。

四十一、木槿

木槿，学名 *Hibiscus syriacus* Linn.，锦葵科、木槿属，落叶灌木，又名木棉、荆条、木槿花等，是中原地区优良乡土树种。

（一）形态特征

木槿，落叶灌木，高3～6 m，小枝密被黄色星状茸毛。叶菱形至三角状卵形，长3～10 cm，宽2～4 cm，具深浅不同的3裂或不裂，先端钝，基部楔形，边缘具不整齐齿缺，下面沿叶脉微被毛或近无毛；叶柄长5～24 mm，上面被星状柔毛；托叶线形，长5～7 mm，疏被柔毛。花单生于枝端叶腋间，花梗长4～15 mm，被星状短茸毛；小苞片6～8枚，线形，长6～14 mm，宽1～2 mm，密被星状疏茸毛；花萼钟形，长14～19 mm，密被星状短茸毛，裂片5，三角形；花钟形，淡紫色，直径5～7 mm，花瓣倒卵形，长3.5～4.5 cm，外面疏被纤毛和星状长柔毛；雄蕊柱长2～3 cm；花柱枝无毛。蒴果卵圆形，直径10～11 mm，密被黄色星状茸毛；种子肾形，背部被黄白色长柔毛。花期7～10月。

（二）生长习性

木槿喜光而稍耐阴，喜温暖、湿润气候，较耐寒，但在北方地区栽培需保护越冬，好水湿而又耐旱，对土壤要求不严，在重黏土中也能生长。萌蘖性强，耐修剪。是一种在庭园很常见的灌木花种。在园林中可做花篱式绿篱，孤植、丛植均可。木槿种子入药，称“朝天子”。

（三）主要分布

在中原地区主要分布于漯河、周口、许昌、新乡、西峡、鲁山、叶县、泌阳、方城、西平、开封、洛阳、郑州、平顶山等地；在我国主要分布于山东、河北、河南、福建、广东、广西、云南、贵州、四川、湖南、湖北、安徽、江西、浙江、江苏、陕西等省区。在热带和亚热带地区，木槿属物种起源于非洲大陆，非洲木槿属物种种类繁多，呈现出丰富的遗传多样性。

（四）苗木繁育

木槿优良苗木繁殖方法有播种、压条、扦插、分株，林业生产上主要运用扦插繁殖和分株繁殖。

1. 苗圃地选择与整地

（1）苗圃地的选择。育苗圃地宜选地势平坦、整地做床有水源浇灌，且土层深厚肥沃的沙壤土或轻壤土地为好。

（2）苗圃地整地。播种前，苗圃地要深翻细耕，清除杂草，施足基肥，每亩施入农家肥 4 000 ~ 5 000 kg。圃地细耙整平后，筑成宽 130 cm、高 20 ~ 25 cm 的苗床做好备播。

2. 大田扦插与苗木保护管理

（1）整好苗床。按畦带沟宽 130 cm、高 25 cm 做畦，每平方米施入农家肥 6 kg、生物肥 1.5 kg、钙镁磷 75 克作为基肥。

（2）秋季扦插。扦插要求沟深 14 ~ 15 cm，沟距 20 ~ 30 cm，株距 8 ~ 10 cm，插穗上端露出土面 3 ~ 5 cm 或入土深度为插条的 2/3，插后培土压实，及时浇水。扦插苗一般 28 ~ 35 天生根出芽，采用塑料大棚等保温增温设施，也可在秋季落叶后进行扦插育苗，将剪好的插穗用 100 ~ 200 mg/L 的 APT 溶液浸泡 18 ~ 24 小时，插到沙床上，及时浇水，覆盖农膜，保持温度 18 ~ 25 ℃，相对湿度 80% ~ 85% 以上，生根后移到圃地培育。

（3）春季扦插。3 月中旬，在当地气温稳定通过 15 ℃以后，选择 1 ~ 2 年生健壮、未萌芽的枝，修剪切成长 15 ~ 20 cm 的小段，扦插时备好一根小棍，按株、行距在苗床上插小洞，再将木槿枝条插入，压实土壤，入土深度 10 ~ 15 cm，即入土深度达插条的 2/3 为宜，插后立即灌足水。扦插时不必施任何基肥。室内盆栽扦插时，选 1 ~ 2 年生健壮枝条，长 10 cm 左右，去掉下部叶片，上部叶片剪去一半，扦插于以粗沙为基质的小钵里，用塑料罩保湿，保持较高的湿度，在 18 ~ 25 ℃的条件下，20 天左右即可生根。

（4）苗木管护。培育大苗，需要育苗移栽与间苗管理。扦插较易成活，扦插材料的取得也较容易，有的甚至用长枝，但入土深度至少要达 18 ~ 20 cm，否则易倒伏或发芽后因根浅而易受旱害；当年夏、秋季节即可开花。一是育苗移栽法。为便于操作，按畦 100 cm × 25 cm 做畦，按株、行距 15 cm × 30 cm 插植；二是直接插植法。可按株、行距 50 cm × 60 cm 单行插植，也可畦插，做 60 cm × 25 cm 的畦，在畦上双行呈“品”字形插植，株距 60 ~ 70 cm。栽培上可利用扦插苗当年开花的特性，按育苗移栽密度扦插，第 2 年后每年春季萌芽前按一定的密度进行间苗，保证木槿当年生长有足够的营养空间，以提高鲜花产量。

（5）田间管理。木槿树为多年生灌木，生长速度快，可 1 年种植多年采收。为获得较高的产量，便于田间管理及鲜花采收，可采用单行垄作栽培，垄间距 110 ~ 120

cm，株距50~60 cm，垄中间开种植穴或种植沟。木槿移栽定植时，种植穴或种植沟内要施足基肥，一般以垃圾土或腐熟的厩肥等农家肥为主，配合施入少量复合肥。移栽定植最好在幼苗休眠期进行，也可在多雨的生长季节进行。移栽时要剪去部分枝叶以利成活。定植后应浇1次定根水，并保持土壤湿润，直到成活。

（6）肥水管理。3月上旬，当苗木枝条开始萌动时，应及时追肥，以速效肥为主，促进营养生长；现蕾前追施1~2次磷、钾肥，促进植株孕蕾；5~10月盛花期间结合除草、培土进行追肥2~3次，以磷、钾肥为主，辅以氮肥，以保持花量及树势；冬季休眠期间进行除草清园，在植株周围开沟或挖穴施肥，以农家肥为主，辅以适量无机复合肥，以供应来年生长及开花所需养分。长期干旱无雨天气，应注意灌溉，而雨水过多时要排水防涝。

3. 主要病虫害的发生与防治

1）主要虫害的发生与防治

（1）主要虫害的发生。木槿生长期间虫害主要有红蜘蛛、蚜虫、蓑蛾、夜蛾等，它们主要集中危害或交替危害叶片、嫩梢、新生、枝干等，造成叶片孔洞或枝叶不全，严重影响树势健康生长，不能提早开花、见效。

（2）主要虫害的防治。食叶害虫发生时，可剪除病虫枝，选用安全、高效、低毒的氯氰菊酯1 200倍液，或吡虫啉1 000~1 200倍液，或用65%代森锌可湿性粉剂600倍液喷洒。喷雾防治或诱杀。应注意早期防治，避免在开花采收期施药，保证采收的木槿花不受农药污染。

2）主要病害的发生与防治

（1）主要病害的发生。木槿主要病害有炭疽病、叶枯病、白粉病等。炭疽病发病症状，病害发生在叶片上，病斑多在主侧脉两侧，初为褐色小斑，圆形或不规则形，中央黑褐色其外部色较浅，边缘为深褐色，病斑周围常有褐绿色晕圈，后期病斑上出现黑色小粒点。叶枯病发生症状，发病初期，叶尖或叶缘出现圆形或不规则形的灰褐色斑块，边缘深褐色，后随着病情蔓延发展，斑块上出现细小的灰黑色霉点，并相互交错融合，造成叶片组织大面积坏死，干枯苍白，光合作用受阻，生长势减弱，开花稀疏，甚至植株僵死。高温、高湿、通风不良的环境下，发病较为严重。白粉病在叶片上发生，开始产生黄色小点，而后扩大发展成圆形或椭圆形病斑，表面生有白色粉状霉层。一般情况下部叶片比上部叶片多，叶片背面比正面多。霉斑早期单独分散，后联合成一个大霉斑，甚至可以覆盖全叶，严重影响光合作用，使正常新陈代谢受到干扰，造成早衰，产量受到损失。

（2）主要病害的防治。炭疽病，发病期喷施50%炭疽福美可湿性粉剂1 000~1 400倍液，每10~15天1次，连续2~3次。叶枯病，高温高湿季节要定期喷药预防，用75%可湿性粉剂500~800倍液有良好的效果，每7~8天1次，连续2~3次。一旦发现病害，就要及时摘除病叶，集中烧毁，以减少传染源，并喷洒25%多菌灵可湿性粉剂200~300倍液，每隔7~10天1次，直至病情被控制住。白粉病越冬期用3~5波美度石硫合剂稀释液喷或涂枝干。叶枯病，生长期在发病前可喷保护剂，发病后宜喷内吸剂，根据发病症状、花木生长和气候情况及农药的特性，间隔5~20天施药一次，连施2～5次。一种药物只能施1～2次。要经常更换农药种类，避免病菌产生抗药性。白粉病，病害盛发时，可喷15%粉锈宁1 000倍液、2%抗霉菌素水剂200倍液、10%多抗霉素1 000～1 400倍液。传统药物因反复使用使病菌产生抗体，效果锐减，故提倡交替使用。

（五）培育的目的

（1）景观作用。木槿是夏、秋季的重要观花灌木，南方多作花篱、绿篱；北方作庭园点缀及室内盆栽。木槿对二氧二硫与氯化物等有害气体具有很强的抗性，同时还具有很强的滞尘功能，是有污染工厂的主要绿化树种，又是城乡绿化、风景区绿化景观树种。

（2）食用作用。木槿花的营养价值极高，含有蛋白质、脂肪、粗纤维，以及还原糖、维生素C、氨基酸、铁、钙、锌等，并含有黄酮类活性化合物。木槿花蕾，食之口感清脆，完全绽放的木槿花，食之滑爽。利用木槿花制成的木槿花汁，具有止渴醒脑的保健作用。高血压病患者常食素木槿花汤菜有良好的食疗作用。

四十二、连翘

连翘，学名*Forsythia suspensa*，木樨科、连翘属，又名黄花杆、黄寿丹，落叶灌木，中原地区优良乡土树种。

（一）形态特征

连翘树，落叶灌木。高可达2.8～3.1 m，枝干丛生，小枝黄色，拱形下垂，中空。枝开展或下垂，棕色、棕褐色或淡黄褐色，小枝土黄色或灰褐色，略呈四棱形，疏生皮孔，节间中空，节部具实心髓。叶通常为单叶，叶片卵形、宽卵形或椭圆状卵形至椭圆形，长2～10 cm，宽1.5～5 cm，叶缘除基部外具锐锯齿或粗锯齿，上面深绿色，下面淡黄绿色，两面无毛；叶柄长0.7～1.4 cm，无毛；花先叶开放，花开香气淡艳，满枝金黄，艳丽可爱，花冠黄色，1～3朵生于叶腋，花期3～4月；果呈卵球形、卵状椭圆形或长椭圆形，先端喙状渐尖，表面疏生皮孔；长1.3～2.4 cm，宽0.5～1.3 cm，果梗长0.8～1.4 cm。果期7～9月。

（二）生长习性

连翘喜光，有一定程度的耐阴性；喜温暖、湿润气候，也很耐寒；耐干旱瘠薄，怕涝；不择土壤，在中性、微酸或碱性土壤上均能正常生长。在干旱阳坡或有土的石缝，甚至在基岩或紫色沙页岩的风化母质上都能生长。连翘根系发达，虽主根不太显著，但其侧根都较粗而长，须根众多，广泛伸展于主根周围，大大增强了吸收和固土能力；连翘耐寒力强，经抗寒锻炼后，可耐受－50 ℃低温，其惊人的耐寒性，使其成为北方园林绿化的佼佼者；连翘萌发力强、发丛快，可很快扩大其分布面。因此，连翘生命力和适应性都非常强。是早春优良观花灌木，株高可达3.1 m，枝干丛生，小枝黄色，拱形下垂，中空。在阳光充足、深厚肥沃而湿润的立地条件下生长较好。

（三）主要分布

连翘在中原地区主要分布于平顶山、漯河、周口、许昌、新乡、西峡、鲁山、叶县、泌阳、方城、西平、开封、洛阳、郑州等地，生长在山坡灌丛、林下或草丛中，或山谷、山沟疏林中，海拔 250 ~ 280 m；在我国主要分布于河南、河北、山西、陕西、山东、安徽、湖北、四川等地。

（四）苗木繁育

连翘优良苗木繁育主要采用种子、扦插、压条、分株等方法进行繁殖，林业生产上以种子播种、扦插繁殖为主。

1. 苗圃地选择与整地选地

（1）苗圃地选择。连翘苗木繁育的育苗地最好选择土层深厚、疏松肥沃、排水良好的夹沙土地；扦插育苗地，最好采用沙土地，通透性能良好，容易发根，而且要靠近有水源的地方，以便于灌溉。要选择土层较厚、肥沃疏松、排水良好、背风向阳的山地或者缓坡地成片栽培，以有利于异株异花授粉，提高连翘结实率，一般挖穴种植。同时，可利用荒地、路旁、田边、地角、房前屋后、庭院空隙地零星繁育种植。

（2）苗圃地整地。地选好后，于播前或定植前，深翻土地，施足基肥，每亩施基肥3 500 ~ 5 000 kg，以农家肥为主，均匀地撒到地面上。深翻 30 ~ 35 cm，整平耙细做畦，畦宽 1. 3 m，高 16 cm，畦沟宽 30 ~ 40 cm，畦面呈瓦背形。栽植穴要提前挖好。施足基肥后栽植。

2. 大田播种与苗木保护管理

（1）种子采种。要选择优势母株。选择生长健壮、枝条间短而粗壮、花果着生密而饱满、无病虫害、品种纯正的优势单株作母树。注意观察开花、结实的时期，掌握适宜的采种时间。采集要及时，避免种子成熟后自行脱落。一般于 9 月中下旬到 10 月上旬采集成熟的果实。要采发育成熟、籽粒饱满、粒大且重的连翘果，然后薄摊于通风阴凉处，阴干后脱粒。经过精选去杂，选取整齐、饱满又无病虫害的种子，储藏留种。

（2）种子储藏：在不同条件下储藏连翘种子，对其发芽率影响极大。连翘采收回来的种子，种子晾晒、挑选后，采用鱼皮袋装储，在干燥的地方储存较好。储存 11 个月出苗率仍可达 85. 3%；同时，也可以用于砂储存，砂储 7 个月，出苗率则降至 31. 3%，储存 8 个月以上则完全丧失发芽力。而用潮砂储存，在储存期间种子已陆续发芽，故播种后期出苗率不如干燥器储存高。所以，连翘树种子储藏采用鱼皮袋装储，在干燥的地方储存出芽率高。

（3）种子催芽。春播在 4 月上中旬进行。连翘种子的种皮较坚硬，不经过预处理，直播圃地，需 1 个多月时间才发芽出土。因此，在播前可进行催芽处理。选择成熟饱满的种子，放到 28 ~ 33 ℃温水中浸泡 4 ~ 6 小时，捞出后掺湿砂 3 倍，用木箱或小缸装好，上面封盖塑料薄膜，置于背风向阳处，每天翻动 2 ~ 3 次，经常保持湿润，10 ~ 15 天后，种子萌芽，即可播种。播后 8 ~ 9 天即可出苗，比不经过预处理的种子可提前出苗20天左右。如土地干旱，先向畦内浇水，水渗下表土稍松散时播种。

（4）种子播种。3～4月，即春播在“清明”前后，播时，在整好的畦面上，按行距20～25 cm，开1～1.5 cm深的沟，将种子掺细砂，均匀地撒入沟内，覆土耧平，稍加镇压。10～15天幼苗可出土。每亩用种量2～3 kg。覆土不能过厚，一般为1～1.5 cm，然后再盖草保持湿润。种子出土后，随即揭草。苗高10 cm时，按株距10～15 cm定苗，第二年4月上旬苗高30～35 cm时可进行大田移栽。

（5）秋冬直播。在选择好的苗圃地，可在深秋土壤封冻前播种。每穴播入种子10余粒，播后覆土，轻压。注意要在土壤墒情好时下种。按行距2 m、株距1.5 m开穴，施入堆肥和草木灰，与土拌和即可。

（6）压条繁殖。在选择好的苗圃地，3～4月，即春季将植株下垂枝条压埋入土中，第二年春剪离母株定植。一般以扦插繁殖为主，苗木宜于向阳而排水良好的肥沃土壤上栽植，若选地不当、土壤瘠薄，则生长缓慢、产量低，每年花后应剪除枯枝、弱枝及过密、过老枝条，同时注意根际施肥。

（7）扦插繁殖。在选择好的苗圃地，9～10月秋季落叶后或3～4月春季发芽前，均可扦插，但以春季为好。选1～2年生的健壮嫩枝，剪成20～30 cm长的插穗，上端剪口要离第一个节0.8～0.9 cm，插条每段必须带2～3个节位。然后将其下端近节处削成平面。为提高扦插成活率，可将插穗分扎成30～50根1捆，用500 mg/L ABT生根粉或500～1 000 mg/L吲哚丁酸溶液，将插穗基部1～2 cm处，浸泡9～10秒，取出晾干待插。无论秋季扦插或春季扦插，扦插前，将苗床耙细整平，做高畦，宽1.5 m，按行株距20 cm×10 cm，斜插入畦中，插入土内深18～20 cm，将枝条最上一节露出地面，然后埋土压实，天旱时经常浇水，保持土壤湿润，但不能太湿，否则插穗入土部分会发黑腐烂。正常管理，扦插成苗率可高达90%。加强田间管理，秋后苗高可达40～50 cm以上，第二年春季即可挖穴定植。

（8）中耕除草。苗木生长期，要经常松土除草，保持苗圃地亮亮堂堂、干干净净、通风透光，促进苗木快速生长；尤其是苗木定植后的新生苗木，每年冬季在连翘树旁要中耕除草1次，植株周围的杂草可铲除或用手拔除，减少病虫害的越冬场所。

（9）施肥管理。苗期勤施、量少，也可在行间开沟。定植后，每年冬季结合松土除草施入腐熟厩肥、饼肥或土杂肥，用量为幼树每株2 kg，结果树每株7～10 kg，采用在连翘株旁挖穴或开沟施入，施后覆土，壅根培土，以促进幼树生长健壮，多开花结果。有条件的地方，春季开花前可增加施肥1次。

（10）浇水管理。5～7月，苗木生长快速时期，又是高温天气、干旱期，注意保持苗圃地的土壤湿润，旱期及时浇灌水，雨季要开沟排水，以免积水烂根。

（11）整形修剪。定植后，在连翘幼树高达1 m左右时，于冬季落叶后，在主干离地面70～80 cm处剪去顶梢。再于夏季通过摘心，多发分枝。从中在不同的方向上，选择3～4个发育充实的侧枝，培育成为主枝。尤其是在主枝上再选留3～4个壮枝，培育成为副主枝，在副主枝上，放出侧枝。通过几年的整形修剪，使其形成低干矮冠、内空外圆、通风透光、小枝疏朗、提早结果的自然开心形树形。同时，每年冬季，将枯枝、包叉枝、重叠枝、交叉枝、纤弱枝以及徒长枝和病虫枝剪除。生长期还要适当进行疏删短截。对已经开花结果多年、开始衰老的结果枝群，也要进行短截或重剪，即剪去枝条的2/3，可促使剪口以下抽生壮枝，恢复树势，提高结果率。在连翘修剪后，每株施入磷肥2～2.2 kg、过磷酸钙0.4 kg、饼肥0.5 kg、尿素0.2 kg。树冠下开环状沟施入，施后盖土、培土保墒。早期连翘株行距间可间作矮秆作物，提高经济收入。

3. 主要病虫害的发生与防治

1）主要虫害的发生与防治

（1）主要虫害的发生。连翘树的虫害主要有蝉类、蚧类、蛾类、卷叶象虫、蚜虫等，它们会危害连翘的不同部位，交替危害或重复危害，严重影响植株的生长，严重时落花落叶，植株萎蔫。

（2）主要虫害的防治。防治方法，对于以上的害虫侵扰，可以采取不同的方法防治，蝉类可用吡虫啉除尽悬浮剂1 000～1 200喷雾防治，蚧类在虫卵期喷洒蚧螨灵或速克灭分枝，卷叶象虫可在成虫期喷洒高渗苯氧威乳油1 200倍液防治，蛾类可喷洒康福多浓或烟参碱1 200倍液防治，蚜虫可在幼虫期喷洒高渗苯氧威1 200～1 500倍液防治。

2）主要病害的发生与防治

（1）主要病害的发生。连翘树的主要病害是叶斑病，它是一种真菌性病害，病菌首先侵染叶缘，随着病情发展逐渐向叶片的中部发展，在病情后期会致使植株死亡。叶斑病主要在高温时发生，一般在5月时发作，7～8月为病情高峰期，高温高湿气候以及通风不良环境利于病害的传播蔓延，病菌在短时间繁殖，最终导致植株死亡。

（2）主要病害的防治。防治连翘的叶斑病首先要经常修剪枝条，疏剪冗杂枝和过密枝，增加植株的通透性，保持良好的通风透气性。在种植连翘时，要加强肥水管理，注意营养的均衡，施肥时不宜偏施氮肥，以免植株徒长，枝繁叶茂，造成枝叶郁闭，有利于病菌的繁殖。发现植株患有叶斑病时，要及时喷洒百菌清和多菌灵药液，每9～10天一次，连续喷洒3～4次，可以有效地控制病情。

（五）培育的目的

（1）经济价值。连翘属于野生植物油料，连翘籽含油率达25%～33%，籽实油含胶质，挥发性能好，是绝缘油漆工业和化妆品的良好原料，具有很好的开发潜力，油可供制造肥皂及化妆品，又可制造绝缘漆及润滑油等，还富含易被人体吸收、消化的油酸和亚油酸，油味芳香，精炼后是良好的食用油。连翘提取物可作为天然防腐剂用于食品保鲜，尤其适用于含水分较多的鲜鱼制品的保鲜。连翘提取物能有效抑制环境中常见腐败菌的繁殖，延长食品的保质期，是一种较有希望的成本低而安全的新型食品防腐剂。

（2）造林作用。连翘根系发达，其主根、侧根、须根可在土层中密集成网状，吸收和保水能力强；侧根粗而长，须根多而密，可牵拉和固着土壤，防止土块滑移。连翘萌发力强，树冠盖度增加较快，能有效防止雨滴击溅地面，减少侵蚀，具有良好的水土保持作用，是国家推荐的退耕还林优良生态树种和黄土高原防治水土流失的最佳经济作物。

（3）观赏价值。连翘树姿优美、生长旺盛。早春先叶开花，且花期长、花量多，盛开时满枝金黄，芬芳四溢，令人赏心悦目，是早春优良观花灌木，可以做成花篱、花丛、花坛等，在绿化美化城市方面应用广泛，是观光农业和现代园林难得的优良树种。

四十三、蜡梅

蜡梅，学名 *Chimonanthus praecox*（Linn.）Link，蜡梅科、蜡梅属，又名金梅、香梅花、香梅、干枝梅，蜡梅、蜡花、黄梅花等，落叶灌木，是中原地区优良乡土树种，是冬季观赏主要花木。

（一）形态特征

蜡梅，落叶灌木，株高达 3 ~ 4 m，单叶对生，花被外轮蜡黄色，中轮有紫色条纹，有浓香，先叶开放，花着生于第二年生枝条叶腋内，芳香，直径 2 ~ 4 cm；花被片圆形、长圆形、倒卵形、椭圆形或匙形，长 5 ~ 19 mm，宽 5 ~ 14 mm，无毛，内部花被片比外部花被片短；果托坛状，小瘦果种子状，果熟期 8 月。果托近木质化，坛状或倒卵状椭圆形，长 2 ~ 4 cm，直径 1 ~ 2.4 cm，口部收缩，并具有钻状披针形的被毛附生物。花期 11 月至第二年 3 月，果期 4 ~ 11 月。

（二）生长习性

蜡梅性喜阳光，能耐阴、耐寒、耐旱，忌渍水，喜欢土层深厚、肥沃、疏松、排水良好的微酸性沙质壤土，在盐碱地上生长不良；树体生长势强，分枝旺盛，根茎部易生萌蘖。发枝力强，耐修剪。蜡梅花在霜雪寒天傲然开放，花黄似蜡，浓香扑鼻，是冬季观赏主要花木。怕风，较耐寒，在不低于 -15 ℃时能安全越冬，花期遇 -10 ℃低温，花朵受冻害。

（三）主要分布

蜡梅在中原地区主要分布于鄢陵、许昌、周口、安阳、郑州、开封、新乡、洛阳、三门峡、焦作、平顶山、南阳、驻马店、信阳等地，河南省鄢陵县姚家花园为蜡梅苗木生产的传统中心。在我国主要分布于河南、山东、江苏、安徽、浙江、福建、江西、湖南、湖北、陕西、四川、贵州、云南、广西、广东等省区。

（四）苗木繁育

蜡梅优质苗木繁殖主要采取以嫁接为主，分株、播种、扦插、压条繁育为辅。嫁接以切接为主，可采用靠接和芽接。切接多在 3 ~ 4 月进行，当叶芽萌动有麦粒大小时嫁接最易成活。

1. 苗圃地选择与整地

（1）苗圃地的选择。苗圃地选择土层深厚、肥沃、疏松、排水良好的微酸性沙质壤土为好，其他的土壤、盐碱土壤等地苗木生长不良。

（2）苗圃地的整理。苗圃地选好后，在播前深翻土地，施足基肥，每亩施基肥

3 500～6 000 kg，以农家肥为主，均匀地撒到地面上。深翻30～35 cm，整平耙细做畦，做好备播。

2. 大田播种与苗木保护管理

（1）采收种子。蜡梅8～9月果实成熟后即可采收，可随采随播，或湿沙层积储藏，备播。

（2）种子播种。8～9月果实成熟后采收，可随采随播；夏季6月采种的种子，随采随播最好。采取条播进行，播前浸种催芽24小时，保证苗齐、发芽早。10天发芽，当年生苗高10～20 cm；如果第二年播种的，将种子湿沙层积储藏至第二年2月下旬至3月中旬条播。种子干藏到第二年的，播前应先做浸种处理，方法是先用60 ℃左右的温水加0.5%洗衣粉泡半天，戴上手套反复揉搓，然后用清水洗净，再用清水浸泡6～7天，每1～2天换水一次，待有少量种子露白时捞出滤干待播。按照行距20～25 cm，覆土厚2～2.5 cm，播后10～30天出土出芽，初期适当遮阳，搭建遮阳网防晒。

（3）浇水管理。4～7月，苗木生长期，做到平时浇水以维持土壤半墒状态为佳，雨季注意排水，防止土壤积水。干旱季节及时补充水分，开花期间，土壤保持适度干旱，不宜浇水过多。7～8月，夏季每天早、晚各浇一次水，水量保持浇透为止。

（4）施肥管理。12月至第二年2月开花期，或花谢前后施一次充分腐熟的有机肥或生物肥；3月上旬，春季新叶萌发后至6月的生长季节，每10～15天施一次腐熟的饼肥水为好；7～8月的花芽分化期，追施腐熟的有机肥和磷钾肥混合液，每亩10～15 kg；秋后再施一次有机肥。每次施肥后都要及时浇水、松土，以保持土壤疏松，促进苗木快速生长。

3. 主要病虫害的发生与防治

1）主要虫害的发生与防治

（1）主要虫害的发生。蜡梅主要虫树是蚜虫、介壳虫、卷叶峨、刺蛾等。一是卷叶峨，5～6月，主要以蜡梅的叶片为食，还会钻进果实中吃果实，也被称为卷叶虫，卷叶蛾的幼虫咬食新芽、嫩叶和花蕾，仅留表皮呈网孔状，并叶片纵卷，潜藏叶内连续危害植株，严重影响植株生长和开花。二是刺蛾，5～8月，成虫的体长为12～13 mm，体暗灰褐色，腹面及足色深，幼虫一共8龄，6龄起可食全叶，以蜡梅的叶片为食，在蜡梅虫害防治中，这是一种比较常见的虫害之一。三是介壳虫，介壳虫的出现与环境有密切关系，比如当雨水较多、蜡梅又缺乏光照、强风侵袭等，都可能导致介壳虫的出现，它会对蜡梅的枝叶产生极大的危害，会导致开花困难或者花朵较少。四是蚜虫，蚜虫会吸食蜡梅的叶片、茎秆、嫩头和嫩穗汁液，它一般体长为1.5～4.9 mm，表面光滑，尾片圆锥形、指形、剑形，分为有翅、无翅两种类型，体色为黑色。以上这些害虫呈交替危害或集中危害，造成树势衰弱，影响生长开花。

（2）主要虫害的防治。一是卷叶峨防治，卷叶峨一般在夜间活动，如果虫害较轻，可以将卷叶摘除；在幼虫发生期，可以用75%辛硫磷1 000倍液喷杀幼虫；在生长期，苗圃地挂诱杀剂瓶，每亩挂3～5个即可。诱杀剂的配置，应该选用糖5 kg、酒2 kg、醋4 kg、水100 kg，配成溶液诱杀成虫。二是刺蛾防治，检查植株树基周围的土壤中施肥有虫茧，如果有，要及时清除；有幼虫出现时，喷洒80%敌敌畏乳油1 200倍液或

50% 辛硫磷乳油1 000倍液；如果不慎被刺蛾刺中，可用肥皂水涂抹，严重的话应该及时就医。三是介壳虫防治，当介壳没有形成之前，可以用药物进行喷洒，一般 7 ~ 10 天 1 次，连续 3 ~ 4 次即可，药物以 40% 氯氰菊酯 1 000 倍液，或 50% 马拉硫磷 1 500 倍液为主，此外，还要注意合理的养护技巧。四是蚜虫防治，如果发现大量蚜虫，一定要及时防治，方法是用 50% 马拉松乳剂 1 000 倍液，或 50% 杀螟松乳剂 1 000 倍液进行喷洒，而在施用药剂的时候，可以加入 1% 肥皂水来提高黏附力，能使防治效果更好；还可用 50% 辛硫磷或 50% 杀螟松 1 200 倍液防治。

2）主要病害的发生与防治

（1）主要病害的发生。主要病害为炭疽病、叶斑病及黑斑病。一是炭疽病，病害多发生在叶尖和叶缘处，病斑近椭圆形，淡红色至灰白色，边缘红褐色或褐色，其上散生黑色小点，病斑易破裂。炭疽病是真菌病害，病原是一种盘长孢菌。二是叶斑病，叶面病斑初为圆形，褐色，随后逐渐扩大为不规则形，病斑中央变浅褐色或灰白色，深色。后期病斑中央散生小黑点。叶斑病是真菌中的一种盾霉菌侵染所致。三是黑斑病，被侵害的叶片上，病斑近圆形或相互融合，呈不规则形，初为褐色，后中央逐渐褪为近白色，边缘仍为褐色。病斑两面着生稀散的暗褐色霉丛，以表面为多。

（2）主要病害的防治。炭疽病、叶斑病及黑斑病的防治方法，一是清除病落叶，集中销毁，减少侵染源。二是药剂防治。发病严重时可喷洒 50% 多菌灵可湿性粉剂 1 000倍液。

（五）培育的目的

（1）景观作用。蜡梅是一种先花后叶的植物，蜡梅开花在数九寒冬之时，正月开春之前，为百花之先，因此又有“凌寒独自开”“为有暗香来”的优美诗句，又被人称为寒客。百花凋零的隆冬，蜡梅斗寒傲霜，凄风雪雨中绽放花蕾，有着在强暴面前永不屈服的性格，这种坚韧不拔，百折不挠、独立自强的精神品质深受人们喜爱。

（2）饮品作用。蜡梅树叶对生，属于落叶灌木，常丛生。花在寒冬腊月独自开放，黄似蜡染，香郁扑鼻，可冲泡茶饮。冲泡蜡梅花茶时，加一点红糖或蜂蜜混合饮用，蜡梅的寒香与蜂蜜的甜润加在一起，口感绵软细腻，爽口柔和，也可以与其他花茶搭配食用，常常喝一点蜡梅花茶有美白护肤的作用。其茶淡雅、清香，女性朋友较为喜爱。

四十四、黄栌

黄栌，学名 *Cotinus coggygria* Scop.，漆树科、黄栌属，又名红叶、红叶树、红栌木、红叶黄栌、黄道栌、黄溜子、黄龙头、黄栌材、黄栌柴、黄栌会等，落叶乔木或小灌木，既是中国北方著名的观赏叶树种，又是河南省山区野生优良乡土树种。

（一）形态特征

黄栌，落叶乔木或小灌木，平均高 7 ~ 10 m。木材坚硬，黄色，树冠圆球形。树皮暗灰褐色，嫩枝紫褐色，有蜡粉；叶倒卵形，先端圆或微凹，无毛或仅下面脉上有短柔毛，叶柄细长；花黄绿色，花期4～5月；果序长5～20 cm，许多不孕花的花梗伸长成粉红色羽毛状，果肾形，果熟期6～7月。

（二）生长习性

黄栌喜光，耐阴，耐寒、耐旱，对土壤要求不严，耐瘠薄；不耐水湿及黏土。对二氧化硫有较强的抗性，滞尘能力强。萌蘖性强，耐修剪，根系发达，生长快。秋季温度降至5 ℃，日温差在10 ℃以上时，4～5天叶可转红。在平原地区，因温差不够，秋叶难以转红变艳。

（三）主要分布

黄栌在中原地区主要分布于舞钢、方城、鲁山、栾川、嵩县、济源、辉县市、鄢陵、许昌、周口、安阳、郑州、开封、新乡、洛阳、三门峡、焦作、平顶山、南阳、驻马店、信阳等地，种植分布或野生生长；在我国主要分布于河南、山东、北京、山西、陕西、甘肃、四川、云南、河北、湖北、湖南、浙江等地。

（四）苗木繁育

黄栌优良苗木繁育技术，主要是采用种子播种育苗分株和根插繁育。

1. 苗圃地选择与整地

（1）苗圃地的选择。要选择地势较高、土壤肥沃、土层深厚、水肥条件好，灌溉、排水方便的沙壤土为育苗地。土壤黏度较大时，可结合整地加入适量细沙或蛭石进行土壤改良，切忌选择土壤黏重内涝地块。

（2）苗圃地整地。整地时间以3月上中旬为宜。整地时施足基肥，每亩施腐熟有机肥3 000～4 000 kg，并施30～50 kg复合肥，深翻耙细，拣去草根、杂物等。

2. 大田播种与苗木保护管理

（1）采收种子。6～7月，果实成熟后，选择结果早、无病虫害、健壮、5～10年生品质优良的健壮母树，即6月下旬至7月上旬果实成熟变为黄褐色时，及时采收，否则遇风种子容易被全部吹落。将种子采集后风干，去杂，过筛，精选，晾干，存放到干燥阴凉处备用，并防止虫害、鼠害。采种后，经湿沙储藏40～60天播种。

（2）种实处理。黄栌果皮有坚实的栅栏细胞层，阻碍水分的渗透，因此必须在播种前先进行种子处理。一般于1月上旬先将种子风选或水选除去秕种，然后加入清水，用手揉搓几分钟，洗去种皮上的黏着物，滤净水，重换清水并加入适量的高锰酸钾或多菌灵，浸泡2～3天，捞出掺2倍的细沙，混匀后储藏于背阴处，令其自然结冰进行低温处理。2月中旬选背风向阳、地势高燥处挖深40～45 cm，长、宽60～80 cm的催芽坑，然后将种沙混合物移入坑内，上覆10～15 cm的细沙，中间插草束通气，坑的四周挖排水沟，以防积水。在催芽过程中应注意经常翻倒，并保持一定的湿度，使种子接受外界条件均匀一致，发芽势整齐，同时防止种子腐烂。3月下旬至4月上旬种子吸水膨胀，开始萌芽，待有25%～30%种子露白即可播种。

（3）土壤消毒。播种前3～4天用40%福尔马林加水50倍或多菌灵50%可湿性粉剂每平方米 1.5 g 进行土壤消毒，或每亩施 50 ~ 100 kg 硫酸亚铁以防幼苗立枯病。另用 50% 辛硫磷 800 倍液每亩施 200 kg 以消灭地下害虫，从而保护播种后的种子和幼苗生长。

（4）大田播种。黄栌播种时间以 3 月下旬至 4 月上旬为宜。育苗做低床为主，为了便于采光，采取南北行向做床，苗床宽 1.2 ~ 1.5 m，长视地形条件而定，床面低于步道 10 ~ 20 m，播前 3 ~ 4 天用福尔马林或多菌灵进行土壤消毒，灌足底水。待水落干后按行距33 ~ 35 cm，拉线开沟，将种沙混合物稀疏撒播，每亩用种量 6 ~ 7 kg。下种后覆土 1.5 ~ 2 cm，轻轻镇压、整平后覆盖地膜。同时在苗床四周开排水沟，以利秋季排水。注意种子发芽前不要灌水。一般播后 14 ~ 20 天苗木出芽出齐。

（5）浇水施肥。黄栌苗木新苗出土后，在苗木生长期浇水要足，在幼苗出土后 20 天以内严格控制浇水，在不致产生旱害的情况下尽量减少浇水，10 ~ 15 天浇水一次；7 ~ 9 月，雨水多的季节做好排水，以防积水导致苗木根系腐烂。6 ~ 8 月苗木进入快速生长期，当苗木肥力不足时，结合浇水每亩施入 10 ~ 15 kg 复合肥。

（6）苗木管理。黄栌繁育的幼苗，主茎有倾斜生长的特点，苗木适当密植。幼苗要加强管理，在苗木长出 2 ~ 3 片真叶时进行间苗。在叶子相互重叠时，要及时进行留优去劣，除去发育不良的、有病虫害的、有机械损伤的和过密的幼苗，苗木株距保持 6 ~ 9 cm 为宜。

3. 主要病虫害的发生与防治

1）主要虫害的发生与防治

（1）主要虫害的发生。黄栌虫害在河南主要有红蜘蛛、蚜虫。红蜘蛛、蚜虫在苗木生长期，是全年发生的虫害，主要危害叶片，受害严重时，将会影响苗木的生长，或导致大部分幼苗的死亡。

（2）主要虫害的防治。5 ~ 6 月，在红蜘蛛发生危害初期，可喷清水冲洗或喷 0.1 ~ 0.3 波美度石硫合剂清洗。或喷洒 20% 三氯杀螨醇乳油 800 倍液或 73% 克螨特乳油 2 000倍液等杀螨剂。在蚜虫危害期，喷药灭蚜威 1 000 ~ 1 200 倍液防治。喷药时一定抓住初发期，喷洒要均匀。每隔 10 ~ 15 天喷布一次，连续喷药 2 ~ 3 次即可控制。

2）主要病害的发生与防治

（1）白粉病的发生。黄栌主要病害是白粉病。4 月下旬至 9 月发生危害，初期叶片出现针头状白色粉点，逐渐扩大成污白色圆形斑，病斑周围呈放射状，至后期病斑连成片，严重时整叶布满厚厚一层白粉，全树大多数叶片为白粉覆盖。白粉病由下而上发生。植株密度大、通风不良发病重；通风透光地方的树发病轻。受白粉病危害，可导致叶片干枯或提早脱落；有的被白粉病覆盖后影响光合作用，致使叶色不正，不但使树势生长衰弱，而且导致秋季红叶不红，变为灰黄色或污白色，严重影响红叶的观赏效果。

（2）白粉病的防治。3 月下旬至 4 月中旬，在地面上撒硫黄粉，黄栌发芽前在树冠上喷洒 3 波美度石硫合剂。5 ~ 9 月，在发病初期喷洒 20% 粉锈宁 800 ~ 1 000 倍液 1 次；或喷洒 70% 甲基托布津 1 000 ~ 1 500 倍液，每隔 9 ~ 10 天喷布 1 次，连续喷 2 ~ 3 次即可。

（五）培育的目的

（1）景观作用。黄栌叶片秋季变红，鲜艳夺目，著名的北京香山红叶就是该树种，在园林绿化风景区、公园、庭园中，可作为片林或景点绿化树种；在山地、水库周围可以营造风景林或荒山造林。是中国重要的观赏红叶树种。

（2）化工作用。野生黄栌是利用价值较大的资源型植物。其木材黄色，可提取黄色的工业染料，树皮和叶片还可提取栲胶，在化工方面已有将其作为鞣化剂的应用，叶片含有芳香油，可做调香原料，并且黄栌叶片中丰富的花青素含量正在逐渐引起人们的重视，越来越多的学者已经开始进行黄栌色素方面的研究，有望开发为新的天然食用色素。

（3）造林作用。黄栌在园林中适宜丛植于草坪、土丘或山坡上，亦可混植于其他树群尤其是常绿树群中。黄栌花后久留不落的不孕花的花梗呈粉红色羽毛状，在枝头形成似云似雾的景观；黄栌也是良好的造林树种。

（4）用材作用。黄栌木材坚硬，黄色，木材还是制作家具或用于雕刻的原料木材。

四十五、山茱萸

山茱萸，学名：*Cornus officinalis* Sieb. et Zucc.，山茱萸科、山茱萸属，落叶乔木或灌木，又名山萸肉、肉枣、鸡足、萸肉、药枣、天木籽、实枣儿等，是中原地区优良乡土树种。

（一）形态特征

山茱萸，落叶乔木或灌木；树皮灰褐色；小枝细圆柱形，无毛。叶对生，纸质，上面绿色，无毛，下面浅绿色；叶柄细圆柱形，上面有浅沟，下面圆形，总苞片卵形，带紫色；总花梗粗壮，灰色短柔毛；花小，两性花，先叶开放；无毛；花瓣舌状披针形，黄色，向外反卷；花梗纤细。核果长椭圆形，红色或紫红色；核骨质，狭椭圆形，有几条不整齐的肋纹。核果长1.2～1.7 cm，直径5～7 mm，花期3～4月；果期9～10月。

（二）生长习性

山茱萸为暖温带阳性树种，喜充足的光照，抗寒性强，较耐阴，生长适温为20～30 ℃，超过35 ℃则生长不良。可耐短暂的－18 ℃低温，生长良好，通常在山坡中下部地段、阴坡、阳坡、谷地以及河两岸等地均生长良好、山茱萸宜栽于排水良好、富含有机质、肥沃的沙壤土中。黏土要混入适量河沙，增加排水及透气性能，生长势健壮。

（三）主要分布

山茱萸在中原地区主要分布于舞钢、鄢陵、许昌、周口、安阳、郑州、开封、新乡、洛阳、三门峡、焦作、平顶山、南阳、驻马店、信阳等地。在中国主要分布于河南、山西、陕西、甘肃、山东、江苏、浙江、安徽、江西、湖南等省。山茱萸喜温暖气候，多生于山沟、溪旁；喜湿而排水良好处。在海拔 400 ~ 1 800 m 的区域，其中 600 ~ 1 300 m 比较适宜。

（四）苗木繁育

山茱萸优质苗木繁育主要是通过种子播种育苗，种子出芽生长的苗木是实生苗，但是繁育难度大，而且繁育出的小苗定植后 10 年以上才能结果，而嫁接繁育的幼苗 2 ~ 3 年便可开花结果。采用嫁接苗可使山茱萸早结果，早获益，也是当今林农必须学习的。

1. 苗圃地选择与整地

（1）苗圃地的选择。育苗地要选择肥沃深厚、地势比较平整、土质疏松、背风向阳、有水浇条件的地方，以保证能随时灌水的地方为好。

（2）苗圃地的整地。播种前，育苗地一定要深耕细耙，整平、整细，保证疏松、细碎、平整，无树根、石块、瓦片，翻耕深度在 20 ~ 30 cm 以上，重要的是结合深耕施入腐熟农家肥，每亩施入 4 000 ~ 5 000 kg。

2. 大田播种与苗木保护管理

（1）种子采收。种子要选生长健壮、处于结果盛期、无大小年的优良母树。采种时间为 9 ~ 10 月，采摘完全成熟、粒大饱满、无病虫害、无损伤、色深红的果实。将采摘的果实除去果肉清洗干净，晾干备用。

（2）种子催芽。种子处理好坏直接关系到出苗率，非常关键。先将种子放到 5% 碱水中，用手搓，然后加开水烫，边倒开水边搅拌，直到开水将种子浸没。待水稍凉，再用手搓一次，用冷水泡 24 小时后，再将种子捞出，摊在水泥地上晒 8 小时，如此反复，最少 3 ~ 4 天，待有 90% 种壳有裂口，用湿沙与种子按 4∶1 混合后沙藏即可。同时，经常喷水保湿，勤检查，以防种子发生霉烂，第 2 年春开坑取种即可播种。这种处理办法适合春播时采用，出芽率高。如果选择秋播，只需用不低于 70 ~ 75 ℃ 的温水将种子浸泡 3 天后即可播种，种子浸泡注意待水凉透后要及时更换热水，下种后用薄膜覆盖催芽。

（3）大田播种。3 ~ 4 月，即春播育苗在春分前后进行，将上一年秋天沙藏的种子挖出播种，播前在畦上按 30 ~ 35 cm 行距，开深 5 ~ 7 cm 的浅沟，将种子均匀撒入沟内，覆土3 ~ 4 cm，播种后注意保持土壤湿润，40 ~ 50 天可出苗。用种量每亩 90 ~ 120 kg 即可。

（4）幼苗管理。幼苗长出 2 片真叶时进行间苗，苗距 7 ~ 8 cm，除杂草，6 月上旬中耕，入冬前浇水 1 次，并给幼苗根部培土，以便安全越冬。由于山茱萸种皮坚硬，不易发芽，不管是春播还是秋播，播种后都应及时用地膜覆盖，以保温保湿。正常情况下，幼苗 1 年便可出齐。齐苗后要加强管理，适时松土除草，视土壤墒情浇水，施肥促进幼苗生长，培育至苗高 80 ~ 100 cm 时，便可出圃定植。

（5）苗木修剪。苗木生长期，及时中耕除草 4 ~ 6 次；5 ~ 7 月增施过磷酸钙，促进花芽分化，提高坐果率；冬季增施腊肥，亦能平衡结果大小年差异。夏季生长期苗木进行培土 1 ~ 2 次，以防苗木倒伏。幼树高 50 ~ 70 cm 时，修剪掉枝梢或嫩头，选留 3 ~ 5

个主枝，主枝上应该选留2~3个副主枝，形成自然开心形。幼树以整形为主，修剪为辅。又因山茱萸长、中、短果枝均以顶端花芽结果为主，各类果枝不宜短截。成年树在3月或10月进行修剪，调节生长与结果之间的矛盾，更新结果枝群，保留生长枝，进行短截，促进分枝，提早丰产丰收。

3. 主要病虫害的发生与防治

1）主要虫害的发生与防治

（1）主要虫害的发生。一是蛀果蛾，又名萸肉食心虫、萸肉虫，蛀食果肉，虫害率较高。在果实成熟期，为害更为严重。其1年发生1代，以老熟幼虫在树下土内结茧越冬，第二年7月至9月上旬化蛹，蛹期10~15天，7月下旬、8月中旬为化蛹盛期。9~10月幼虫为害果实，11月开始入土越冬。二是大蓑蛾，其幼虫咬食叶片，严重时，可将山茱萸树叶全部吃光，使其长势减弱，果实减少，影响第2年的坐果率。三是木橑尺蠖，又名造桥虫，幼虫咬食叶片，仅留叶脉，造成枝条光秃，使树势生长减弱，当年结果少，第2年也不能结果。其虫卵产在山茱萸树枝分杈下部的树皮缝内。四是叶蝉，危害症状，成虫刺吸嫩枝和叶片，严重的使枝条干枯、落叶，影响树木生长。五是刺蛾类，其低龄幼虫啮食叶肉，高龄幼虫多沿叶缘蚕食，影响树势，造成落花落果，降低产量。六是木囊蛾，幼虫群集蛀入木质部内，形成不规则的坑道，使树木生长衰弱，并易感染真菌病害，引起死亡。七是介壳虫类，以草履蚧、牡蛎蚧为多，若虫孵化出土后，爬至枝条嫩梢吸食汁液，轻者使枝条生长不良，重者引起落叶，致使枝条枯死，易招致霉菌寄生，严重影响树木生长。八是绿腿腹露蝗，又名蝗虫，咬食叶片，甚至吃光叶片，仅剩下叶脉，影响植株的生长。6~7月危害最严重。

（2）主要虫害的防治。一是蛀果蛾防治，即在成虫羽化盛期，喷2.5%的溴氰菊酯5 000~8 000倍液或20%杀灭菊酯2 000~4 000倍液进行防治；或用2.5%的敌百虫1 000倍液喷布，进行土壤消毒处理，可杀灭越冬虫茧，或用5%西维因粉2.5 kg进行土壤消毒，可杀灭越冬虫；利用食醋加敌百虫制成毒饵，诱杀成蛾；采收果实后及时加工，不宜存放过久，以减少害虫的蔓延。二是大蓑蛾防治，人工捕杀，尤其在冬季落叶后，冬春季结合整枝，摘取挂在树枝上的袋囊；苗圃地安装黑光灯，诱杀成蛾，或在发生期，喷射10%杀灭菊酯2 000~3 000倍液或喷90%的敌百虫800~1 000倍液。三是木橑尺蠖防治，在7月幼虫盛期，对1~2龄的幼树，要及时喷布90%的敌百虫1 000倍液进行防治；2月，早春时，可在树木周围1 m范围内，挖土灭蛹或在地面撒甲基异磷酸，消灭准备羽化的蛹，减少来年危害。四是叶蝉防治，用灭幼脲3号2 000~3 000倍液或菊酯类药5 000~8 000倍液喷雾。五是刺蛾类防治，灯光诱杀，在羽化期于19：00~21：00设置黑光灯诱杀成虫，每亩设置2~3个；或消灭越冬茧，利用刺蛾越冬期历时长，结茧越冬的习性，分别用敲、掘翻、挖等方法消灭树干上越冬茧；5~8月幼虫期，喷洒溴氰菊酯5 000~8 000倍液、90%的敌百虫800倍液或喷洒80%的敌敌畏1 000倍液、50%的马拉硫磷1 500倍液。六是木囊蛾防治，采用灯光诱杀，5~6月成虫羽化期用黑灯光诱杀成虫，或喷布药物防治，初孵幼虫期，用50%的硫磷乳剂400倍液喷洒树干毒杀幼虫，当幼虫蛀入木质部后，用80%的敌敌畏50倍液注入虫孔后用黏土密封，即可杀死幼虫。七是介壳虫类防治，4月，在若虫期，可喷洒5吡虫啉1 200倍液或40%的氯氰菊酯1 000倍液，每隔8～10天喷1次，连续喷3～4次。八是绿腿腹露蝗防治，3月或10月除草集中烧掉，可以杀灭越冬卵块，或1～2龄若虫集中危害时，进行人工捕杀，或在早晨趁有露水时，喷5%的敌百虫粉剂，每亩使用量25 kg。

2）主要病害的发生与防治

（1）主要病害的发生。一是角斑病，主要危害叶片，引起早期叶片枯萎，形成大量落叶，树势早衰，幼树挂果推迟。该病在新老园地均有发生，在山区调查，重病园地被害株率高达90%以上，叶片受害率在80%左右，分布广、为害大。病斑因受叶脉限制形成多角形，降雨量多，则危害严重，落叶后相继落果，凡土质不好、干旱贫瘠、营养不良的树易感病，而发育旺盛的则比较抗病。二是炭疽病。主要为害果实，6月中旬就有黑果和半黑果的发生，产区群众称为“黑疤痢”。不管老区和新园地均有不同程度的出现，果实被害率为29%～50%，重则可达80%以上。果实感病后，初为褐色斑点，大小不等，再扩展为圆形或椭圆形，呈不规则大块黑斑。感病部位下陷，逐步坏死，失水而变为黑褐色枯斑，严重的形成僵果脱落或不脱落。病菌在果实的病组织内越冬，翌年环境条件适宜时，由风、雨传播为害果实而感病。病害的严重程度与种植密度、地势及地形有关，树荫下、潮湿排水不良、通风透光差的发病重，7～8月多雨高温为发病盛期。三是白粉病，危害症状，主要为害叶片，叶片患病后，自尖端向内逐渐失去绿色，正面变成灰褐色或淡黄色褐斑，背面生有白粉状病斑，以后散生褐色至黑色小黑粒，最后干枯死亡。四是灰色膏药病，危害症状，该病主要为害枝干。在皮层上形成圆圈、椭圆形或不规则厚膜，形似膏药。所以，称它为灰色膏药病。在成年植株上发生，通常活枝和死枝都能受害。受害后，树势减弱，甚至枯死。

（2）主要病害的防治。一是角斑病的防治，加强经营管理，增强树势，提高抗病能力；3月，发芽前清除树下落叶，减少侵染来源，6月开始，每月喷洒1∶1∶100波尔多液1次，共喷3～4次，也可喷洒400～500倍代森锌。二是炭疽病的防治，9月，果实采收后，及时剪除病枝、摘除病果，集中深埋，冬季将枯枝落叶、病残体烧毁，减少越冬菌源；同时，增施磷、钾肥，提高植株抗病力；加强田间管理，进行修剪、浇水、施肥，促进生长健壮，增强抗病力；4～6月，在初发病期，喷1∶1∶100波尔多液，中期每月上中旬喷50%的多菌灵800～1 000倍液，8～9月每隔10～15天喷1次，连续喷2次；或及时喷施25%吡虫啉1 000倍液或苦参碱1 000～2 000倍液进行防治。三是白粉病的防治，合理密植，使林间通风透光，促使植株健壮；3～5月，在发病初期，喷50%的托布津800～1 000倍液。四是灰色膏药病的防治，培养实生苗，砍去有膏药病的老树，合理更新，或人工用刀刮去病菌膜，枝干上涂刷石灰乳或喷5波美度石硫合剂进行保护；或消灭介壳虫，即5～6月，喷4波美度石硫合剂；或在发病初期，喷1∶1∶100波尔多液，每8～10天喷1次，连续喷布3～4次即可。

（五）培育的目的

（1）经济作用。山茱萸种子是绿色保健食品开发的原料，可加工成饮料、果酱、蜜饯及罐头等多种食品。

（2）观赏作用。山茱萸先开花后萌叶，秋季红果累累，绯红欲滴，艳丽悦目，为秋冬季观果佳品，在城乡园林绿化中很受欢迎，还可在庭园、风景区花坛内单植或片植，景观十分美丽。在森林公园或自然风景区中成丛种植，初夏观花，入深秋观果，以增加旅游情趣。尤其是盆栽观果可达 3 个月之久，在花卉市场十分畅销。

（3）药用作用。山茱萸果可入药，有健胃、补肾、收敛强壮之效，可治腰疼症。

第三章　果树树种

四十六、苹果

苹果，学名 *Malus pumila* Mill.，为蔷薇科、苹果属，落叶乔木，是中原地区优良乡土树种。

（一）形态特征

苹果，落叶乔木，高5～16 m，树干呈灰褐色，树皮有一定程度的脱落。多具有圆形树冠和短主干；小枝短而粗，圆柱形，幼嫩时密被茸毛，老枝紫褐色，无毛；冬芽卵形，叶片椭圆形、卵形至宽椭圆形，长4.5～9 cm，宽3～5.6 cm，边缘具有圆钝锯齿，幼嫩时两面具短柔毛，长成后上面无毛；叶柄粗壮，长1.4～2.9 cm；花梗长1～2.7 cm；花直径3～4 cm；花瓣倒卵形，长14～17 mm，果实扁球形，直径在2～4 cm以上，先端常有隆起，萼洼下陷，果梗短粗。花期4～5月，果期7～10月。苹果是异花授粉植物，大部分品种自花不能结成果实。

（二）生长习性

苹果喜光，亦耐阴。适应性强，耐寒、耐旱。喜排水良好的肥沃壤土，耐瘠薄，不耐水涝，耐修剪。苹果能够适应大多数的气候。白天暖和，夜晚寒冷，以及尽可能多的光照辐射是保证优异品质的前提。苹果能抵抗－40 ℃的霜冻。开花期和结实期，如果温度在－2.2～－3.3 ℃，会对产量造成影响。与其他落叶作物相比，苹果开花较迟，因此减少了遭受霜冻的概率。最适合pH值6.5（中性）、排水良好的土壤。

（三）主要分布

苹果在中原地区主要分布于舞钢、鄢陵、许昌、周口、安阳、郑州、开封、新乡、洛阳、三门峡、焦作、平顶山、南阳等地，在我国主要分布于河南、辽宁、河北、山西、山东、陕西、甘肃、四川、云南、西藏等地区。适生于山坡梯田、平原矿野以及黄土丘陵等处，海拔50～2 500 m。

（四）苗木繁育

苹果优质苗木繁殖，主要是种子育树苗，又称作砧木苗木，将选好的“接穗”嫁接在砧木苗木上，成活后，就可以提早结果，定植在果园里，或园林绿化应用。

1. 苗圃地选择与整地

（1）苗圃地的选择。苹果苗木繁育要选择土壤肥沃、浇灌方便、交通条件好的地方做苗圃地。

（2）苗圃地的整地。选择好的苗圃地，及时选择大型拖拉机旋耕整地，施入底肥，每亩施入8 000～9 000 kg农家肥，在播种前整地，要精耕细耙，制作苗床，才能播种。苗床底层，以沙床垫14～16 cm厚的河泥、煤渣、砾石、粗沙作渗水层，表层铺16～22 cm厚的细河沙作扦插基质，扦插前沙床要喷水，使持水量达到四成饱和，而后将沙压实，刮平待用。使用时用0.1%～1%高锰酸钾溶液彻底杀菌消毒。

2. 大田播种与苗木保护管理

（1）采收种子。选择采种树生长健壮、无病虫害的母树。采种树的果实需充分成熟后再采收。采收后，果实无食用价值的，可将果实堆积软化取种。为避免堆积发酵时产生高温和因缺氧伤害种子，堆积厚度以25～35 cm为宜。种子取出后，要漂洗干净，以防种子霉烂变质，再放在通风干燥阴凉处晾干，置于室温0～5 ℃、空气相对湿度50%～70%条件下保存备播。

（2）种子沙藏。苹果砧木成熟的种子，要求在一定低温、湿度和通气条件下，经过一定时间完成后熟过程之后才会发芽。所以，春播的砧木种子必须进行层积处理，或称沙藏。层积处理的具体做法是：选择背阴、干燥、不易积水的地块挖深30～60 cm、宽25～50 cm的地沟。层积时，先在沟底铺一层净沙，然后再按1份种子和4～5份河沙比例混合均匀平铺在净沙上，最上层再盖一层湿沙。层积过程中温度以2～7 ℃为宜，沙的湿度以手握成团，一触即散为度。层积期要注意检查，防止霉烂变质和鼠害。种子量少时，也可用木箱或花盆层积。

（3）大田播种。为了确保合理播种量，播种前需鉴定种子的生活力。常用的方法有三种：第一种为目测法。一般生活力强的种子种皮有光泽，籽粒饱满，种胚和子叶呈乳白色。第二种为染色法。将被鉴定的种子浸水一昼夜，充分吸水后剥去种皮，放于红墨水20倍液中染色2小时，然后用水洗净，胚着色的是无生活力的种子，胚不着色的是有生活力的种子。第三种为发芽试验，在器皿中铺垫湿润的棉花或软纸，放入一定数量吸过水的种子，在25 ℃左右或贴身的口袋中催芽，计算种子的发芽率。播种时期，分为秋播和春播。在冬季较短、不太严寒，土质较好，土壤湿度较稳定的地区可采用秋播；秋播种子不用层积，在田间自然通过后熟，第二年春季出苗早，生长期长，苗木生长健壮。若砧木种子购进太晚，又未经沙藏，可将种子去杂后在70 ℃的水中浸泡24小时，装入布袋中，每袋2～3 kg，吊至不滴水为止，然后置于约2 ℃的冰箱里，每天搅拌1次，每5～7天清水冲洗1次种子表面的黏液，30～32天取出，将种子铺放在室内的麻袋上催芽，每天喷少量水并搅拌2次，经7～9天种子露白时可以大田进行春播。

（4）苗木嫁接。选择种子培育的实生苗木，生长高80～120 cm，地径0.5～1.5 cm时，就可以嫁接苗木。嫁接采用芽接方法，用1个芽片作接穗。其优点是利用接穗经济，容易操作，工效和嫁接成活率高。主要有两种方法。一是“T”字形芽接。芽接时期在砧木和接穗易离皮时进行。东北、西北和华北地区一般在7月中旬至9月初，可嫁接时间较长。嫁接时用刀在接穗芽上方0.5 cm处横切半圈，深至木质部，然后用刀由芽下方1.5 cm处倾斜约20°削入木质部长约2.5 cm，取下芽片；在砧苗距地面5 cm以下光滑处切成“T”字形，深至木质部（切得过深会引起接芽当年萌发，冬季受冻），剥开皮层插入接芽，要求芽片上端与砧木横切口对齐顶紧。用塑料条由下至上绑缚，露出叶柄，包紧包严。二是劈接。砧木较粗时常用此法。将接穗基部削成相对的两个3 cm长斜面，长斜面上方带2～4个芽。在砧木距地面一定高度平滑处锯去上端，削平锯面，用刀在砧木中间劈一垂直切口，深度3 cm以上，撬开切口插入接穗，对准一侧形成层，接穗稍露白，绑紧包严。砧木较粗时，可同时接2个接穗。

（5）苗木管理。一是检查成活、解绑和设支柱。芽接后14～15天即可检查成活，解绑。凡芽片新鲜，叶柄一触即落表明已成活；枝接则待芽萌发抽梢后逐步解绑。枝接的接穗进入旺长后，特别是皮下接接穗，易遭风折，须设支柱绑扶。二是剪砧和除萌。芽接成活的苗木于春季萌芽前，将接芽以上的砧木部分剪除，不留残桩；在多风地区可留10～12 cm的活桩，用以绑缚新梢，待新梢基部木质化后再剪除活桩。剪砧的剪口向接芽相反方向略倾斜，平滑。剪砧后要及时抹除萌芽和萌蘖，越早越好，以保证接芽苗健壮生长。枝接的接穗若萌发出多个新梢，应选留1个，其余去除即可。

（6）肥水管理。嫁接苗木生长期，及时除草松土增加地温，促进苗木根系发育。5～6月追施尿素，每亩9～10 kg，施后及时灌水；7月以后宜进行叶面喷肥，用磷酸二氢钾200倍液间隔10～15天喷1次，共喷2～3次，促使苗木充实健壮。苗木迅速生长的5～7月要及时灌水。8月以后要控水，促进苗木木质化生长。

（7）夏季管理。6～8月，苗木进入快速生长期，此时，气温高，易干旱，在墒情差的时候，立即浇一次透水，可用喷水的方式提高空气湿度，喷水量不宜太大，尤其是苗圃地内不能积水，否则易导致苗木死亡。喷水量一般以每天2～3次为宜，高温时可时喷3～4次。

（8）遮阴管理。搭建遮阴网，既可防止阳光直射，又可降低温度。还可用喷水、通风等措施处理。还必须适当增加光照，促进叶片的光合作用，使植株生长健壮。伏天施一次有机肥。插穗生根后，需逐渐增加透光强度和通风时间，使其逐步适应外部环境。采用遮阴、浇水等措施，苗木达到1.0～1.2 m成苗后要及时进行抹芽、松土、防治病虫害等工作，确保苗木健壮生长。

3. 主要病虫害的发生与防治

1）主要虫害的发生与防治

（1）主要虫害的发生。苹果主要受黄刺蛾幼虫的危害，黄刺蛾幼虫一般群集在叶片的背面，夜间吃食叶片，严重时可将全株的叶片吃光，影响苗木生长。

（2）主要虫害的防治。黄刺蛾，5～8月，在羽化盛期的晚上，用黑光灯诱杀成虫。苗木生长期，6～9月，幼虫大量发生时，用2.6%臭氰菊酯乳油3 000倍液喷洒。

2）主要病害的发生与防治

（1）主要病害的发生。苹果主要病害为梨锈病，也叫梨桧锈病。发生危害传播途径是，经两个寄主侵染。第一寄主为柏类植物，第二寄主为贴梗海棠、垂丝海棠、山楮等。病菌侵入桧柏等后，第一年会在叶腋或小枝上产生淡黄色斑点，然后肿大起来。第二年2～3月，即会产生咖啡色米粒状物，突破表皮，即为冬孢子角。苹果作为第二寄主染上冬孢子角后，叶片正面在4月至5月上旬会出现黄绿色的小斑点，再扩大成圆形黄病斑。病斑上早期会出现数个小黄点，后期变为黑色，使叶背相应处逐渐增厚，产生一些灰白色毛状物，8～9 月变成黄褐色粉末状物。严重时，病叶满株，叶片畸形，表面凹凸不平，导致叶片早枯早落，甚至使植株死亡。

（2）主要病害的防治。一是 3 月上旬用石硫合剂配成 4～5 波美度的药液，10～15 天喷洒 2～3 次进行预防；二是苹果树附近不种植柏类植物等第一寄主；三是发病期用 20% 粉锈宁 400～500 倍液喷洒，或用 50% 退菌特可湿性粉剂 800 倍液，10～15 天喷洒一次。

（五）培育的目的

（1）景观作用。苹果春季观花，白润晕红；秋时赏果，丰富色艳，是观赏结合食用的优良树种。在适宜城乡绿化、风景区、山坡绿化等地栽培配置成“苹果村”式的观赏果园；可列植于道路两侧；在街头绿地、居民区、宅院可栽植一二株，使人们拥有一种回归自然的情趣，极具观赏价值。

（2）食用价值。苹果人们经常吃，圆圆的红苹果非常有利于身体健康，每天吃一个苹果，可以让人们远离疾病。苹果树是人们非常喜爱的果树之一。

四十七、板栗

板栗，学名 *Castanea mollissima* Bl.，壳斗科、栗属，又名毛栗、栗，落叶乔木，是中原地区优良乡土树种，也是中国主要的木本粮食树种之一。

（一）形态特征

板栗，落叶乔木果树。叶椭圆至长圆形，长 10～16 cm，宽 6～8 cm，顶部短至渐尖，基部近截平或圆，或两侧稍向内弯而呈耳垂状，叶柄长 1～2 cm。单叶互生，薄革质，边缘有疏锯齿，齿端为内弯的刺毛状；叶柄短，有长毛和短茸毛；花单性，雌雄同株，雄花为直立柔荑花序，浅黄褐色；雌花无梗，生于雄花序下部，雌花外有壳斗状总苞，雌花单独或 2～5 朵生于总苞内，雄花序长 10～20 cm，花 3～5 朵聚生成簇，雌花 1～3 朵发育结实，花期 4～6 月；果总苞球形，外面生尖锐被毛的刺，内藏坚果 2～3 枚，成熟时裂为 4 瓣。坚果深褐色，成熟壳斗的锐刺有长有短，有疏有密，密时全遮蔽壳斗外壁，疏时则外壁可见，壳斗连刺径 4.5～6.5 cm；坚果高 1.5～3.0 cm，宽 1.8～3.5 cm；果期 8～10 月。

（二）生长习性

板栗喜光照；若光照不良，结果部位极易外移，产量低、效益差。板栗的芽有叶芽、完全混合芽、不完全混合芽和副芽 4 种。叶芽只能抽生发育枝和纤细枝；完全混合芽能抽生带有雄花和雌花的结果枝；不完全混合芽仅能抽生带有雄花花序的雄花枝；副芽在枝条基部，一般不萌发，成为隐芽状态存在。而形成完全混合芽的当年生枝，称为结果母枝。板栗树的强壮结果母枝，长度在 13～16 cm 以上，较粗壮，枝的上部着生 3～5 个完全混合芽，结果能力最强。抽生出结果枝结果后，结果枝又可连续形成混合芽。这种结果母枝产量高、易丰产。弱结果母枝长度 8 ~ 12 cm，生长较细，只能在顶部抽生 1 ~ 3 个结果枝，而且结果枝从结果部位处骤然细瘦，尾枝短，不能再形成完全混合芽。其饱满的混合芽着生在枝的下部。下一年由结果母枝的下部抽生结果枝、雄花枝和发育枝，而母枝的上部自然干枯。这种特点有利于控制结果部位的外移。板栗树的一年生枝，大都是芽内已分化完成的雏梢，因此除幼旺树或徒长枝外，多数为一次性生长，所以中上部芽眼饱满，而下部为弱芽。顶端优势明显，枝条的萌芽力较强而成枝力较弱。其易分枝，顶枝呈双杈、三杈式长枝，下部则为平行的小短枝。树势弱时，弱枝着生在二年生枝的顶端，不结果。

（三）主要分布

板栗在中原地区主要分布于舞钢、鲁山、西峡、栾川、方城、确山、泌阳、林州、辉县、济源、嵩县、卢氏、渑池等地；板栗原产于中国，在我国主要分布于辽宁、内蒙古、北京、天津、河北、山西、陕西、山东、江苏、安徽、上海、浙江、江西、福建、河南、湖北、湖南、海南、广东、广西、重庆、四川、贵州、云南、西藏等地，生长于海拔 370 ~ 2 800 m 的地区，多见于山地。栗树的分布范围很广，但集中产区主要是黄河流域的华北地区及长江流域各省。主要优良品种有河北明栗，陕西大板栗、明拣栗，山东莱西的红光栗、泰安茧棚栗、郯城油栗，江苏处暑红栗，安徽粘底板栗，河南确山大油栗等。用良种嫁接苗建圃，是摆脱栗树低产的重要途径。

（四）苗木繁育

板栗优质苗木繁育是通过大田播种培育的苗木，种子培育出来的苗木称作实生苗，因而优劣变异很大，产量低。用嫁接培育的苗木栽植后，有利于提高栗树的经济效益。所以，板栗用种子培育苗木而后用嫁接方法育苗。

1. 苗圃地选择与整地

（1）苗圃地的选择。板栗育苗地最好选择地势平坦、土壤肥沃、土层深厚、质地疏松、排水良好的微酸性沙壤土，pH 值 5.5 ~ 6.5 为好。

（2）苗圃地整地。11 月，冬季前，每亩施入 5 000 ~ 6 000 kg 农家肥，采用大型拖拉机旋耕，深翻耙平。第二年 2 ~ 3 月，精耕细耙，整好苗床，做成宽 40 ~ 50 cm、高 15 ~ 16 cm、步道宽 20 ~ 30 cm 的插床，苗床长度视实际情况定。做到床土细碎、床面平整、水沟畅通。播种前 3 ~ 5 天用硫酸亚铁或福尔马林消毒土壤。

2. 大田播种与苗木保护管理

（1）选择种子。9 月，板栗种子进入成熟期，即可采集充分成熟、饱满度好的板栗种子，除去虫蛀种、秕种。再将选好的种子放入高锰酸钾溶液中消毒杀菌。同时，板栗种子有四怕，即怕干，干燥后很容易失去发芽力；怕湿，过湿温度又高，容易霉烂；怕冻，受冻种仁则易变质；怕破裂，种壳开裂极易伤及果肉，引起变质。因此，拾取栗种后，应立即入地窖或背阴处沙埋。其温度不高于 10 ℃以上，空气相对湿度保持在 50% ~ 70%。最后将种子放入地窖，按一层湿沙一层板栗排放好，湿沙以手握成团，一松即散为宜。储藏过程中要防鼠害、霉变和积水。

（2）种子沙藏。为了来年繁育苗木成活率、出芽率高，采收的种子必须沙藏处理。1～2月，大雪至小寒期间，在背阴高燥的地方，挖深1 m、沟宽不超过30 m的条沟储放栗种。其方法是：取出种子后用3～5倍体积的湿沙与种子拌匀，先在沟底铺放10 cm厚的湿沙，然后放入混合沙子的栗种，厚度为40～50 cm，最后盖沙8～10 cm。栗种含淀粉多，遇热容易发酵，冻后又易变质。因此，沟内的温度保持在1～5 ℃为宜。寒冷季节，增加储藏沟上的覆盖物，天气转暖后，及时退除覆盖物，并上下翻动种子，以达到温度均匀。储藏时，还要防止雨雪渗入和沙子失水过干。

（3）种条储藏。为了来年嫁接苗木准备，1～2月，必须采集接穗，或结合修剪采自优良母株的接穗，一般是按50～100根捆成一捆，标明品种，竖放于储藏沟内，用湿沙填充好。注意事项与种子储藏相同。

（4）种子播种。3月中下旬沙藏的板栗种子，当有1/3或1/2发芽时即可播种。播种前将霉变的种子挑选出去。用锄头在每块平整好的插床上挖出2行小沟，在小沟里均匀撒入适量的复合肥，每亩苗圃地施入40～50 kg，再用细土薄薄地覆盖肥料，使肥料与种子隔离。然后在土上按6～8 cm的距离将栗种腹面朝下排放在沟中，再在栗种上覆土2～3 cm。并在插床上覆盖稻草或杂草，以防土壤板结。

（5）肥水管理。播种后30～45天可出全苗。在3～4月生长初期，要加强松土、除草、间苗和防治病虫害等工作。在5～7月速生期，苗木生长加快，要及时追肥、灌水，在6月施一次尿素液肥，7月按每公顷施复合肥100 kg的标准施一次追肥。追肥后浇水，以免苗木被熏死。8月不施肥、少浇水，防止苗木徒长，促进苗木木质化。

（6）劈接技术。3月下旬至4月上旬，是栗树枝接的有利时机。嫁接方法主要用劈接法。低部位嫁接后，可用培湿土堆的方法保证接口、接穗湿度。高部位嫁接的保湿方法可用套袋装土保湿或塑料条缠绑保湿，接穗的顶端断面蘸石蜡封顶，以提高成活率。

（7）芽接技术。利用板栗隐芽不萌发的特点，可延迟嫁接时间。发芽后一般可采用方块状芽接法。接后立即平茬，促使接口尽快愈合和接芽萌发。芽接，9～10月，栗树芽接的时间，可比其他果树晚些进行。可采用方块形芽接法或"T"字形芽接法。"T"字形芽接的芽，以削成带木质部的厚芽片为好。这种接法芽眼不易干死，越冬能力强，成活率高。其他的操作方法与普通芽接相同。接后必须用塑料条绑扎。

（8）嫁接苗木的管理。5～6月，嫁接苗长至30～35 cm时，支架防止风害。春季嫁接苗40天左右，嫁接伤口已经愈合，可以解除包湿物及绑缚物，并及时抹除砧木萌蘖，摘除苗梢上的花序。及时中耕，雨季来临之前的5月间，圃地中耕5～10 cm，并晒墒，即可疏松土壤和除掉杂草。

（9）嫁接苗木的施肥、浇水管理。4月上中旬，追施第一次速效肥料，此次追肥对促进枝叶的前期生长和促进雌花簇的分化，提高当年产量，效果明显。以氮肥为主，每亩成龄树施标准化肥0.5～10 kg。密植园亩施标准化肥20～30 kg。同时，可施入速效磷肥，用量可为氮肥用量的1/2，最好与土肥一起在基肥中施入。追肥后要进行浇水，以充分发挥肥效。5月上旬，当年幼苗，每亩追尿素5～7 kg；留圃苗追施尿素20～25 kg，或碳酸氢铵50 kg，并结合浇水。6月，为提高坐果率，可于花前、花期、花后各喷布1次0.2%尿素+0.3%硼砂或0.3%磷酸二氢钾。花前、花后有虫害时可与杀虫剂混合一起喷布。追施壮果肥是板栗树的第二次追肥。7 月上旬，追施速效完全的肥料，亩施标准氮肥 14 ~ 15 kg、磷肥 15 ~ 20 kg、硫酸钾 9 ~ 10 kg。或果树专用肥 40 ~ 50 kg。磷、钾肥对果实的发育有明显的作用。可结合夏季刨地中耕，施入生物肥 100 kg。9 ~ 10 月，板栗果实采收之后，抓紧基肥的施入。基肥的施用量为：每亩施入生物肥 300 ~ 350 kg，施农家肥 3 500 ~ 5 000 kg；磷肥 50 ~ 70 kg，与土粪混合施入。施肥的方法可用放射状条状沟或环状沟施。密植园则应于行间隔行沟施。深度以 50 ~ 60 cm 为宜，注意开沟时避免伤根。施肥后立即灌水。

（10）苗木出圃。11 ~ 12 月，封冻前，苗木出圃，并储藏。苗木出圃时要避免伤根，尽量远离苗木刨苗，要深刨，保全根系。然后分级，捆成 50 株一捆，标记品种，假植储放等待销售或造林。储放沟深 1 m 左右，宽 1.5 m 左右，长度视苗子多少而定。沟底先铺湿沙 10 ~ 12 cm，以捆状竖放于沟内，填充洼沙，埋沙厚度 30 ~ 40 cm。

3. 主要病虫害的发生与防治

1）主要虫害的发生与防治

（1）主要虫害的发生规律。板栗主要虫害分别是球坚蚧、栗大蚜、叶螨、金龟子、象鼻虫、桃蛀螟、扁刺蛾、大袋蛾及红蜘蛛等，1 年多代，它们在板栗树生长期重叠发生危害，主要危害果实或叶片。

（2）主要害虫的防治。4 ~ 5 月，萌芽前，喷布 1 ~ 3 波美度石硫合剂，展叶后，喷布 0.3 波美度石硫合剂。主要防治球坚蚧、栗大蚜、叶螨等；施用 50% 敌百虫 50 倍液处理的毒饵，防治杂食性的金龟子、象鼻虫。7 ~ 8 月，喷布 1 500 倍 50% 敌敌畏 1 ~ 2 次，防治食叶的扁刺蛾、大袋蛾及红蜘蛛等。8 月下旬至 9 月中旬，对蛀果的栗实象鼻虫、桃蛀螟，采用 2.5% 溴氰菊酯乳剂 2 500 倍液防治。7 月上旬，喷布 90% 敌百虫 2 000倍液防治栗瘿蜂、剪枝象鼻虫、栗大蚜、喷螨、介壳虫等。8 月下旬至 9 月中旬，重点防治蛀果的栗实象鼻虫、桃蛀螟，可用 50% 辛硫磷 1 000 倍液，或吡虫啉 1 000 倍液，或 2.5% 溴氰菊酯乳剂2 500倍液。7 ~ 8 月，喷布 50% 敌敌畏 1 500 倍液 1 ~ 2 次，防治食叶的扁刺蛾、大袋蛾、红蜘蛛等。也可利用栗实象鼻虫的假死性，于露水未干时，成虫难以飞行的早晨，地面铺塑料薄膜，摆动枝干兜住害虫杀死。落叶后树干刮树皮，2 月间，刮除老树皮，消灭越冬的虫卵。注意刮树皮不可过深，以露出红褐色木栓层而不伤木质部为宜。查找树洞、伤疤，消灭越冬的栗大蚜卵块。

2）主要病害的发生与防治

（1）主要病害的发生。板栗主要病害是枝枯病、白粉病。它们在萌芽期或生长期发生危害，严重时致使枝梢干枯或叶片早期落叶，影响生长结果和产量。

（2）主要病害的防治。采取喷药防治，4 ~ 5 月，萌芽前，喷布 1 ~ 3 波美度石硫合剂；展叶后，喷布 3 ~ 5 波美度石硫合剂防治板栗的枝枯病。7 月上旬为白粉病、枝枯病发生的主要时期，及时喷布 50% 托布津 1 000 倍液 1 ~ 2 次即可。

（五）培育的目的

（1）观赏作用。板栗生长迅速，管理简便，适应性强，抗旱、抗涝、耐瘠薄，在城市园林绿化、公园美化中广泛作为风景树种植；同时，一年栽树，百年受益，既是优良的果树，又是绿化荒山荒滩的优良观赏、造林用材树种。

（2）食用作用。板栗树冠高达，枝繁叶茂，果实色泽鲜艳、营养丰富，淀粉含量为56.3%～72%，脂肪2%～7%，蛋白质5%～10%，并含较多的乙种维生素。是我国主要的木本粮食树种之一，很受人们喜爱。

四十八、花椒

花椒，学名 *Zanthoxylum bungeanum* Maxim.，芸香科、花椒属，又名秦椒、川椒、山椒等，落叶小乔木，是中原地区优良乡土树种。

（一）形态特征

花椒，高可达6～7.5 m，枝有短刺，当年生枝被短柔毛；叶轴常有甚狭窄的叶翼；小叶对生，卵形、椭圆形，稀披针形，叶缘有细裂齿，齿缝有油点。叶背被柔毛，叶背面及主干有红褐色斑纹。花序顶生或生于侧枝之顶，花被片黄绿色，形状及大小大致相同；花柱斜向背弯，果紫红色，散生微凸起的油点，花期4～5月，果期8～10月。

（二）生长习性

花椒喜光，耐寒，耐旱，适宜温暖、湿润及土层深厚肥沃的壤土、沙壤土，萌蘖性强，抗病能力强，隐芽寿命长，故耐强修剪。不耐涝，短期积水可致死亡。幼苗在约－18 ℃时受冻害，15年生植株在－25 ℃低温时冻死，北方常种植在背风向阳处。喜深厚肥沃、湿润的沙壤土或钙质土，对土壤pH值要求不严。过分干旱瘠薄生长不良，忌积水。根系发达，萌芽力强，耐修剪。通常3～5龄开始结果，10龄后进入盛果期，寿命长。

（三）主要分布

花椒在中原地区主要分布于舞钢、叶县、汝州、郏县、宝丰、南召、舞阳、鲁山、西峡、栾川、方城、确山、泌阳、林州、辉县、济源、嵩县、卢氏、渑池等地；在我国主要分布于河南、山东、辽宁、河北、山西、陕西、江苏、浙江、安徽、江西、西藏、陕西、甘肃等地，喜温暖湿润气候。长江流域各地、西南各地有栽培，华北、西北南部、四川是主要产区。

（四）苗木繁育

花椒优质苗木的繁殖技术主要采用播种、嫁接、扦插和分株四种方法。林业生产中，林农喜欢以播种繁殖为主。

1. 苗圃地选择与整地

（1）苗圃地的选择。花椒苗木繁育，要选择良好的地方作育苗地，选择在地势平坦、土壤肥沃、土层深厚、质地疏松、排水良好的微酸性沙壤土，并且交通方便的地方为好。

（2）苗圃地整地。11 ~ 12 月，采用大型拖拉机旋耕，深翻耙平。每亩施入 4 000 ~ 5 000 kg 农家肥，第二年 2 ~ 3 月，精耕细耙，整好苗床备播。

2. 大田播种与苗木保护管理

（1）种子采收。8 ~ 9 月，当花椒种皮发红、种子发黑，有芳香的花椒气味时，即达到成熟，可人工采集种子，将种子与壳分离后把种子放在背阴处凉干，进行储藏备用。

（2）种子的储藏。一是沙藏方法，是在背风向阳、排水良好的地方，挖深 70 ~ 80 cm，肚大口小的土坑，将 1 份种子和 3 份湿沙（马粪最好）均匀后，放入坑内，上面覆土 10 ~ 15 cm 厚，堆成丘形，以防雨水浸入。第 2 年春季取出播种。二是牛马粪储藏方法。少量育苗用种子时，可将种子混入牛粪或黏土泥浆中，堆到墙角或贴到墙上，次年打碎粪块，连种子一齐播入土壤内。三是水浸处理方法，如果未经处理，播种前将种子用水浸泡后，同草木灰搅在一起，进行揉搓，去掉种皮蜡质，即可下地播种育苗。

（3）种子播种。3 月中旬至 4 月上旬，在已经整好的苗圃地上，做成 10 ~ 15 cm 长、1 m 宽的平畦，每畦开沟 3 ~ 5 行，沟深 1.5 ~ 2 cm，然后将种子均匀放入沟内，覆土后轻轻镇压，每亩播种量为 4.5 ~ 5 kg。

（4）苗期管理。幼苗出土前，要经常浇水，保持表土湿润。一是夏季管理，6 ~ 8 月，幼苗生长 5 ~ 6 m 高时，进行间苗，8 ~ 10 m 远留一株。要做到及时中耕、拔草、追肥、治虫、浇水，促使苗木健壮生长。苗木长到 20 ~ 30 m 高时，即可出圃栽植或销售。定植是关键，以芽刚开始萌动时栽植成活率最高，栽后应浇透水，生长季节追肥 2 ~ 3 次，干旱时并结合浇水。二是越冬管理，进入 8 月下旬，后应停止追施氮肥，以防后季疯长。同时基肥应尽早于 9 ~ 10 月施入，有利于提高树体的营养水平。三是修剪管理。9 ~ 10 月对直立旺枝采取拉、别和摘心等措施来削弱旺枝的长势，控制旺树效果明显，并适时喷施护树将军保温防冻，阻碍病菌着落于树体繁衍，同时可提高树体的抗寒能力。

（5）肥水管理。2 ~ 3 月，初春土壤解冻后，将花椒树根系周围的土壤深刨 30 ~ 50 cm，每株施有机肥 30 ~ 35 kg；4 月中旬萌芽期、7 月下旬采果后，每株各施标准化肥 0.4 kg。施肥后及时浇一遍透水。5 ~ 8 月，叶面喷肥用 3% 的磷酸二氢钾和 0.5% 的尿素混合溶液，每年叶面喷肥 5 ~ 6 次，开花期喷第一次，花后 9 ~ 10 天喷第二次，间隔 9 ~ 10 天再喷第三次，7 月上中旬和果实采收后各喷一次。

3. 主要病虫害的发生与防治

1）主要虫害的发生与防治

（1）主要虫害的发生。花椒主要虫害是金龟子类、花椒跳甲、花椒凤蝶、刺蛾、大袋蛾、蚜虫、介壳虫、红蜘蛛、虎天牛等。经常危害的是花椒虎天牛、花椒介壳虫、花椒红蜘蛛。一是花椒虎天牛，5 月幼虫钻食木质部并将粪便排出虫道。蛀道一般 0.8 cm × 1 cm，扁圆形，向上倾斜，与树干呈 40° ~ 45° 角。幼虫共 5 龄，以老熟幼虫在蛀道内化蛹。6 月，受害椒树开始枯萎。二是花椒介壳虫，为危害花椒的蚧类统称，有草履蚧、桑盾蚧、杨白片盾蚧、梨园盾蚧等。它们的特点都是依靠其特有的刺吸性口器吸食植物芽、叶、嫩枝的汁液，造成枯梢、黄叶，树势衰弱，严重时死亡。三是花椒红蜘蛛，又名山楂叶螨、山楂红蜘蛛，1 年发生 6 ~ 9 代，以受精雌成虫越冬。在花椒发芽时开始危害。第一代幼虫在花序伸长期开始出现，盛花期危害最盛。交配后产卵于叶背主脉两侧。花椒红蜘蛛也可孤雌生殖，其后代为雄虫。每年发生的轻重与该地区的温湿度有很大的关系，高温干旱有利于发生。四是花椒瘿蚊，又名椒干瘿蚊。可使受害的嫩枝因受刺激引起组织增生，形成柱状虫瘿，使受害枝生长受阻，后期枯干，而且常致使树势衰老而死亡。

（2）主要虫害的防治。一是花椒虎天牛的防治，清除虫源，及时收集当年枯萎死亡的植株，集中烧毁。在 7 月的晴天早晨和下午进行人工捕捉成虫。二是花椒介壳虫的防治，由于蚧类成虫体表覆盖蜡质或介壳，药剂难以渗入，防治效果不佳。因此，蚧类防治重点在若虫期。冬、春用草把或刷子抹杀主干或枝条上越冬的雌虫和茧内雄蛹。花椒介壳虫发生期，可选择内吸性杀虫剂，以 40% 速扑杀 800 ~ 1 000 倍效果好。介壳虫自然界有很多天敌，如一些寄生蜂、瓢虫、草蛉等。三是花椒红蜘蛛的防治，在 4 ~ 5 月，害螨盛孵期、高发期用 25% 杀螨净 500 倍液、73% 克螨特 3 000 倍液防治；或用内吸性杀虫剂氯氰菊酯 1 000 倍液、40% 速扑杀 800 ~ 1 000 倍液。害螨有很多天敌，如一些捕食螨类、瓢虫等，田间尽量少用广谱性杀虫剂，以保护天敌。四是花椒瘿蚊的防治，发生期，人工剪去虫害枝，并在修剪口及时涂抹愈伤防腐膜保护伤口，防止病菌侵入，及时收集病虫枝烧掉或深埋，配合在树体上涂抹护树将军阻碍病菌着落于树体繁衍，以减少病菌成活的概率。在花椒采收后及时喷洒吡虫啉 1 000 倍液或苦参碱 1 200 倍液防治。

2）主要病害的发生与防治

（1）主要病害的发生。一是花椒根腐病，常发生在苗圃和成年椒园中。是由腐皮镰孢菌引起的一种土传病害。受害植株根部变色腐烂，有异臭味，根皮与木质部脱离，木质部呈黑色。地上部分叶形小而色黄，枝条发育不全，严重时全株死亡。二是花椒锈病，是花椒叶部重要病害之一，危害严重时，花椒提早落叶，直接影响次年的挂果。发病初期，在叶子正面出现 2 ~ 3 mm 水渍状褪绿斑，并在与病斑相对的叶背面出现黄橘色的疱状物，为夏孢子堆。本病由花椒鞘锈菌引起。夏孢子和冬孢子阶段发生在花椒树上。花椒锈病的发生主要与气候有关。凡是降雨量多，特别是在第三季度雨量多，降雨天数多的条件下，危害很容易发生。

（2）主要病害的防治。一是花椒根腐病的防治，合理调整布局，改良排水不畅、环境阴湿的椒园，使其通风干燥。做好苗期管理，严选苗圃，以 15% 粉锈宁 500 ~ 600 倍液消毒土壤。高床深沟，重施基肥。及时拔除病苗。移苗时用 50% 甲基托布津 500 倍液浸根 24 小时。用生石灰消毒土壤。并用甲基托布津 500 ~ 800 倍液，或 15% 粉锈宁 500 ~ 800 倍液灌根。4 月，用 15% 粉锈宁 300 ~ 500 倍液灌根成年树，能有效阻止发病。夏季灌根能减缓发病的严重程度，冬季灌根能减少病原菌的越冬结构。及时挖除病死根、死树，并烧毁，消除病染源。二是花椒锈病的防治，在未发病时，可喷布波尔多液或 0.1 ~ 0.2 波美度石硫合剂，或在 6 月初至 7 月下旬对花椒树用 200 ~ 400 倍液百菌清进行喷雾保护。对已发病的可喷 15% 的粉锈宁可湿性粉剂 1 000 倍液，控制夏孢子堆产生。发病盛期可喷雾 1∶2∶200 倍波尔多液，或 0.1 ~ 0.2 波美度石硫合剂，或 15% 可湿性粉锈宁粉剂1 000～1 500倍液。加强肥水管理，铲除杂草，合理修剪。晚秋及时清除枯枝落叶杂草并烧毁。

（五）培育的目的

（1）造林作用。花椒果实呈红色，鲜艳美丽，具有良好的观赏价值；同时，又是重要的食用香料树种，很受人们喜爱。园林建设、公园的山坡、城乡郊区的“四旁”、居民区绿化美化都可以种植，也可以作刺篱。花椒也是干旱半干旱山区重要的水土保持造林树种。

（2）经济作用。花椒果皮是香精和香料的原料，种子是优良的木本油料，油饼可用作肥料或饲料，叶可代果做调料、食用或制作椒茶等，具有良好的经济效益。

四十九、银杏

银杏，学名*Ginkgo biloba* L.，银杏科、银杏属，又名白果树、公孙树等，落叶乔木，是中原地区优良乡土树种，又是中国主要栽培珍贵树种。

（一）形态特征

银杏，落叶乔木。叶扇形，在长枝上散生，在短枝上簇生；球花单性，雌雄异株，4月上旬至中旬开花；核果状，雌株一般20年左右开始结实，500年生的大树仍能正常结实。3月下旬至4月上旬萌动展叶，9月至10月上旬果实成熟，10～11月落叶越冬。

（二）生长习性

银杏为喜光树种，深根性，对气候、土壤的适应性较宽，能在高温多雨及雨量稀少、冬季寒冷的地方生长。喜温、喜光照，耐热、耐寒、耐瘠薄。土壤为黄壤或黄棕壤，pH值5～6。初期生长较慢，萌蘖性强。银杏树寿命长，中国有3 000年以上的古树。

（三）主要分布

银杏在中原地区主要分布于舞钢、叶县、确山、泌阳、鄢陵、许昌、周口、安阳、郑州、开封、新乡、洛阳、三门峡、焦作、平顶山、南阳等地。在我国主要分布于河南、山东、江苏等地。北京、沈阳、广州、贵州、云南等地均有栽培，江苏省邳州市居多，以生产种子为目的，栽培区常用实生苗、移秆苗或根蘖苗进行嫁接，可提前在8～10年生时开花结实，实生苗一般在20年后才开始结种子。全国各地栽培的有数百年或千年以上的银杏老树到处可见。

（四）苗木繁育

银杏优质苗木的繁殖方法很多，在林果生产中，采用的方法有播种嫁接技术。

1. 苗圃地的选择与整地

（1）苗圃地的选择。银杏苗木繁育，要选择良好的地方作育苗地，地势平坦、土壤肥沃、土层深厚、质地疏松、排水良好的微酸性沙壤土，并且交通方便的地方为好。

（2）苗圃地整地。11～12 月，采用大型拖拉机旋耕，深翻耙平。每亩施入 5 000～6 000 kg 农家肥，第二年 2～3 月，进行春播，同时，精耕细耙，整好苗床备播。

2. 大田播种与苗木保护管理

（1）采收种子。种子要选择优质良种、树体健壮的无病虫害的大树作为种子母树，种子饱满、色泽鲜艳，出芽率高。

（2）种子采收。10 月上中旬，当银杏果实外种皮由绿色变为橙黄色及果实出现白霜和软化特征时即为最佳采收时期。此期可人工集中采收果实，采果要从树冠外部到内部，从枝梢到内膛一遍净摘果，尽量不要伤害枝梢，保证枝梢健壮完整，采收后的果实应集中堆放，以防散失。在采收果实时，存在采收期提早或延后现象，提早采收的果实，质量次、产量低，并影响种子繁育能力，发芽率低；过晚采收果实，果实容易散失，也影响产量和经济效益等。

（3）种子处理。银杏种子采收后，要把种子堆放于光照充足的地方，堆放厚度在 20～35 cm，果实表面要覆盖些湿秸秆或湿草或湿麻袋，用于遮阳，防止日晒，3～5 天后，果实外种皮腐烂，可人工除掉果实外种皮（用手搓揉或用脚轻轻踩一踩，手要戴上胶手套，脚要穿上长筒胶鞋，千万不要让腐烂的银杏果实外种皮接触皮肤，若接触皮肤会产生瘙痒，严重时会出现皮炎和水疱），去除外种子皮的果实而迅速用清水冲洗干净。清洗后的种子应堆放在背阴、凉爽的地方，堆放的厚度为 3～5 cm，阴凉 3～5 天后，可进行分选储藏。

（4）种子分级。为了保证果品质量，需要将果实按果粒重量品质和外观情况进行分级，一级果实每千克 360 粒；二级果品每千克 361～440 粒；三级果实每千克 441～520 粒，四级果实每千克 521～600 粒，等外品为每千克 601 粒以上。分级后的果实可以及时上市销售。若要准备储藏的商品果实或作种子储藏的果实，应认真选种，选择种皮外观洁白有光泽、种仁淡绿色、摇晃无声音、投入水中下沉的优质种子，同时剔除嫩果、破壳果等。

（5）果实储藏。银杏果实可在低温湿润的室内储放，也可在 1～3 ℃的冷库中冷藏或沙藏存放。但经过试验证明，无论作为商品果或是作为种子育苗果储放果实，最佳储藏果实的方法是沙藏。储藏果实应选择干燥、背阴、凉爽的地方，挖宽 80 cm、深 100 cm 的坑（若储藏量大，坑的长度可伸长），在坑的底部铺 10 cm 厚的湿河沙（沙的湿度为手握成团，手松即散，但不成流沙。河沙干净、卫生）。放入种子 20 cm，再放一层 10 cm 厚的湿河沙（湿度同上），再放一层 20 cm 厚的种子，而后再铺 10～20 cm 厚的湿河沙，储藏量大时每隔 1 m 插入 1 小捆玉米秸（5～8 棵）以便通气。日后随气温下降增加盖沙的厚度，天气特别寒冷时，再覆 10 cm 厚的沙或土壤。同时，每隔 20～30 天检查 1 次，防止种子霉烂、干燥和鼠害。沙藏的果实作为用种繁育苗木时出芽率可达 93% 以上，并且出芽整齐一致；作为商用果品销售用果时，果实鲜艳、质量好，效益更高。

(6) 大田播种。在选择好苗圃并精耕细耙，在3月中旬进行点播，宽行40～45 cm，株距15～18 cm，播深3～4 cm，覆土厚3～4 cm；每隔8～10 cm播一粒种子，覆土后稍加镇压，用地膜相覆盖。每亩用量在48～50 kg即可。

(7) 嫁接苗木。3月中旬，人工进行嫁接，对培育的1～2年生实生苗作砧木，剪取良种母树树冠外中上部1～3年生的粗壮果枝作接穗，每穗留2个饱满芽，接穗下端削成2.5～3 cm长的条形，呈内薄外厚。砧木桩剪成10～15 cm高，上端剪除掉，选一光滑面，用刀向下劈，深度同接穗削面，将接穗对准形成层向下插紧，抹上湿泥土，再用塑料薄膜包扎紧。10～15天后嫁接芽眼即可长出新芽。当天气干旱时，浇灌一次水，6月中旬可以去掉嫁接口处的塑料薄膜，日后逐步加强肥水管理，培养成优质壮苗，可适时出圃销售。

(8) 苗木生长期管理。4月下旬，当幼苗长至10～15 cm时，及时松土除草，同时，科学施肥，5月中旬每亩施入复合肥20 kg，7月中旬每亩再施复合肥25～30 kg，施肥时应距离苗株5～10 cm为准，以免肥力烧伤苗木。在5～8月，土壤干旱时适时浇水，汛期应注意排涝。

(9) 苗木移植。6～8月，新生银杏苗木，当银杏直径在5 cm以下，可以裸根种植，6 cm以上一般要带土培。裸根栽植的苗木，当年是缓苗期。而带土坨的苗木当年能生长。小苗成行栽好后用水漫灌。而大树栽植，最好是栽前将坑中灌满水，待坑中水渗完后，将大树植入坑中捣实，让坑中的水返上来滋润根部。下次浇水宜在坑边挖引水沟盛满水，让水慢慢渗透到银杏的根部。提高苗木的成活率，移栽苗木千万不要大水漫灌，很多人移栽银杏不活的主要原因不是干死的，而是泡死的。因为银杏的根系呼吸量大，大水漫灌，使根系缺氧窒息而发不出新根，根系逐渐腐烂。有些银杏即使死了，它的叶子还能展开，甚至第二年、第三年还能发芽，但是叶子很小，待它体内的营养耗光了，它才不发叶了。这就是银杏的“假活”现象。而有些银杏种下后第一年不发叶，甚至第二年也不发叶，如果掐皮，会发现皮是新鲜的，枝条也不干缩，这种树不一定是死的，说不定第三年就能发出叶子来。这种现象又称为银杏的“假死”现象。确定银杏假死还是假活，不能光看叶，重要的是看根。所以，购买大苗，特别是从外购进的假植苗，一定要看根是否发黑，如果是，说明这苗是假活苗，再便宜也不能要。新鲜的苗应该是根的木质部发白，根皮略呈红色，和木质部紧贴。

(10) 苗木管理。银杏一般不用修剪，因为银杏新梢抽发量少，即使是苗圃里的苗木，也应尽量地保持多的枝叶，以利其加速增粗。将要出售苗木的前一年，将1.8 m以下的枝条剪去，经过一年的生长，可将剪口长满，表皮光滑，枝干直立。

(11) 施肥中耕。银杏苗木在生长期，适当中耕可以改善土壤的通透条件，中耕对银杏的须根起到了修剪作用，可以刺激更多的须根萌发，中耕的次数春、秋季各一次即可；同时，7～9天追施2次复合肥，促进苗木快速生长，提早成苗。银杏树可以根据叶用、材用、观赏等用途的不同选择育苗的方法，如播种繁殖多用于大面积绿化用苗或制作丛株式盆景等，从而繁育大量的优质苗木。

3. 主要病虫害的发生与防治

1）主要虫害的发生与防治

（1）主要虫害的发生。一是银杏大蚕蛾。1年发生1代。以幼虫取食叶片。初孵幼虫有群居习惯。1～2龄幼虫能从叶缘取食，但食量很小，4龄后分散危害，食量渐增，5龄进入暴食期，可将叶片全部吃光。二是桃蛀螟。1年发生1代。幼虫孵化后先做短距离爬行，后蛀入种核内危害，将种核全部吃光或只剩下一部分，1头幼虫1生只取食1个种实。三是枯叶夜蛾。以成虫吸食果实汁液，银杏果实受害3～10天内即脱落。卵多产于通草、十大功劳等寄主的叶背上，幼虫老熟后入土室化蛹。

（2）主要虫害的防治。银杏主要虫害防治方法分别是，一是银杏大蚕蛾，8～9月，用黑光灯诱杀成虫。在幼虫3龄前摘除群集危害的叶片。发生严重时，在低龄幼虫期喷洒2%溴氰菊酯2 500倍液或90%敌百虫1 500～2 000倍液。二是桃蛀螟，在第1代成虫羽化时用80%敌敌畏1 000倍液防治。卵孵化盛期可喷洒40%杀螟松1 000倍液，7天后喷第2次药，杀灭卵孵幼虫。三是枯叶夜蛾，以成虫吸食果实汁液，银杏果实受害3～10天内即脱落。及时铲除银杏周围的通草等寄主植物。5月至6月中旬，喷洒50%敌百虫500倍液，9～10天后再用药1次，黄昏用药效果最佳。

2）主要病害的发生与防治

（1）主要病害的发生。银杏的主要病害，一是茎腐病。在高温下苗木受损害，抗病性减弱，病菌滋生快，从苗木伤口侵入，引起病害发生。另外，苗圃地低洼积水、苗木生长不良容易发病。二是霉烂病，在储藏期危害银杏种仁，在温度20 ℃左右、湿度较大的条件下蔓延致病，未成熟或破碎种子发病较多。三是叶枯病，病原菌主要在落叶上越冬，第二年3月间形成孢子，侵染新叶。苗木6月初发病，8～9月为发病盛期。通常苗木发病率比大树高。

（2）主要病害的防治。银杏的主要病害防治，一是茎腐病的防治，苗木生长期，茎腐病主要危害1～2年生幼苗，在6～8月气象延续燥热时发病重。提早播种，在高温季节来临之前提高幼苗木质化程度，加强对茎腐病的抵挡力，并进行苗圃泥土消毒，恰当遮阴，及时灌溉。在发病初期用50%甲基托布津1 000倍液进行防治。二是霉烂病的防治，种子必须充分成熟后采收，同时避免损害种皮。储藏前要充分晾干，拣去碎种、病种，储藏室要维持低温，并留意通风。储藏前用0.5%高锰酸钾溶液浸种30分钟，或用40%甲醛稀释10倍液喷洒消毒。三是叶枯病的防治，加强管理，消除落叶，恰当施肥。合理配植树种，避免与水杉、松、茶、葡萄套种。幼树和大树在7月上旬发病初期用40%多菌灵500倍液进行防治，苗木防治时间大约在6月上旬到8月下旬，同时加入0.5%磷酸二氢钾、0.2%尿素液进行喷施，加强其抗性。

（五）培育的目的

（1）食用作用。银杏，又名白果树、公孙树，曾是仅遗存于我国的珍稀树种之一，素有“活化石”之称。银杏树的果实和叶子均有很高的食用价值。

（2）景观作用。银杏树姿雄伟壮丽，叶形秀美，寿命长，病虫害少，最适宜作庭荫树、行道树和观赏树，在园林绿化、城乡美化、小区建设中广泛应用，具有良好的观赏价值；但是，注意作行道树时多用雄株，以避免种实污染行人衣物。银杏适应能力强，是速生丰产林、农田防护林、护路林、护岸林、护滩林、护村林、林粮间作及“四旁”绿化的景观树种。

（3）用材作用。银杏材质坚密细致，富弹性，易加工，边材心材区分不明显，不易反翘或开裂，纹理直，有光泽，是家具、雕刻、绘图板、建筑、室内装修用的优良木材。因此，银杏又是珍贵的速生用材树种。

（4）药用作用。银杏种子食用，营养丰富，但因含有氢氧酸，不可多食，以免中毒，种仁可入药，有止咳化痰、补肺、通经、利尿之效；捣烂涂于手脚上，有治皮肤皴裂之效。外种皮及叶有毒，有杀虫之效；花有蜜，是养蜂的良好蜜源树种。

（5）造林作用。银杏树形优美，春夏季叶色嫩绿，秋季变成黄色，颇为美观，具有绿化环境、涵养水源、防风固沙、净化空气、保持水土、防治虫害、调节气温、调节心理、药物药用等作用，是一个良好的山区、平原造林、乡村绿化和景区观赏树种。

五十、山核桃

山核桃，学名 *Carya illinoensis*，胡桃科、山核桃属，又名核桃楸、胡桃楸、小核桃、山哈、野核桃，落叶乔木，是中原地区优良乡土树种。

（一）形态特征

山核桃，落叶乔木，树高达 11 ~ 23 m，胸径 35 ~ 63 cm；树皮平滑，灰白色，光滑；小枝细瘦，新枝密，由橙黄色腺体逐渐稀疏，当年生枝紫灰色。单数羽状复叶互生；小叶 5 ~ 7 枚，对生，披针形或倒卵状披针形，叶长 9 ~ 17 cm，宽 2.4 ~ 5.1 cm。花单性，雌雄同株，雄花柔荑花序，3 条成一束，腋生，长 10 ~ 14 cm；花下有 1 苞片和 2 小苞片；雌花序穗状，直立，花序轴密生腺体，有花 2 ~ 5 朵。果实核果状，核倒卵形或椭圆状卵形，外果皮密生鳞状腺体。成熟时 4 瓣开裂，长 2 ~ 2.6 cm，直径 1.5 ~ 2.1 mm，内果皮硬，淡灰黄褐色，厚 1.1 mm；花期 3 ~ 4 月，9 月果成熟。

（二）生长习性

山核桃喜光照、喜温暖、喜湿润气候，耐寒、耐干旱、耐瘠薄，怕积水，适应性强，在土壤肥沃、腐殖质丰富的深厚砂石山坡地生长健壮，结果率高；年平均温度15.2 ℃为宜，能耐最高温度 40 ℃，较耐寒，－15 ℃也不受冻害。适生于浅山丘陵的疏林中，与其他杂灌木林混生生长。

（三）主要分布

山核桃在中原地区主要分布于舞钢、栾川、鲁山、卢氏、嵩县、叶县、确山、泌阳、林州、济源、安阳、辉县、新乡、洛阳、三门峡、焦作、平顶山、南阳、驻马店等地，在我国主要分布于浙江、安徽、湖南、贵州等地，主要产于浙、皖交界的天目山区。山核桃的果实由于具有极高的营养价值和独特的口感风味，自古就被人们称作

"长寿果"，当今又是人们欢迎的高档坚果。山核桃约有19个种，中国为原产地之一。

（四）苗木繁育

1. 苗圃地选择与整地

（1）苗圃地的选择。山核桃幼苗有怕强烈日照、怕积水的特殊习性，苗木繁育苗圃地要选择地势平坦、排水良好、灌溉方便、土壤肥沃的沙壤土为好，或选择阴坡，避免光照强烈，影响苗木生长。

（2）苗圃地整地。10月，山核桃一年生苗主根较长，播种前苗圃地需深耕。在整地时，尽量用大型拖拉机旋耕，施入基肥，每亩6 000～8 000 kg，同时，施入复合肥50～100 kg，然后耕翻30～35 cm，整平做畦。若土壤干旱起坷垃，可先浇地后耕翻。

2. 大田播种与苗木保护管理

（1）种子采收。选择20年以上生长树龄山核桃树作为采种母树。尽量选择向阳山坡、无病虫害、果实大、饱满、壳薄、大小年不明显的、产量高的母树林采种。9月上旬果实进入成熟期，选择充分成熟、自落果实最佳。

（2）种子储藏。山核桃的种子，采收后及时处理，用水浮去空籽和不饱满种子，摊在背阴处，通风晾晒，3～4天即可储藏。春播的种子需储藏过冬，储藏方法分别为：一是干藏，二是沙藏；林业生产中，林农以沙藏为好。沙藏具体方法是，将阴干好的种子用湿沙（粗沙）分层储藏，沙的含水量为3%～4%，沙以不粘手为好，一层种子、厚8～10 cm，然后再覆一层沙、厚7～9 cm，堆高至40～80 cm，宽30～40 cm，长度不限，种子数量大中间要放入玉米秆或稻草包以便通气，每隔10～15天翻堆检查一次，发现有霉变、不新鲜的种子及时挑选出集中销毁。种子催芽，第二年3月，春播种前28～30天，加大沙的湿度，含水量5.6%～7.1%时进行催芽，同时，应及时检查，如发现种子开裂发芽，应及时分批播种。

（3）大田播种。山核桃播种分秋播、冬播及春播三种，以秋播为好，出芽率高。但是，山核桃壳厚，难发芽。催芽过的山核桃种子，9月播种当年可发芽出土，年内苗高可达10 cm。冬播12月至第二年1月未经催芽，一般当年生根不出土。秋播要盖草覆地膜（拱形），并注意做好"四防"：防冻、防旱、防烂根、防鼠害。2～3月，春季播种的，3月底前完成，播前种子要选择催过芽的种子。山核桃播种采用条播，条距18～21 cm，株距4～9 cm，上覆土4～5 cm，种子横放为好，每亩播种量120～150 kg。播种以后要及时覆玉米秆、杂稻草等，便于保墒、保湿度，以防土壤板结，以利于幼苗出土、出芽一致整齐。产苗量每亩7 000～8 000株。有条件的最好覆盖地膜，出芽率高，苗木生长快。

（4）幼苗期管护。4月，山核桃幼苗出土后，浇水保湿，同时，及时进行中耕除草；5～6月，雨季来临之前，园地中耕10～15 cm，晒墒除草，疏松土壤。幼苗出土最怕土壤板结、炎日晒伤苗。除草时，在根部尽量用人工拔草，高温季节在早、晚进行，雨季要及时排水，防止烂根。6～9月，搭阴棚或防晒网，防止苗木强光照射。

（5）苗木夏季管护。苗木生长期，4～5月，可施入0.5%～1.0%的化肥，最好结合浇一次水浇施；6～8月，进入夏季，气温高、干旱，及时浇水、施肥，每月施肥2～

3 次。前期以生物肥为主，中后期以磷、钾肥为主。

（6）施肥管理。施肥方法，采取沟施，在苗圃地行间苗木的 25 ~ 30 cm 处挖一条深、宽 10 ~ 15 cm 的横沟，将肥施入后再覆盖表土。可以穴施，在树干周围呈放射状挖小穴深 10 ~ 15 cm，施后盖回表土。施肥量，苗木生长期，每亩 20 ~ 25 kg 即可；施肥时间，秋季在 8 月下旬至 9 月下旬，春季在 3 月下旬至 4 月上旬，第二年追肥，5 月，对圃内的二年生苗，亩追施尿素 15 ~ 20 kg。定苗后的幼苗，每亩追施尿素 5 ~ 7 kg，追肥结合浇水。6 ~ 8 月，除草、中耕与施肥。苗圃地结合除草进行耕锄多次。7 月间苗木第二次追肥，一般用量为每亩追磷酸二铵 25 ~ 30 kg，或尿素 20 ~ 25 kg，也可用碳酸氢铵 40 ~ 50 kg，随追施随浇水。追肥时且要防止肥料溅沾于叶片上。大雨之后要排水防涝。施基肥，11 ~ 12 月，基肥最好在晚秋或落叶前后施入，以防止开展沟伤根而引起伤流。施肥方法，可开环状沟施入，也可以结合秋冬苗圃地松土，进行均匀撒施。基肥以农家肥为主，每亩 1 800 ~ 2 000 kg，磷肥 50 ~ 100 kg。

（7）冬耕清圃。11 ~ 12 月，一年生苗木的苗圃地松土，有利于蓄雪松土，改良土壤，又可翻出越冬的虫茧、幼虫，冻死、晒死和被益鸟消灭。消除苗圃内的枯枝、落叶、杂草及树下的石块，以消灭越冬的病源和害虫。

（8）出圃假植。二年生的苗木，进入 10 ~ 12 月，待出圃的核桃苗木，尤其是幼苗易遭冻害。因此，需要出圃的苗，必须在落叶后、封冻前起苗假植。刨苗时要稍远离茎下镢，深挖保护根系。随刨随分级。合格苗应具备根系良好、基干粗壮、高度 1 m 以上、芽子饱满、无检疫对象。按 20 ~ 50 株捆好，竖放在储放沟内。沟宽 1.5 m，深 1 m 左右，沟内铺 10 cm 湿沙，放上苗木，解捆充填根部沙子，使之充分均匀，厚度在30 ~ 40 cm，然后再盖以湿土，覆埋苗茎 2/3 左右，以防止苗茎失水抽干。最好围绕储苗沟修建排水小沟，防止冬季雪水入沟。

3. 主要病虫害的发生与防治

1）主要虫害的发生与防治

（1）主要虫害的发生。山核桃主要食叶害虫是黄刺蛾、金龟子、核桃举肢蛾。一是黄刺蛾的危害，幼虫食叶，低龄幼虫啃食叶肉，使叶片成网眼状，老熟龄幼虫将叶片食成缺刻和孔洞，严重时只残留主脉和叶柄。二是金龟子，是杂食性害虫。啮食植物根或幼苗等地下部分，为主要的地下害虫。危害山核桃的叶、花、芽及果实等地上部分。成虫咬食叶片成网状孔洞和缺刻，严重时仅剩主脉，群集危害时更为严重。傍晚至晚上10 时咬食叶片最盛。三是核桃举肢蛾，以幼虫蛀入山核桃果内以后，随着幼虫的生长，纵横穿食为害，被害的果皮发黑，并开始凹陷，致使核桃仁（子叶）发育不良，表现干缩而黑，故称为“核桃黑”。有的幼虫早期侵入硬壳内蛀食为害，使核桃仁枯干，或有的蛀食果柄等引起早期落果，严重影响山核桃产量。

（2）主要虫害的防治。4 月，花前，喷布 40% 吡虫啉乳剂 1 000 ~ 1 200 倍液，可防治花期的杂食性金龟子成虫。幼苗出土后，投放用 50% 敌百虫 100 倍液处理的青菜毒饵，诱杀为害幼苗的金龟子或大灰象甲。同时人工捕捉各种金龟子。此期陆续发生，7 月间防治核桃举肢蛾兼治其他害虫，8 月间单喷 1 次 50% 敌敌畏乳剂 1 500 倍液。进入 8 月中下旬，在树干上绑草把、树下堆集石块瓦片，诱集越冬害虫，集中捕杀。6 ~ 7

月是高温多雨季节，病害虫害易发生。6月中旬，喷布1∶2∶200倍波尔多液1次。7月上旬，喷布40%马拉松800倍液，或50%敌敌畏1 500倍液，喷布树冠，防治黄刺蛾等各种害虫。7~8月，是核桃害虫的盛发阶段，不可掉以轻心。危害核桃果的核桃举肢蛾，6月下旬至7月发生，呈现为核桃表皮上有白色水珠流出，7~8天后，可看出一针眼大小的黑褐色小点，以后为一条条的褐色痕迹，后期核桃果皮为黑色。自果实硬核开始，间隔10~15天，喷布氯氰菊酯乳剂1 200~1 500倍液，或50%杀螟松1 000倍液，或2.5%溴氰菊酯2 000~3 000倍液2~3次。发现被害果后及时打落，剥下青皮深埋或压碎烧毁等。

2）主要病害的发生与防治

（1）主要病害的发生。山核桃主要病害是核桃黑斑病、核桃枝枯病。发生症状分别为，一是核桃黑斑病，病菌在枝梢或芽内越冬，第二年3月，细菌借风雨传播，主要危害幼果、叶片、嫩枝；二是枝枯病，其发病初期在苗木中上部半木质化枝干的近基部生浅褐色至褐色长椭圆形病斑，后扩展成环状，稍凹陷。后期病斑上散生黑色小粒点。受害叶色变淡，叶肉变薄，叶脉隆起，并不断扩展下移，引起叶片青枯脱落，叶芽萎缩。这时，在春梢与老枝交界处出现坏死组织，呈现棕褐色，发病重时，营养物质与水分不能正常交换，从而引起致病部以上的枝叶枯死，影响生长。

（2）主要病害的防治。3月上旬，喷布3~5波美度石硫合剂，即发芽前，防治核桃黑斑病、枝枯病等病害；5月上中旬，即谢花后，喷布1∶2∶200倍的波尔多液，防治核桃黑斑病。幼果感病最初在幼果青皮上显一褐色小点，以后逐渐扩大变成暗黑色，最后核仁黑腐落地；叶片感病，当病斑成片时，叶片变黑脱落；叶柄和嫩梢受害，病部稍向上凹陷，呈褐色病斑，严重时可使枝条枯死。6~7月，苗木进入高温多雨季节，病害虫害易发生。6月中旬，及时喷布1∶2∶200倍波尔多液1次。7月上旬，喷布40%马拉松800倍液，或50%敌敌畏1 200~1 500倍液，既防治黑斑病又防治各种害虫。7月至8月上旬，喷布70%托布津800~1 000倍液或甲基托布津1 200~1 300倍液，或2.5%溴氰菊酯1 500~3 000倍液，有效地防治黑斑病的发生，兼治核桃举肢蛾等害虫。

（五）培育的目的

（1）造林作用。山核桃树干端直，树冠近广卵形，根系发达，耐水湿，可孤植、丛植于湖畔、草坪等，宜作庭荫树、行道树，尤其是在浅山丘陵、河流沿岸和平原地区绿化造林及城乡绿化中，很受人们喜爱，是造林树种和果品、用材兼用的树种。

（2）食用作用。山核桃果实是一种营养价值极高的食品，山核桃食品作为山区林农致富的特产对外销售，很受人们欢迎。

（3）工业作用。山核桃果壳可制活性炭，果壳、果皮、枝叶可生产天然植物燃料，总苞可提取单宁，木材可制作家具及供军工用。

五十一、杏树

杏树，学名 *Armeniaca vulgaris* Lam.，蔷薇科、李属，落叶乔木，又名山杏、杏、北梅、归勒斯、杏花，是中原地区优良乡土树种。

（一）形态特征

杏树，落叶乔木，树高达12～16 m，树冠圆整，树皮黑褐色，有不规则纵裂；小枝红褐色；叶宽呈卵形或卵状椭圆形，基部近圆或微心形，钝锯齿，背面中脉基部两侧疏生柔毛或簇生毛，叶柄带红色无毛。花两性，单生，白色、淡粉红色、粉红色，径2.3～2.4 cm，萼紫红色，先叶开放。果球形，米黄色、白色、红色、杏黄色，一侧有红晕，果径2～3 cm，有沟槽及细柔毛。核扁平光滑，花期3～4月，果熟期6～7月。

（二）生长习性

杏树喜光，光照不足时枝叶徒长。耐干旱、耐瘠薄、耐寒，能抗－40 ℃的低温，亦耐高温。喜干燥气候，怕水湿，温度高时生长不良。对土壤要求不严，喜土层深厚、排水良好的沙壤土、砾壤土。稍耐盐碱。成枝力较差，不耐修剪。根系发达，寿命长达300年。

（三）主要分布

杏树在中原地区主要分布于郑州、开封、周口、商丘、舞钢、栾川、鲁山、卢氏、嵩县、叶县、确山、泌阳、林州、济源、安阳、辉县、新乡、洛阳、三门峡、焦作、平顶山、南阳、驻马店等地；在我国主要分布于河南、山东、山西、河北、北京、安徽、陕西、新疆、甘肃、吉林、辽宁等地，多数为发展栽培，少数地区野生分布，在新疆伊犁一带野生成纯林或与野苹果林混生，海拔种植可达400～2 900 m。野杏主产于我国北部地区，栽培或野生，尤其在河南、河北、山西等地普遍野生，山东、江苏等地种植。

（四）苗木繁育

杏树优良品种苗木，主要通过实生苗木做砧木，嫁接繁育而成，需要嫁接的砧木是用山毛桃和山杏种子培育的苗木。所以，嫁接杏树品种苗木，要培育砧木苗木，其主要技术如下。

1. 苗圃地选择与整地

（1）苗圃地的选择。杏树适应性较强，对土壤条件要求不严，苗圃地要选择土层深厚、土壤疏松、肥力一般、排水良好的土地即可。

（2）苗圃地的整地。已经选择的每亩施入1 500～3 000 kg农家基肥，同时播种前，要进行深翻土地，精耕细耙，播种前，在条播沟顺沟内施用森得保粉剂或水剂喷布的毒饵，防止地下害虫。种子一定要选用上年采集的充分成熟、籽粒饱满的种子。

2. 大田播种与苗木保护管理

（1）种子选择。杏树良种嫁接，主要用山杏或山桃作砧木，但是，山桃作砧木表现不如山杏好，因为山桃品种没有山杏品种的寿命长，山桃品种嫁接后的山杏结出的果实品质差，所以嫁接繁育品种杏树尽量选择使用山杏品种作杏树砧木苗木。

（2）种子采收。6 月，山杏果实呈橙黄色时，即可选择无病、健壮的植株，采下果实，去除果肉取其种子或发酵后洗净取出种子，晾干后，入袋存放备用。

（3）种子储藏。用山杏、山桃等种子作砧木培育苗木的种子，必须把山杏、山桃种子进行后熟期才能出苗，所以山杏、山桃的种子均需在沙里储藏 70 ~ 80 天，第二年才能下地育苗。11 ~ 12 月，大雪后沙藏。先将种子浸湿，与 3 ~ 5 倍的湿沙混合，入储藏沟或木箱、果筐内沙藏，保持湿度，温度控制在 0 ~ 5 ℃，并经常检查。干时加水混拌后，重新放置。储藏沟的四周筑埂，严防冬季雨雪水流入，导致水分过多，沤烂种子。

（4）良种保存。为了保证第 2 年嫁接品种苗木的芽子质量和出芽率，一定要在上一年的冬季修枝修剪时，把剪掉的良种枝条进行保存，一般用沙子冬季沟藏。1 ~ 2 月，冬藏期间，沙子过干时，种子完不成后熟作用；枝条的芽眼受到损伤。过湿，枝条烂芽；种子不透气，不能进行后熟作用。木箱室内储藏时易失水干燥，应适度加水调节湿度。室外沟藏时，注意防止雨雪水入沟。2 月下旬，要上下翻动储放的种子，防止温度不均，发芽不整齐。并及时除去过厚的覆盖物，防止种条芽子过早发芽不能使用。

（5）种子催芽。一是冬藏种子的催芽。将冬藏的种子连同沙子一起，放于向阳的地方，平铺在地上，厚度为 20 ~ 25 cm，淋上温水，上覆一层地膜，四周压实，然后搭一个倾斜状的小塑料棚，利用日光升温催芽。一般 5 ~ 7 天，大部分种子可露嘴，即可分别播种，发芽的先播种。少量的种子，可放入木箱或花盆内，放在烧火的炕上，保持在 20 ℃催芽。二是未冬藏的种子破壳取种催芽。没有来得及进行冬藏处理的种子，可破壳取仁进行催芽，但发芽率较低，少量繁育苗木时，可以使用该方法。

（6）大田播种。开沟播种。即行距 25 ~ 35 cm、株距 12 ~ 15 cm 点播。每点放种子 1 ~ 2 粒，播后覆土 5 ~ 7 cm。播幅采用宽窄行进行播种，即每两行留一空行，以便于田间管理和嫁接。根据育苗量的多少采收种子。一般山杏果实的出种率为 15% ~ 30%，每千克种子 800 ~ 1 500 粒，发芽率为 80% 左右，每亩播种量为 15 ~ 30 kg。

（7）苗木管理。3 ~ 4 月，出苗后，当幼苗长高 15 ~ 25 cm 时，要及时松土锄草，同时，可以追施少量复合肥，每亩 3 ~ 5 kg 即可，可加速苗木生长。有条件的可配合浇水效果更佳。若是干旱苗圃地无法浇水，追施化肥最好在雨后墒情好时进行，以防烧伤苗木。幼苗期的苗田，还易出现病虫鼠害，常使苗木子叶被刨食、苗茎被咬断等，要及时喷布灭幼脲 3 号 2 000 倍液或阿维菌素 6 000 ~ 8 000 药物等进行病虫鼠害的防治。6 ~ 7 月进行夏剪。苗木茎干中下部的二次枝，可在 7 月逐渐疏除。整形带处的分枝，可按整形要求，选留3 ~ 4 个，其余疏除。砧木苗离地 10 cm 处的分枝全部疏除，以利进行芽接。6 ~ 8 月，对达到高度的苗茎，可行剪梢处理，有利于苗干的充实与加粗及花芽的分化。当苗木生长高达 30 ~ 60 cm 以上时，可进行摘心打头，促进苗木加粗生长。6 月下旬，苗木根径达 0.5 ~ 1 cm（烟卷粗细）时，即可进行嫁接。

（8）杏树良种苗木夏季嫁接时间。6～9 月，以丁字形芽接（该方法又称为热粘皮）法为好。此时，气温高、湿度大，砧木基部木质化不久，分生组织旺盛。嫁接时的伤口伤流较少，成活率高；苗木砧木的粗度生长在 0.7 cm 左右，嫁接也有利于成活。若砧木过粗，易流胶，成活率低。夏季雨水多，在雨后嫁接比久旱的雨前嫁接好，因此在干旱时期的芽接前 3～5 天需浇水，当墒情好时才能嫁接，成活率高。因此，此方法易操作，总体成活率高，可达 90% 以上。

（9）准备工具及材料。嫁接刀，可自己制作：选取一段旧钢锯条（12 cm 左右），在砂轮上粗磨，将有齿的一面磨平，前端开刃，呈圆肚形，长 2.5～3 cm，刀尖背部稍磨去一部分，使成为尖形，再用细磨石磨快。刀柄部分套上粗细适宜的塑料管，两侧用薄竹木片等插紧即可。刀柄长度以握在手中尾部不露出为宜。这样在砧木苗密集处嫁接可灵活转动无阻。一是绑缚条，选取厚度适宜和弹性较强（拉长后能逐渐收缩复原）的塑料布，将其卷 10 余层如蛋卷状，用裁刀裁切成条，宽度为 0.5～1 cm，裁好后每 100 或 50 条为一捆，再切成长 10～12 cm 的小段，捆成小把备用。二是保湿材料。保湿布，可以用旧麻袋制作。保湿布是用于覆盖运送和短时间存放的接穗条用的。罐头瓶，每人一只，内盛半瓶清水，嫁接时储放接穗，使之不失水，随用随取。另外，还需备好劳动防护用品，如草帽、坐垫及防暑药品等，做好人工防晒工作，便利嫁接。三是良种接穗采集和保存。接穗采集。接穗要选择品种纯正、生长健壮、色泽鲜艳、无病虫损伤的当年生条。再根据砧木粗细采集。但芽体过大、基部生长突出变形者，不宜采用。采集时间以清晨为佳，此时气温低、水分蒸发量小，苗木含水饱满、湿润。剪穗时剪口要平整，切勿撕伤穗皮。采下的接穗除去嫩梢和叶片，仅留下 0.8～1.0 cm 长叶柄，随即用湿布包好。捆绑和运输时要避免勒伤和擦伤。四是接穗保存。采好的接穗宜存放于冷库或阴凉湿润的果窖等处。这里介绍几种简便有效的存放办法。第一，将捆扎成把的接穗梢部向上装于编织袋内，袋口系绳，吊放于水井内，先将接穗基部在水中浸蘸一下，然后提离水面，一般可存放 5～7 cm 即可；第二，在背阴地挖深 30 cm 的坑，长宽以能放入接穗为度，用湿土埋住，上面再覆盖杂草等遮阴物，也可保存 7 天以上；第三，接穗较少时，可用脸盆盛半盆清水，将接穗基部浸入水中，存放于阴凉的土窑洞中，1～2 天换一次水，可存放数日。

（10）杏树良种夏季嫁接。一是嫁接选芽。选取接穗中间饱满新鲜芽，从芽以上 0.5 cm 处横切一刀（切时用刀围接穗滚动少半圈），深达木质部，然后从芽下方约 0.8 cm 处斜向上部连木质部渐渐加深切削，切入到芽上部横切刀口处停刀（操作时勿握条太重，以免擦伤其他接芽）。以拇指和食指轻捏接芽两侧，慢慢掰下芽皮，切勿掐伤芽体。取下的芽呈盾牌形，长 1.2～1.5 cm，宽 0.5～0.6 cm。芽片内侧可明显见到两个小白点，下部为叶柄着生点，上部为芽生长点。凡芽生长点变黑、褐、黄色或脱落擦伤者，皆弃之不用。二是砧木处理。选砧木距地面 5～10 cm、外表光滑无节处横切一刀（刀刃稍滚动少半圈），以切透皮层不伤木质部为度。再从横切口向下纵切长 1.5 cm（比接芽略长），深度同横刀口，使呈丁字形。然后用刀顺纵切口左右扭动撬开皮层。三是嫁接芽子，在用刀撬开皮层的同时，左手捏住接芽叶柄，将砧木轻轻压下呈倾斜，边用刀撬边插入接芽。插入接芽时勿在砧木上摩擦，以保护生长点，并使接芽上平面与砧木丁字口上平面紧密吻合。四是绑缚芽子。嫁接完毕，即用塑料条包扎。要求一要绑紧，使接芽与砧木紧密结合，不留空隙。二要严，丁字形切口要包严，不使外露，这既可防止水分蒸发，有利于接芽成活，又可防止害虫在伤口产卵，孵化后幼虫钻蛀为害，导致接芽枯死。三要快，这是嫁接成活的关键。应尽量减少接芽暴露时间，熟练操作技术，提高嫁接速度。缚条时用左手捏住缚条一端，右手拉住另一端，从丁字口上端往下缠绕两三圈，使包住下部切口，再螺旋形上绕，使上下两层交叉，然后把缚条两端向上再交叉拉紧打结。该法包扎的优点是可防止雨水浸入引起烂芽，还可结合剪砧剪断缚条结口，不须专门解绑，省时省工。一般在次年3月萌芽前在接芽上部0.5~1 cm处剪除砧梢。也有用高效抽枝宝等植物生长剂涂抹接芽，当年剪砧抽枝促长，加快育苗。

（11）杏树良种苗木春季嫁接。杏树品种苗木春季嫁接是对0.7 cm粗度的砧木苗木或2年生以上的砧木苗木进行的嫁接。嫁接的时间为3月上旬，即一般在砧木苗木芽萌动前或开始萌动而未展叶时进行，过早则伤口愈合慢且易遭不良气候或病虫损害，过晚则易引起树势衰弱，甚至到冬季死亡。实践经验，春季嫁接在萌芽前10天到萌芽期为最佳，同时在气温较高、晴朗的天气嫁接成活率较高，若是用储藏的接穗，可嫁接到4月中旬以后。嫁接方法，即嫁接的接穗采自结果的优良母树，采下后去叶留柄，剪除基部瘦芽段和先端未充实的部分。最好随采随用。外地调进的接穗需保湿运输。调进后可临时储放，少量接穗可吊挂在深井的水面之上，数量较多时，需放背阴处，充填湿沙覆盖储藏。芽接的操作方法是：左手持接穗，右手持嫁接刀，自芽下1.5 cm处由浅及深，削至芽上1 cm处，深度达枝条的1/3~1/4。在芽上1 cm处横刻一刀，一次可将一根条的芽削好待取。在砧木光滑处，距地面5~10 cm，横割一刀，然后在横口的中央纵刻一刀呈“T”字形，深及木质部。用左手拇指、食指取下削好的接芽，右手挑起砧木纵切口的树皮，自上而下插入接芽，接芽的芽上切口与砧木横切口对齐。速度要快，不要弄脏芽片。然后用塑料条或绳先自芽体上方自上而下绕绑数道，芽体基部要绑紧，叶柄外露，以利检查成活。半月后，凡接芽叶柄一触脱落者，证明已接活，叶柄干枯不落，则接芽没有成活，要继续补接。成活后解绑的时间一般在25~30天即可。

（12）春接苗木管理。5月以后，一般是在接后25~30天，新梢长到20~25 cm时，解绑比较合适。最好支架苗后解绑。当苗木新梢长到20~30 cm时，需要设立支柱或支架，防止大风吹折劈接芽新梢。6月上中旬，赶在雨季来临之前，及时对苗圃地普锄一遍，晒墒。疏松土壤，除杂草，除萌芽。3月下旬嫁接后把砧木萌发的芽子及时去掉。未接活的砧蘖可保留一个生长，以后加粗后进行芽接。接活的接芽萌发后，复芽接穗只留1个芽生长，其余除掉。补苗、定苗。4月中旬，将双株苗拔掉，移栽到缺株苗的地方。移栽最好在4片真叶之前进行，一定要带土移栽，并立即浇水保障成活率，当苗木生长到高0.6~1 m、苗木地径生长达到0.7~1.0 cm时，即可进行苗木补嫁接。

（13）春接苗木肥水管理。幼苗施肥。在5~7月，当年的小苗，在高温干旱的天气下，要及时对每亩苗圃追施入尿素3~5 kg，随后及时浇水。二年嫁接苗，亩追尿素15~20 kg或复合肥20~40 kg，也要及时浇水漫灌，促进苗木快速生长。苗木追肥。8~9月，此期是高温、多雨季节，苗木进入速生阶段，成品苗要达到一定高度和粗度，必须根据情况进行追肥管理。瘠薄地，苗木生长弱，前期追肥而无水浇，不能发挥作用，可充分利用汛期有利时机，每亩追标准氮肥 20 ~ 25 kg。土质肥沃，苗木生长旺盛，可酌情少追或不追，避免苗木过度生长，才能保证苗木快速成苗出圃。

（14）培育的优质苗木出圃。11 ~ 12 月，当苗木落叶之后，即可出圃栽植。出圃时应离干稍远些挖苗，深挖、宽刨，防止刨裂根段，避免枝干、芽体受伤。出圃后分级、消毒，然后栽植、假植或外运。消毒的方法：将根部、苗茎喷 5 波美度石硫合剂，喷量要大，或用 1∶1∶100 倍波尔多液浸苗 20 分钟，然后用清水冲洗掉根部沾着的药剂。

（15）苗木假植。苗木要求随出圃随栽植，不能马上栽植，而又要出圃的苗子，应在背风、干燥、不积水的地方，开深 1 ~ 1.5 m、长度视苗木多少而定的储放沟，以南北向较好。分清品种，成 45°角斜放。放一行，堆一层土，埋土至根颈部，再放下一行。适当浇水密合根部土壤。封冻后，加厚土层，以埋至苗木的整形带处为宜。

（16）苗木越冬。如果苗木在冬季不能及时出圃，一定要 11 ~ 12 月对苗圃地的苗木进行清理，主要是清理苗圃地的落叶、杂草，剪除苗茎的病虫枝，一起销毁。然后普浇封冻水，以保证苗木安全越冬。

3. 主要病虫害的发生与防治

1）主要虫害的发生与防治

（1）主要虫害的发生。杏树主要虫害分别是杏象甲、蚜虫、红蜘蛛、球坚蚧、舟形毛虫等，危害较重，它们交替危害或集中危害或重叠危害，危害枝梢、叶片、果实等，尤其是杏树介壳虫，也称为杏虱子，主要种是朝鲜球坚蚧，是一种发生非常普遍的害虫，以若虫、雌成虫固着在枝条上、树干上嫩皮处，结球累累。终生刺吸汁液，一般发生密度很大，使树势衰弱，严重时枝条干枯死亡。

（2）主要虫害的防治。一是冬季防治，即 11 ~ 12 月，从入冬到发芽前，清除果园内的枯枝、落叶，剪除掉病枝，集中销毁，刮除老树皮，清除越冬病虫源，减少病虫基数。二是开花前防治，3 月，用 5 波美度石硫合剂喷枝干，防治球坚蚧和其他越冬虫卵。发芽后使用吡虫啉 4 000 ~ 5 000 倍液并加对氯氰菊酯 2 000 ~ 3 000 倍液可杀灭蚜虫，也可兼治杏仁蜂。坐果后可用蚜灭净 1 500 倍液防治蚜虫。三是春季防治。3 月中旬至 4 月上旬是杏象甲出土上树危害期，利用其假死性，清晨摇树，人工捕杀，清除虫果，并及时喷 20% 速扑杀 2 000 倍液和 50% 多菌灵 600 倍液混合液。杏象甲，可选用其他杀虫杀菌剂混用。4 月中旬喷 40% 菊马乳油 1 000 倍液和速克灵 200 倍液，可防治桃蚜。6 月中旬用灭扫利2 000 ~ 3 000 倍液、速扑杀 1 000 倍液和多霉清 1 500 倍液防治红蜘蛛、介类等病虫，并人工捕杀红颈天牛成虫。7 ~ 8 月，人工捕杀群集而未分散的舟形毛虫，或及时喷速灭杀丁2 000倍液进行防治。

2）主要病害的发生与防治

（1）主要病害的发生。一是杏树褐腐病，主要危害果实，也侵染花和叶片，果实从幼果到成熟期均可感病。发病初期果面出现褐色圆形病斑，稍凹陷，病斑扩展迅速，变软腐烂。后期病斑表面产生黄褐色绒状颗粒，呈轮纹状排列，即为病菌的分生孢子梗和分生孢子，病果多早期脱落。二是杏疮痂病，病菌主要危害果实和新梢，幼果发病快而重，染病果多在肩部产生淡褐色圆形斑点，直径 2 ~ 3 mm，病斑后期变为紫褐色，表皮木栓化，发病严重时常多个小病斑连成一片，但深入果肉较浅。新梢上的病斑褐色，椭圆形，稍隆起，常发生流胶。三是杏细菌性穿孔病，该病主要危害叶片，也危害果实和新梢。叶片受害后，病斑初期为水渍状小点，以后扩大成圆形或不规则形病斑，直径约2 mm，周围似水渍状，略带黄绿色晕环，空气湿润时，病斑背面有黄色菌脓，病健组织交界处发生一圈裂纹，病死组织干枯脱落，形成穿孔。

（2）主要病害的防治。一是杏褐腐病的防治。杏树芽萌动前，喷4~5波美度石硫合剂或1∶1∶100波尔多液，杏落花后立即喷大生M-45的800倍液或80%代森锰锌600~800倍液，以后每10~15天喷一次50%多菌灵可湿性粉剂600倍液或70%甲基托布津600~800倍液或75%百菌清可湿性粉剂500~600倍液。二是杏细菌性穿孔病的防治，多施有机肥，避免偏施氮肥，使树体健壮，增强抗病力。合理修剪，使果园通风透光。结合冬剪剪除树上病枯枝。杏树发芽前，全树喷3~5波美度石硫合剂。三是疮痂病的防治，用1∶1∶100波尔多液或15%络氨铜800倍液喷雾，铲除越冬病源；生长季节，从小杏脱萼期开始，每隔9~10天喷一次硫酸锌石灰液（硫酸锌1份，石灰4份，水240份），或叶枯唑1 500倍液或2%春雷霉素2 000倍液喷雾。人工防治。合理修剪，适时夏剪，改善园内光照条件，冬季清理病果落叶，集中烧毁，消灭病源。

（五）培育的目的

（1）食用作用。杏是重要的经济果树，果实色艳味美，具有营养保健价值。果实味道酸甜，果肉多汁，营养丰富，果仁还具有药用价值。杏是常见水果之一，含有丰富的营养。杏子可制成杏脯、杏酱等；杏仁主要用来榨油，也可制成食品，还有药用，有止咳、润肠之功效。

（2）造林作用。杏树适应性强，在河南、河北、山东、山西等北方地区作为大面积荒山造林树种，是北方优良果树。其栽培历史长达2 500年以上，黄河流域各省为其分布中心。杏木质地坚硬，是做家具的好材料。

（3）园林作用。杏树早春开花，先花后叶；可与苍松、翠柏配植于池旁湖畔或植于山石崖边、庭院堂前，极具观赏性。

（4）经济作用。杏树枝条可作燃料，杏叶可作饲料。

五十二、桃树

桃树，学名*Amygdalus persica*，蔷薇科、桃属，落叶小乔木，又名山桃、桃、毛桃等，是中原地区优良乡土树种。

（一）形态特征

桃树，落叶小乔木，树皮黑色，高达8 m，小枝红褐色或褐绿色，无毛。芽密被灰色茸毛。叶椭圆状披针形，长7~15 cm。花单生，径约2.7 cm，粉红色。果近球形，径5~8 cm，表面密被茸毛。花期3~4月，先叶开放，果6~9月成熟。

（二）生长习性

桃树喜光，不耐阴。耐干旱气候，有一定的耐寒力，冬季低温在 -25 ℃以下容易发生冻害，幼苗在华北地区应稍保护。对土壤要求不严，耐贫瘠、盐碱、干旱，须排水良好，不耐积水及地下水位过高。在黏重土壤栽种易发生流胶病。通常 2 ~ 3 年始花，4 ~ 5 年后进入盛花期，20 ~ 24 年衰老。病虫害较多，对有害气体抗性强。7 ~ 8 月为花芽分化期。浅根性，根蘖性强，生长迅速，寿命短。

（三）主要分布

桃树在中原地区主要分布于平顶山、南阳、驻马店、信阳、郑州、开封、周口、商丘、舞钢、栾川、鲁山、卢氏、嵩县、叶县、确山、泌阳、林州、济源、安阳、辉县、新乡、洛阳、三门峡、焦作等地；桃树原产于我国，在我国已有几千年的栽培历史。桃树主要分布在河南、河北、山东、山西、陕西、江苏、浙江、新疆、安徽等地区，栽培范围较广，目前我国栽培面积近 200 万亩。尤其值得注意的是在我国的河南省舞钢市、甘肃省和陕西省至今还分布着大量的野生桃树，主要种类包括山桃，为常见的果树及观赏花木。

（四）苗木繁育

桃树优良苗木的繁育以嫁接、播种为主，亦可压条繁殖，用 1 ~ 2 龄实生苗或山桃苗作砧木，可以嫁接繁育苗木。

1. 苗圃地选择与整地

（1）苗圃地的选择。桃树苗圃地应选择在平坦、肥沃、沙壤土、浇水方便的地方。

（2）苗圃地的整地。苗圃地选择好后，在秋季进行大型拖拉机旋耕、深翻熟化。一般深翻 25 ~ 30 cm。同时施入粗农家肥作底肥，每亩肥 5 000 ~ 6 000 kg，以增加活土层，提高肥力。

2. 大田播种与苗木保护管理

（1）种子选择。砧木的优劣，对桃树的生长和结实影响极大，要培育优良苗木，必须选择适合当地自然条件的砧木。桃树的砧木一般采用山桃和毛桃种子，山区宜用山桃种子，平原宜用毛桃种子，杏和李种子也可作为桃树的砧木。

（2）种子采集。繁殖砧木苗所用的种子最好在生长健壮、无病虫害的优良母株上采集。果实必须充分成熟，种仁饱满方可采收，因为未成熟的种子，种胚发育不完全，内部营养不足，生活力弱，发芽率低，影响出苗，故不宜采用。将采摘成熟后的果实去除果肉，取出种子，放在通风背阴处晾干，且不可日晒。待种子充分阴干后装入袋内，放通风干燥的屋内储藏。

（3）种子的层积处理。种子采收以后，必须经过一定时间的后熟过程，才能萌发芽眼。其后熟过程需要一定的温度、水分和空气条件，如果环境条件不适宜，则后熟过程进行缓慢或停止。对种子进行层积处理是最常用的一种人工促进种子后熟的方法，因此春播的种子必须在播种前进行层积处理，以保证其后熟过程顺利进行。种子层积处理的方法是先将细沙冲洗干净，除去种子中的有机杂质和秕粒，以防引起种子霉烂，一般采用冬季露天沟藏。选择地势较高、排水良好的背阴处挖沟，沟深60~90 cm，长宽可依种子多少而定，但不宜过长和太宽。沟底先铺一层湿沙，然后放一层种子，再铺一层湿沙，再放一层种子，层层相间存放，沙的湿度以手握成团而不滴水为宜。当层积堆到离地面8~10 cm时，可覆盖湿沙达到平面，然后用土培成脊形。沟的四周应挖排水沟，以防雨雪水侵入，沟中每隔1.5 m左右，竖插一捆玉米秆以利透气。在沙藏的后期应注意检查1~2次，上下翻动，以通气散热，沟内温度保持在0~7 ℃为宜，如果沙子干燥，应适当洒水，增加湿度，如果发现有少量霉烂的种子，应立即剔除，以防蔓延。

（4）播种前的准备。一是鉴定种子生活力，为确定种子质量和计划播种量，防止由于种子在储藏过程中生活力降低而影响育苗任务的完成，因此在播种前必须鉴定种子的生活力，凡种子饱满，种胚和子叶均为白色，半透明，有弹性，无霉气味，就是好种子。也可做一下发芽试验，计算其发芽率，用以判断种子的生活力。二是浸种催芽，浸种可使种子在短时间内吸收大量水分，加速种子内部的生理变化，缩短后熟过程。特别是未经层积的种子，播种前必须浸种，以促使萌发，经过沙藏但未萌动的种子，再经浸种，萌发更快。浸种方法有冷水和开水两种。冷水浸种是将种子放在冷水中浸泡5~6天，每天换水，待种子吸足水后即可播种。如播种时间紧迫，种子又未经沙藏，可把种子进行开水浸种，将种子在开水中浸没半分钟，再放在冷水泡2~3天，待种壳有部分裂口时即可播种，但应注意切勿烫伤种胚。此外，也可将硬壳敲开利用种仁播种。

（5）大田播种时期与方法。大田播种，在播种前要培垄做畦，垄距48~58 cm，高12~16 cm，尽量要南北向，以利于受光。垄面要镇压，上实下松，干旱地区，作垄后要灌足水，待水渗下后再播种。桃的播种时期可分秋播和春播。秋播在初冬土壤封冻以前进行，此时播种，种子不需要沙藏，直接可以播种，且出苗早而强壮；春播则在早春土壤解冻后进行，必须是经过层积处理的种子，在整好的苗圃地上按一定株行距点播，每垄可播二行，按行距25~30 cm开沟，株距12~15 cm点种。为了利于幼苗生长，种子应尽量侧放，使种尖与地平行，覆土厚度为种子直径的2~3倍，覆土后稍镇压，每亩种量40~50 kg。

（6）播种后的管理。在风大、干旱地区，播后应盖稻草，以保墒防风，便于幼苗出土。如土壤过干，幼芽不能出土，一般不宜浇蒙头大水，最好用喷壶勤喷水，或勤浇小水。直至出苗，当有20%左右的幼苗出土时，可去除覆盖物。在幼苗出现3~4片叶时，如过密进行间苗移栽，株距以18~20 cm为宜，移植前两天浇水或在阴雨傍晚移栽，严防伤害苗根。在幼苗生长过程中，要随时进行浇水、中耕除草和防治病虫害，经常保持土松、草净、墒情好，在5~6月间结合浇水，每亩可追施硫铵10 kg，以促其生长，使其尽早达到嫁接标准。

（7）苗木嫁接。为了确保苗木品种纯正，应选择在品种纯正、树势健壮、丰产稳产、果实品种优，而且无病虫害、已进入结果期的母树上选取接穗，选取时应剪取一年生、生长充实、芽眼饱满的枝条作接穗。一是春季嫁接方法。2月中旬至4月底，此时砧木水分已经上升，可在其距地面8~10 cm处剪断，用切接法嫁接上品种接穗即可。此法成活率最高。二是夏季嫁接方法。5月初至8月上旬，此时树液流动旺盛，桃树发芽展叶、新生芽苞尚未饱满，是芽接的好时期。可在生长枝或发芽枝的下段削取休眠芽作接穗，在砧木距地面 10 cm 左右的朝阳面光滑处进行芽接。14～15 天后，接口部位明显出现臃肿，并分泌出一些胶体，接芽眼呈碧绿状，就表明已经接活。2～3 天后，在接口上部 0.5 cm 处向外剪除砧干（剪口呈马蹄形，以利伤口愈合）。待新梢长到 6 cm 左右时，在砧木贴棕插支撑柱，缚好新梢，引导向上方向生长。若没有嫁接成活，可迅速进行二次嫁接。三是秋季嫁接方法。7 月下旬至 9 月底，此时当年新生芽苞叶片已长成，可削取带有叶柄的接穗进行芽接。嫁接后 7～8 天，如果保留的叶柄一触即掉，证明已嫁接成活。接活后的植株，可在第二年初春萌芽以前，即 3 月中旬，在接口上部 0.5～1 cm 处剪去砧干即可。四是冬季嫁接方法。11 月至第二年 1 月底，砧木树液停止流动，可采用根茎嫁接法。即把根茎上段的砧干剪掉，扒去根茎周围土壤进行枝接，枝接后轻轻将湿润的细土覆在周围并让接穗露出少许，再盖上地膜，保墒、保温和防寒，以利越冬。第二年春季，凡成活接穗，会迅速发芽。3 月下旬至 4 月中旬揭去地膜即可。在 7 月下旬至 8 月中旬采用丁字形芽接方法嫁接。首先从品种优良、生长健壮的桃树上采取生长充实、芽子饱满的一年生枝条作接穗。不要用花芽和盲芽。削取芽片，然后在砧木干离地 5～7 cm 处横切一刀，深达木质部，在横刀口中下部用刀尖由下向上纵切一刀，距离约是芽片的 1/4 至横刀口处，刀尖左右撬动，随将削成 1.5～2 cm 长的芽片插入，用薄膜条绑紧即可。芽接 9～10 天后检查成活，结合检查随时解绑，未活的及时补接，直至砧木全部接活，以达到第二年出圃整齐。

（8）接后苗木管理。一是剪砧，在春季发芽前剪去砧冠，剪口离接芽 0.2～0.3 cm，并稍微倾斜，不可过低伤害接芽；二是除萌，剪去砧冠后从砧木基部易发出大量萌芽，应及时掰除，以免消耗养分，有利接芽生长。三是施肥、灌水和中耕除草，为促使苗木健壮生长，应根据土壤肥力和苗木生产情况酌情追肥，一般在 6～7 月间苗木加速生长期每亩施硫铵 1.5～2.5 kg，并根据墒情和降雨情况适当浇水。苗木生长期要不断进行中耕除草，并防治病虫害，以保证苗木生长健壮，当年达到出圃标准。

（9）嫁接后的苗木管理与施肥。嫁接 3 天后，如墒情不足，可浇一次透墒水；嫁接后18～20 天可再浇一次水，同时除去绑缚物和基部发生的萌蘖，日后及时发现及时除萌，以防萌芽和接芽争夺养分，对整形以下萌发的副梢也应及时抹除，确保顶芽苗茁壮成长（注意松土保墒和除草）；5 月底结合浇水可少施些腐熟的农家肥，促进苗木快速生长，当年可出圃 1 m 以上的标准柿树苗。

（10）苗木出圃。在初冬或早春栽植随起苗注意不可伤根过多，劈伤的根应适度修剪。随起苗随分级，每 50～100 株一捆，若运输可进行包装，根部用湿草袋包严或将根部蘸泥浆，并用绳绑缚起来即可起运；或挖苗以后不栽不运，可挖东西沟，暂时假植，将苗木竖放沟内，稍向南、根部封土厚 30～40 cm，以防冻害和失水，待栽时可从假植沟中将苗挖出。

3. 主要病虫害的发生与防治

1）主要虫害的发生与防治

（1）主要虫害的发生。桃树的主要虫害是蚜虫、潜叶蛾等，一是蚜虫，又称蜜虫、腻虫等，多属于同翅目蚜科，为刺吸式口器的害虫，常群集于叶片、嫩茎、花蕾、顶芽等部位，刺吸汁液，使叶片皱缩、卷曲、畸形，严重时引起枝叶枯萎甚至整株死亡。蚜虫分泌的蜜露还会诱发煤污病、病毒病并招来蚂蚁危害等。二是潜叶蛾，金桔潜叶蛾又名绘图虫、鬼画符，是危害幼食、嫩梢、叶片最严重的害虫。该虫以幼虫潜入嫩梢表面下蛀食，形成白色弯曲虫道，使叶片卷曲变硬而脱落，造成新梢生长差，影响树势和抽梢。幼虫危害的伤口，有利于溃疡病菌的侵入，常引起溃疡病的大面积发生。叶片卷曲后，又为红蜘蛛、卷叶蛾等多种害虫提供聚居和越冬场所，增加了越冬害虫的防治难度。潜叶蛾，1 年发生 10～15 代。5 月开始危害。7～9 月夏秋梢抽发期为害严重，幼树及苗木抽梢不整齐的受害严重，夏梢受害重，秋梢次之，春梢基本不受害。

（2）主要虫害的防治。苗木生长期，对主要害虫蚜虫、潜叶蛾等，3 月上旬，桃芽萌动期喷 1 次 99% 敌死虫 200～300 倍液或 20% 吡虫啉 5 000 倍液防治蚜虫。谢花后喷 1 次锌灰液（硫酸锌、石灰、水比例为 1∶4∶120）或 72% 农用链霉素 3 000 倍液防治各类病害。4～5 月喷 1～2 次灭幼脲 3 号 2 000 倍液或 1.8% 阿维菌素 5 000 倍液防治潜叶蛾，阿维菌素还可兼治其他害虫。以后根据病虫害发生情况及时喷药防治。

2）主要病害的发生与防治

（1）主要病害的发生。桃树的主要病害，一是桃流胶病，该病是生理性病害，桃树枝干、新梢、叶片、果实上都可发生流胶病，以枝干较严重。发病枝干树皮粗糙、龟裂，不易愈合，流出黄褐色透明胶状物。流胶严重时，树势衰弱，易成为桃红颈天牛的产卵场所而加速桃树死亡。发生桃流胶病的原因很多，如遭受病虫危害、施肥不当、土质黏重、排水不畅、夏季修剪过重、定植过深、连作及遭受雹害、旱涝、冻害、日灼等，都会引起桃流胶病发生，且老、弱树发生较重。二是桃树炭疽病的发生，随着桃树的种植面积不断扩大，由于气候条件、品种、管理等多种因素的影响，桃树炭疽病发生较重，对桃树产量、品质影响较大。有效防治炭疽病对提高产量和效益非常重要。发生危害症状。该病主要危害果实，也能侵害叶片和新梢。幼果受害，初为淡褐色水渍状斑，后随果实膨大呈圆形或椭圆形，红褐色，中心凹陷；气候潮湿时，在病部长出橘红色小粒点，幼果染病后即停止生长，形成早期落果；气候干燥时，形成僵果。成熟果的病斑上呈明显的同心环状皱缩。叶片病斑圆形或不规则形，淡褐色。病、健部界限明显，后期病斑为灰褐色，干枯脱落，造成穿孔。新梢上的病斑呈长椭圆形，暗褐色，稍凹陷。病梢上叶片呈上卷状，严重时枝梢常枯死。发病规律。桃炭疽病是半知菌门炭疽病属的一种真菌。病菌以菌丝在病枝、病果中越冬，翌年遇适宜的温湿度条件，即当平均气温达 10～12 ℃、相对湿度达 80% 以上时开始形成孢子，借风雨、昆虫传播，形成第 1 次浸染。该病为害时间长，在桃整个生育期都可浸染。高湿是本病发生与流行的主导诱因。开花及幼果期低温多雨，果实成熟期温暖，多云多雾、高湿有利于发病。管理粗放、土壤黏重、排水不良、施氮过多，造成桃树苗圃地发病严重。

（2）主要病害的防治。一是桃流胶病的防治，加强管理，促进树体正常生长；对流胶严重的枝干，于秋、冬季节进行刮治，伤口用 5～6 波美度的石硫合剂或硫酸铜 100 倍液进行消毒。二是桃树炭疽病防治，不要在低洼、排水不良的黏质土壤地段建园，要起垄移植，并注意品种的选择。加强栽培管理，多施有机肥和磷、钾肥，适时夏剪，改善树体结构，通风透光。结合冬季修剪，清除树上的枯枝、僵果和地面落果，集中烧毁或深埋，减少传染源，同时，在萌芽前喷 3 ~ 4 波美度的石硫合剂加 80% 的五氯酚钠 200 ~ 300 倍液，或 1∶1∶100 波尔多液，铲除病源。花前喷 1 次药。落花后每隔 9 ~ 10 天喷 1 次药，共喷 3 ~ 4 次。药剂可用 70% 甲基托布津可湿性粉剂 1 000 倍液、80% 炭疽福美可湿性粉剂 800 倍液、50% 多菌灵可湿性粉剂 600 ~ 800 倍液、50% 克菌丹 400 ~ 500 倍液或 50% 退菌特可湿性粉剂 1 000 倍液即可有良好的防治效果。

（五）培育的目的

（1）观赏作用。桃的品种除采果品种外，亦有观花品种，早春盛开，娇艳动人，在城乡绿化、小区景观美化、山区造林中广泛应用，是优美的观赏树。为常见的果树及观赏花木。

（2）食用作用。果肉清津味甘，除生食之外亦可制干、制罐。果、叶均含杏仁甙，全株均可入药。

五十三、山楂

山楂，学名 *Crataegus pinnatifidawe*，蔷薇科、山楂属，落叶乔木，又名红果、赤爪实、山里红果、映山红果、酸查、小叶山楂、山果子等。

（一）形态特征

山楂，落叶小乔木。枝密生，有细刺，幼枝有柔毛。小枝紫褐色，老枝灰褐色。叶片三角状卵形至棱状卵形，长 2 ~ 6 cm，宽 0.8 ~ 2.5 cm，基部截形或宽楔形，两侧各有 3 ~ 5 羽状深裂片，基部 1 对裂片分裂较深，边缘有不规则锐锯齿。复伞房花序，花序梗、花柄都有长柔毛；花白色，有独特气味。直径约 1.6 cm。山楂果深红色，有小斑点，仁果，近球形。花期 5 ~ 6 月，果期 9 ~ 10 月。叶子近于卵形，有羽状深裂，花白色。适应性强，即使是在浅山丘陵、山岭薄地，生长发育也比其他果树好。

（二）生长习性

山楂树喜光照，耐寒、耐瘠薄、耐干旱，适应性强，山楂为浅根性树种，主根不发达，生命力强，在丘陵山区、瘠薄山地也能生长。在肥沃的土地上栽培表现为枝繁叶茂、果实累累；侧根的分布层较浅，多分布在地表下 30 ~ 60 cm 土层内，最深可达 90 ~ 110 cm，10 cm 以上和 90 cm 以下土层内的根量很少。侧根主要分布在 40 cm 左右的土层内，根系的水平分布范围，为树冠的 2 ~ 3 倍。

（三）主要分布

山楂在中原地区主要分布于平顶山、南阳、驻马店、方城、南召、舞钢、栾川、鲁山、卢氏、嵩县、叶县、确山、泌阳、林州、济源、安阳、辉县、新乡、洛阳、三门峡、焦作等地；在我国主要分布于山东、河南、山西、河北、辽宁、吉林、黑龙江、内蒙古。因为山楂树耐寒，耐干燥，耐贫瘠，在山地、平原、丘陵、沙荒等土壤均可栽培。山楂树稍耐阴，但以在排水良好、湿润的微酸性沙质壤土上生长最好，其根系发达。分布在20～60 cm的土壤表层。在低洼和碱性地区易产生不良现象，此地区不宜发展。

（四）苗木繁育

山楂主要优良品种，一是大果山楂品种，又名山里红、红果、山楂等。该品种果实特大，单果重一般在100～120 g，最大的达300 g，果实鲜艳，其味清香、酸甜，果实9月下旬至10月中旬成熟，果形较大，直径可达2.5 cm，深亮红色；叶片大，分裂较浅；植株生长茂盛。果实供鲜吃、加工或作糖葫芦用。可以用野生山楂为砧木嫁接繁育苗木。二是敞口山楂品种。该品种果实略呈扁平形，每千克90～100个，最大果重可达36 g，果皮大红色，有蜡光。果点小而密。梗洼中深而广敞口，故称敞口山楂。果肉白色，有青筋，少数浅粉红色，肉质糯硬，味酸甜，清酸爽口，风味甚佳，品质最上。果实总含糖量11.07%，总酸3.78%，果胶2.92%，9月下旬至10月上中旬成熟采收，耐储运。三是歪把红山楂品种。该品种果实在9月下旬成熟，其果柄处略有凸起，看起来像是果柄歪斜，故而得名。歪把红山楂单果比正常山楂大，为90～102 g，在市场上的冰糖葫芦主要用它作为原料。四是大金星山楂品种。该品种果实在9月下旬至10月中旬成熟。耐储藏。果个大，每千克72～82个。果实扁球形，紫红色，具蜡光。果点圆，锈黄色，大而密。果顶平，显具五棱。萼片宿存，反卷。梗洼广、中深。果肉绿黄或粉红色，散生红色小点，肉质较硬而致密，酸味强。单果比歪把红要大一些，成熟个数上有小点，故得名大金星。口味最重，属于特别酸的一种。五是大绵球山楂品种。该品种果实扁圆形，果皮橘红色。果个较大，单果重10.2 g，果实整齐度高，可食率85.1%。果肉黄绿色，质地松软细密。树势中庸，枝条开张，早春萌芽时新梢叶片呈红色，以中短果枝结果为主，果枝平均坐果数10.0个，母枝连续结果能力较强，幼树丰产性和抗性均较强，9月中旬成熟，由于结果量较大，树体易衰弱，9月下旬至10月上旬成熟。单果个头最大，成熟时即是软绵绵的，酸度适中，食用时基本不做加工，保存期短。所以，林农在苗木繁育时，根据所在地区，适地适树培育品种。山楂的优质品种苗木，主要是采用种子育苗、分株育苗、嫁接繁殖育苗等方法繁育的。

1. 苗圃地选择与整地

（1）苗圃地的选择。10月，山楂的育苗地应选择在中性或微酸性的沙质壤土，土壤肥沃、交通方便、靠近水源、浇灌便利的地方。同时，避开风口的地块，不用重茬地。

（2）苗圃地的整地。10～11月，采取大型拖拉机旋耕土地，深翻30～35 cm深，清除杂物，亩施腐熟农家肥2 500～3 000 kg、硫酸亚铁100～150 kg，然后做畦整平。

2. 大田播种与苗木保护管理

（1）种子采收。采种时间在8月中下旬，要选择含仁率高的无病虫害、生长健壮的野生山楂母株，在果实的初色期，即种子由生理成熟转化为形态成熟的时刻，进行采种。山楂种子具有坚固的种皮，通常需经过沙藏才能出苗，所以必须采用早采种子、早处理、早沙藏等方法，第二年播种后种子才能发芽。

（2）种子处理。采集的果实放土地上人工碾压，去肉筛下种子和碎果肉，晾晒 1～2 天，用清水漂净果肉，或者连同破碎的果肉堆积起来，四周围以草帘，再涂上薄泥密封 7～10 天，待果肉腐烂后，搓洗淘取种子。随后进行裂壳处理。选择晴朗高温天气，将干净的种子用 40 ℃水浸泡 24 小时后，沥干水分，薄薄地摊在水泥地上，裂纹时，翻动种子，使之种面暴晒均匀。当种子裂纹度达 70% ～90% 时，即可沙藏处理。种子裂口较少，晚上取下种子，用温水浸泡一夜，第二天早上捞出空干水分。待中午水泥板表面温度高时，再次置上暴晒。如此处理 3～5 天，选择出干净的种子。

（3）种子沙藏。种子通过沙藏处理才能出芽。在背风向阳处、排水良好的地方，挖深 45 cm、宽 50 cm、长度视种子多少确定的沙藏沟。将暴晒处理的种子，按种、沙体积比为 1:3拌匀，立即填入沙藏沟内。沟底需先铺 10 cm 沙，种层厚度以 30 cm 左右为宜，其上盖沙 8～10 cm，然后覆盖塑料薄膜，四周培土压边，使之继续增温。当地面开始结冻时，覆盖沙土。以后随气温下降，逐渐加厚土层，使种子处在冰层以下。采种的需求，根据计划播种面积，采购或准备种子。野生山楂果实的出种率为 15% ～30% ，每千克种子 5 000～15 000 粒，每亩用种量为 5～10 kg，提前准备种子量。

（4）大田播种。3 月上旬，土壤解冻，种子露出白尖时，即可播种。采取条播，行距35～40 cm。播前土地整畦，畦宽 1～1.3 m，每畦播 3～4 行。开浅沟 2～3 cm，沟底要平，浇上底水，种子均匀地撒播沟内，点播，也可以分拣出萌芽的种子，按株距 7～12 cm 点播，然后细土覆盖，并扶一土垅保墒。种子定橛后，推平小垄。播种沟内同时撒施 50% 辛硫磷 100 倍液处理的麸皮毒饵，预防地下害虫。

（5）苗木间苗。播种的苗木，在 4 月下旬出芽，幼苗 5 片真叶前，进行定苗。要求株距 8～12 cm，多余苗移栽出去，缺苗补齐。移栽苗尽量进宿土，并立即浇水。小苗移栽后，根系分枝多，栽植建园成活率高，因此提倡苗床育小苗，4 月间移栽于圃地。架扶苗梢，5 月，山楂苗脆，萌发的接芽极易从砧木上劈裂下来，损失严重。为防止风害，减轻损失，苗梢萌发后，在苗行的两头和中间栽立桩，横拉铁丝或尼龙绳，绑缚苗梢。也可以每一梢立一小杆，既能防止风吹折裂苗梢，又利于苗梢的直立生长。同时，做好中耕除草，疏松土壤，有利砧苗的生长。6 月，同时清除畸形苗、黄化苗。

（6）苗木芽接。7 月，山楂接芽当年不易萌发，砧木达到粗度的圃地，7 月间可进行芽接，以缓解立秋后的嫁接量，同时利于接芽的芽内分化，来年生长量大。接穗自健壮的良种树上采剪。剪取后去掉叶片，保留叶柄，绑好标记品种，放置阴凉处保湿处理。运来的接穗不能立即用掉，可用湿沙埋放在背阴处。山楂芽接一般采用普通的“丁”字形法，要求操作快，避免芽体失水，同时要扎紧芽体基部，防止活了芽皮而芽眼干翘，应尽量避开雨天嫁接。3 月，没有秋接的砧木，或未接活的砧，以及遭受损坏的接芽，在春分前后，用枝接法嫁接，也可用劈接、切接及皮下接，接后用塑料条包扎即可，8 月，补嫁接。立秋前后，是芽接的最佳时机，对春季嫁接没有成活的苗木进行补嫁接，组织人员突击嫁接。14～15 天后，检查成活状况，并进行找补嫁接。另外，春季苗木粗度不够的，8 月已经加粗生长后，继续完成嫁接。砧木离皮，用“T”字形芽接，砧木不离皮，可用带木质部嵌芽接。前期嫁接的，未成活要及时补接，已成活的要逐步解除绑绳。

(7) 分株繁殖。山楂树分蘖苗木能力强，即挖出根蘖可以嫁接，快速成苗，栽于苗圃进行嫁接。扦插繁殖，春季将粗0.5～1 cm根切成12～14 cm根段，扎成捆，用质量分数0.3～0.5 cm粗根段“九二零”浸泡3～5分钟后以湿沙培放6～7天，斜插于苗圃，灌小水使根和土壤密接，14～15日可以萌芽，当年苗高达50～60 cm时，可在8月初进行芽接。

(8) 野生苗木嫁接繁殖。春、夏、秋均可进行，用种子繁殖的实生苗或分株苗均可作砧木，采用芽接或枝接，以芽接为主。播种苗高至10 cm时间苗，移栽行株距为(50～60) cm×(10～15) cm。结合秋季耕翻施入有机肥，从开花至果实旺盛期可于叶面喷无机肥。定期整形剪枝、耕翻除草、刨去根蘖、培土等。山楂生产存在产量低而不稳的问题。

(9) 高接换种。大田已经种植的山楂树，栽植后品种不好或是不结果的实生苗，或果小质差的劣种山楂树，只有在结果后才分得清楚，可于3月中旬进行多头高接换种嫁接，比重新栽植产量来的结果早、见效快。

(10) 归圃育苗。10月，利用山楂大树下的水平根萌发的根蘖，刨出来，剔除根龄大、无细根的疙瘩老苗，选用一二年生根上发出的蘖苗，移于圃内培养。按株距12～15 cm、行距40 cm栽植。栽后齐地面平茬，并扶垄保护越冬。

(11) 埋根或插根育苗。10月，秋天刨出小指状的1～2年生根，剪成长15～18 cm的根段，按株距10～12 cm、行距40～45 cm的规格，插入畦内，顶端与地面平。浇上足水，表土干后划锄呈小垄状，保墒越冬，提早成苗。

(12) 肥水管理。一是土壤深翻熟化是增产技术中的基本措施，进行深翻熟化，可以改良土壤，增加土壤的通透性，促进树体生长，在苗木生长期，注意松土锄地。二是施基肥，施基肥可以补充树体营养，基肥以有机肥为主，每亩开沟施有机肥3 000～4 000 kg，加施尿素20 kg，过磷酸钙50 kg。追肥，一般1年追3次肥，第二年在3月中旬树液开始流动时，每株追施尿素0.50～1 kg，以补充树体生长所需的营养，为提高苗木健壮生长打好基础。三是浇水，一般1年浇4次水，春季有灌水条件的在追肥后浇1次水，以促进肥料的吸收利用。花后结合追肥浇水，以提高苗木增粗健壮，以利于树体安全越冬。

(13) 苗木出圃。11～12月，苗木一般不立即栽植皮调走，可留于圃内过冬。需要出圃时，提前5～7天浇一次透水，远离苗茎深刨宽刨，避免大根劈裂。分级后，50株一捆，标明品种，立即送园栽植。苗木外运时，根系要沾泥浆，并用蒲包或草袋包好，保湿成活。

3. 主要病虫害的发生与防治

1) 主要虫害的发生与防治

(1) 主要虫害的发生。山楂主要虫害有桃小食心虫、红蜘蛛、蚜虫、舟形毛虫、鼻虫、地甲虫、金龟子、刺蛾等害虫，它们在苗木生长期，一年多代，大量集中危害，或交替危害叶片、枝梢、果实等，严重影响树势生长或果实质量，甚至造成绝收。蚜虫危害幼嫩的苗梢，被害梢叶片卷缩，茎节间短。

(2) 主要虫害的防治。2月下旬，幼虫活动时，先刮除枝干疤痕有虫粪的地方的老皮，然后纵刻树皮，涂上敌敌畏煤油液，涂后用塑料布包扎，杀死干中幼虫。4～8 月，苗木生长期，预防为主，积极防控为辅。幼苗出土后，极易被象鼻虫、地甲虫、金龟子啃食咬断，防治不及时，会绝苗。4 月，圃内撒施用地瓜丝、萝卜丝、青菜叶等物，浸上 50 倍 80% 敌百虫水合成的毒饵，隔 10 天左右，再投放一次，基本可控制为害。喷药治虫，6 月上旬，喷布灭幼脲 3 号 1 500～2 000 倍液或 40% 吡虫啉 1 200 倍液，消灭叶面红蜘蛛及其他食叶害虫。5 月下旬至 6 月上旬，果园降雨或浇水后，桃小食心虫即开始出土，可用 50% 氯氰菊酯 1 000～1 200倍液，喷布树下的地面、树干、树上等处，可兼治多种食叶虫害。6 月中下旬，树上查找桃小食心虫产卵情况，若卵的密度上升，立即突击喷布 50% 辛硫磷乳剂 1 000 倍液，或敌杀死 2 000 倍液。7 月，进入暑季，高温多湿，杂草生长快，要及时予以清除。食叶的刺蛾、毛虫发生后，喷布 80% 敌敌畏 1 500倍液。大雨之后，立即打通浇水用的畦埂，排水。7 月，高温期红蜘蛛、蚜虫繁殖加快；红蜘蛛、蚜虫以及各种食芽啃蕾的金龟甲类、象甲类及食叶类的刺蛾、毛虫开始为害，可于 7 月上中旬，或 7 月下旬至 8 月上旬和 8 月中下旬分别喷布溴氰菊酯 1 500倍液、敌杀死 2 000 倍液或 2 500 倍灭扫利喷布。或可减少用药，舟形毛虫发生时，利用幼虫前期群集的特点，人工捕杀。8 月中下旬，于树干上绑草把，诱杀害虫。在 5 月上旬至 6 月上旬，喷布 2 500 倍灭扫利可防治红蜘蛛和桃蛀螟。蚜虫可喷布 50% 敌敌畏乳剂 1 500 倍液或吡虫啉 2 000 倍液防治。

2）主要虫害的发生与防治

（1）主要病害的发生。山楂主要病害是白粉病、花腐病、立枯病、轮纹病。危害叶片、枝干等部位，造成枝叶早期落叶、树势衰弱，幼苗不能生长，或造成死亡，影响巨大。

（2）主要病害的防治。3 月中旬，喷布 5 波美度石硫合剂，防治白粉病、红蜘蛛等病虫。4 月上旬，芽眼萌发开绽后，立即喷布 0.5 波美度石硫合剂 +1 500 倍中性洗衣粉。4 月下旬，花前喷布 0.1 波美度石硫合剂加百菌清 1 500 倍液。对嫁接芽梢的防治，可喷布多菌灵 1 500 倍液，或 40% 甲基乙硫磷乳剂 1 500 倍液。检查枝干、根部病害。9 月间，在易发生根部病害的园片，扒土检查根部受害状况，对已表现出生长衰弱、叶形变小或叶色褪绿的植株，应及时防治。发生烂根后，先切除病部，晾晒 5～7 天，然后进行根部灌药并更换新土。常用药剂有 1% 硫酸铜、100 倍福美砷、70% 甲基托布津 1 000 倍液，或 50% 退菌特 800 倍液，用药量还要适当加大。防治立枯病。4 月，发现病株，及时清除，然后用 1% 的硫酸亚铁灌根。用药量以充分湿润土壤、浸湿幼苗根部为度。每平方米一般需药液 2～3 kg。此外，也可用 70% 甲基托布津 1 000 倍液，或 50% 敌克松 500 倍液处理。6～7 月气温升高，白粉病逐渐加重为害。嫩梢，幼芽受害后初期发生褪色或粉红色的病斑，病叶受害后，正、反两面均布白粉，白粉层较厚，呈绒毯状。幼苗被害大量死亡，新梢受害生长瘦弱，节间缩短，叶片小，扭曲纵卷，是苗木的重大病害。防治白粉病必须连续用药 2～3 次，才能收到满意的效果。可每隔 10 天左右施用 0.3 波美度石硫合剂或 20% 粉锈灵2 000～3 000 倍液，或 50% 托布津 800～1 000倍液，可交替用药，以减轻病菌的抗性。防治轮纹病在谢花后 1 周喷 80% 多菌灵 800 倍液，以后在 6～7 月中旬、7 月下旬、8 月上中旬各喷 1 次杀菌剂。对白粉病发病较重的山楂园，在发芽前喷1次5波美度石硫合剂，花蕾期、6月各喷1次600倍50%可湿性多菌灵或50%可湿性托布津。防治轮纹病，在谢花后1周喷80%多菌灵800倍液，以后在6月中旬、7月下旬、8月上中旬各喷1次杀菌剂。11～12月，清理枯枝，防治病虫。结合果树的修剪，剪除树上的死枝，砍除死树，远离果园，并立即烧毁。消灭导致山楂死树的主要害虫金缘吉丁虫，树干进行细致的刮皮，深度以见到时隐时现的鲜皮为度，消灭外皮层的小幼虫。特别是大枝锯口、主干伤口处，是害虫最易潜伏或潜入的地方，要仔细查找刮除。

（五）培育的目的

（1）食用作用。山楂果实可以鲜食，其含有大量的铁、钙等元素，尤其是钙的含量高，在500 g果实中，含钙425 mg，居各种果品之冠，可供人们生食补钙，同时还具有增进食欲的功效。果实又可加工成山楂片、山楂酱、山楂糕、山楂罐头、蜜饯和糖葫芦，还可制汁和作酒。山楂果实还是重要的医药用品，有50多种中药需要山楂作原料，可以治疗高血压、冠心病，降低胆固醇，并有散瘀、化痰、解毒、止血等效能。

（2）观赏作用。山楂树一般生长适应能力强，抗洪涝能力超强。树冠整齐，枝叶繁茂，容易栽培，病虫害少，花果鲜美可爱，在园林绿化、城乡建设中很受人们欢迎，是田旁、宅园、公园绿化的良好观赏树种和“四旁”绿化树种。

五十四、柿树

柿树，学名*Diospyros kaki* Linn. f.，柿树科、柿属，落叶乔木，又名柿子、柿、山柿、野柿等，是中原地区优良乡土树种，是中国木本粮食树种之一。

（一）形态特征

柿树，落叶乔木，高13～15 m，胸高直径达65 cm，枝繁叶大，树冠开张，展盖如伞，呈圆头形或钝圆锥形。树干灰褐色，老树主干周围所生的骨干枝多弯曲，先端下垂挺直，姿态各异。树皮深灰色至灰黑色，或者黄灰褐色至褐色，沟纹较密，裂成长方块状；树冠球形或长圆球形，老树冠直径达10～13 m。枝开展，带绿色至褐色，无毛，散生纵裂的长圆形或狭长圆形皮孔；嫩枝初时有棱，特征有棕色柔毛或茸毛或无毛。冬芽小，卵形，长2～3 mm。叶纸质，卵状椭圆形至倒卵形或近圆形，通常较大，长5～18 cm，宽2.8～9 cm，基新叶疏生柔毛，老叶上面有光泽，深绿色，无毛，下面绿色，有柔毛或无毛，中脉在上面，嫩时绿色，后变黄色，橙黄色。果肉较脆硬，老熟时果肉变得柔软多汁，呈橙红色或大红色等，果有球形、扁球形、球形而略呈方形、卵形等，直径3.5～8.5 cm，有种子数颗；种子褐色，椭圆状，长约2 cm，宽约1 cm，侧扁，果柄粗壮，长6～12 mm。花期5～6月，果期9～10月。

（二）生长习性

柿树，阳性树，喜光。喜温暖、耐寒，喜湿润、耐干旱，适应性强，对土壤要求不严，微酸性、微碱性、中性土壤均可栽培。而以土层深厚、排水良好、富含有机质的壤土或黏壤土最适宜，但不喜沙质土。生长快，寿命长，产量高，耐瘠薄，根系较深，对土壤要求不严格。pH 值在 4.5 ~ 8.6 的范围内，都能生长结果。无论在深山、浅山、丘陵还是平原都有栽培，零星栽植和成片生产都极普遍。柿树冠形开张，叶幅广大，光洁，入秋后，叶色转红，与鲜丽悦目的秋果相互衬托，具有良好的景观美化效益。

（三）主要分布

柿树在中原地区主要分布于平顶山、南阳、驻马店、信阳、郑州、开封、周口、商丘、舞钢、栾川、鲁山、卢氏、嵩县、叶县、确山、泌阳、林州、济源、安阳、辉县、新乡、洛阳、三门峡、焦作、周口等地；柿树原产中国，分布很广，除少数极寒冷区外，绝对气温在 20 ℃以上的地区，都有分布。而以我国北方的河南、河北、山东、山西、陕西 5 省栽培面积最大，产量最多，占全国总产量的 70% ~80%。柿树适生于温暖多湿、阳光充分之地，相当耐寒，能耐 −20 ℃的暂时低温，故北方各省栽培最盛。同时，有较高的抗旱力。其根系强大，吸水、吸肥性能均强，对土壤适应性强，一般土壤均能栽培。如果想让柿树早结佳果，选择砾质黏土或壤土，心土为排水良好的沙砾土者，或表土含沙砾较多，而心土为黏板岩者为最佳。甜柿喜温暖，耐寒力不如涩柿。其抗二氧化硫性能虽强，但遇氯气及氯化氢危害，则抗性较弱。柿果味甜，营养丰富，既可生食，又可加工成柿饼、柿干、柿醋和柿酒。柿干、柿饼耐储放，含糖量高，可以代粮充饥。因此，柿树是中国木本粮食树种之一。

（四）苗木繁育

柿树优良品种很多，按照果实能否自然脱涩而分为涩柿和甜柿两类。甜柿果实在树上能够自然脱涩，采收之后即可食用。如湖北省罗田县的甜柿和日本的“富有”柿属于这一类。而我国各地绝大多数柿的品种属于涩柿类。采收之后，须经人工脱涩后，方可食用。河北、河南、山东、山西的大磨盘柿，陕西临潼的火晶柿，以及镜面柿、莲花柿、雁过红、牛心柿等。品种名称多是按果形、颜色、风味和成熟期来称呼的，所以有同名异物和同物异名的现象存在。其优质苗木繁育，主要是采取种子繁育，然后嫁接培育而成。

1. 苗圃地选择与整地

（1）苗圃地的选择。柿树苗圃地选择，柿树要求的苗茎较高，方便嫁接品种，所以苗圃地宜选择土壤深厚、肥沃的土壤；以地下水位在 1 m 以下，能灌能排的壤土为宜，避免用低洼、碱、黏地块和重茬圃地的地方为好。

（2）苗圃地的整地。9 ~ 10 月，对选择做苗圃地的土地，每亩施入优质腐熟的农家肥 3 000 ~ 5 000 kg，采用大型拖拉机旋耕深翻土地，耕翻 30 ~ 35 cm，而后整平。地块较大不易整平时，可分段整畦，便于平整，做好备播。

2. 大田播种与苗木保护管理

（1）种子采种。柿树繁育苗木的种子主要是选择野柿子种、油柿的种子等；河南主要是用君迁子，即称“黑枣”或“软枣”。9 ~ 10 月，君迁子种子变为褐色，表明成熟后，即可人工采收种子。

（2）种子沙藏。为了第二年繁育苗木，出芽率高，整齐一致，采收的种子必须沙藏处理。即采下果实，进行堆沤，果肉腐烂后，冲洗干净，晾干。大雪前，用3～5倍体积的湿沙与种子拌匀，入储藏沟或木箱内沙藏，保持湿度进行冬季储放。每20天检查储放种子的沙子含水量降低后，可适当加水，充分搅拌后，继续冬藏。水分含量大时，要取出透风降湿后，再入沟藏。另外，秋季播种的种子，即直播种子，在圃地内完成后熟后，发芽出苗。播种采取条播，只是播种后，要在播种的种子上覆盖3～4 cm的细土垄，防治冬季冻伤种子即保护种子，以保持播种处的湿度稳定。明年春天种子萌芽时，提前推平扶垄，减薄覆盖的土层，以利于幼苗出土。

（3）大田播种。3月上旬，取出储藏的种子，如果种子未发芽，可先行催芽，待种子裂嘴微露白尖时播种。播种前先做出宽1～1.3 m、长20～30 m的育苗畦，按行距40～50 cm开播种沟，沟内浇足底墒水，待水渗下后条播或点播，覆土2～3 cm。若覆盖地膜，出苗早而整齐。

（4）幼苗管理。播种后的苗木，在4月中下旬出芽，幼苗生长高3～5 cm时进行定苗。要求株距8～12 cm，多余苗移栽出去，缺苗补齐。干旱时立即浇水。5～8月，苗木进入生长期，加强肥水管理，苗木可以采用复合肥水喷布叶片施肥，每亩每次喷布5～8 kg复合肥水，每15～20天喷布一次，连续喷布3～4次，提高苗木的肥力促进苗木增粗健壮生长，早日达到苗木60～100 cm，就可以嫁接培育良种苗木。

（5）苗木嫁接。一是品种种条接穗的采穗准备。结合冬季修剪，从优良的品种母株上，剪取粗0.3～0.5 cm的当年生枝条，以发育枝为好。每50～100根捆扎成一捆，储放于背阴处的提早挖好的储沟内，混以湿沙充填好，以备嫁接。二是种条接穗储放与检查储放，防止种条冻害或失水或积存雪水等。早春2月间检查苗木根部，发现有霉变的根系，要清除覆盖物，根部喷布1波美度石硫合剂保护种条。二是嫁接。4月上旬，采取枝接，柿树含单宁多，嫁接困难。枝接应在砧木树液流动而接穗处于休眠状态时进行。4月上旬，柿树萌芽期，取出储放于背阴处的接穗，用利刀快速进行嫁接。动作要迅速，以缩短伤面与空气的接触时间，减少单宁酸铁的生成。5月下旬至6月上旬采取芽接。树液流动缓慢期，是柿树芽接成活率比较高的时候，接穗用储藏未发芽条或用树上未萌发的潜伏芽，其方法为大芽片的方块芽接。或9月芽接，晚秋季节，是柿树芽接的第二个好时机，要提前进行浇水，避免砧苗过早停长而不离皮。剪取当年生枝充实的腋芽，除叶片、留叶柄，可采“T”形芽接或方块芽接。接芽片状一定要大些，操作要快。用塑料条或尼龙绳包严扎紧即可。

（6）嫁接苗木管护。一是除蘖、护梢。5～6月，二年的嫁接苗，除掉砧蘖，需进行2～3次，以保证嫁接的苗梢生长。苗梢长到30 cm左右，立柱支架绑缚苗梢，避免大风吹折。二是整形，嫁接后的苗木在圃内苗木整形。7～8月，对生长旺盛的嫁接苗，于苗高1 m处强摘心，可促发二次枝，在圃内进行定枝整形。处理时间不要晚于7月中旬。过晚于立秋前后要轻摘心，目的是防止苗梢加长生长，充实苗茎。三是浇水追肥。4月，发芽前追施速效氮肥，有利于接芽的萌发和生长，提高苗木质量。每亩追施磷酸二铵30 kg，或尿素40 kg。5月，萌芽后20～30天，结果树春梢停止生长，也正是花前期，追施速效氮肥，提高花期营养水平，有利于开花授粉，明显提高坐果率。成龄园每亩施硫酸铵 30 ~ 40 kg，或碳酸氢铵 50 kg。幼树每株施尿素 200 ~ 300 g。施肥后浇水，以利充分发挥肥效，可避免因缺水花果凋萎脱落。四是除草管理。7 月间，苗木圃地普遍进行第二次追肥。仍以氮肥为主，配合磷、钾肥。用量为每亩磷酸二铵 15 kg + 尿素 15 kg 混合施入。或果树专用复合肥 20 kg + 尿素 10 kg 混合追施。同时，进行多次的中耕除草。大雨之后要及时排水防涝。五是苗木摘心充实苗茎。9 月，白露前，苗木的摘心程度以处理到较高的成熟度部位为宜。要控制晚秋生长。根外喷布 1 ~ 2 次 0.5% 尿素 +50 mg/L 赤霉素，提高叶片功能。同时，浇封冻水。11 ~ 12 月，对于留于圃内的苗木，先将残枝落叶清出园地，然后普遍浇灌封冻水，提高苗木抗寒抗旱越冬能力。

（7）苗木出圃。进入 11 ~ 12 月，需要苗木销售的，当苗木需要外运，苗木出圃时，应该在封冻前，即气温 10 ℃左右刨出苗木，分级，标明品种，20 ~ 50 株一小捆，立即运走或假植储放。气温低的时候不能随便起苗木，防治冻害。

3. 主要病虫害的发生与防治

1）主要虫害的发生与防治

（1）主要虫害的发生。柿树主要虫害，一是柿蒂虫，又名柿实蛾，是柿树主要害虫之一。1 年发生 2 代，以成熟幼虫在粗皮缝隙和根颈结茧越冬，第二年 4 月中下旬化蛹，5 月上旬羽化，中旬进入羽化盛期，6 ~ 7 月初第一代幼虫危害幼果；7 月中下旬是代成虫羽化盛期，8 月初到 9 月第二代幼虫开始危害。二是柿绵蚧，又名柿毛毡蚧。以若虫和雌成虫危害果实和新梢，影响柿子的产量和品质。1 年发生 3 ~ 4 代，在 3 ~ 4 年生枝的皮层裂缝或树干的粗皮缝隙、干柿蒂上越冬。第二年 4 月中下旬离开越冬场所爬到嫩芽、新梢、叶柄、叶背等处吸食汁液，以后在柿蒂和果实表面固着为害。一年中各代若虫出现盛期分别为：第一代 6 月上中旬，第二代 7 月中旬，第三代 8 月中旬，第四代 9 月中下旬。各代发生不整齐，互相交错，但基本上是每月发生一代，前二代主要危害叶及 1 ~ 2 年生小枝，后两代主要危害柿果。三是草履，又名草鞋介壳虫，是杂食性害虫，可为害柿、苹果、梨、板栗等果树，以及杨树等多种林木。被害树发芽推迟，树势衰弱，枝梢枯萎，严重时甚至死亡。1 年发生 1 代，以卵在树根附近的土缝中成堆越冬，在 3 月上中旬大量上树，以 4 月集中危害严重。4 月下旬爬到粗皮缝、柿洞、根部土缝中产卵，5 月底至 6 月初产卵完即死。以卵越夏和越冬。四是柿毛虫发生危害，4 月中旬柿萌芽展叶后，为害幼芽嫩叶的柿毛虫开始孵化，初孵化的幼虫有群集习性，二龄后分散为害，白天潜伏树下石缝等处隐蔽，傍晚爬到树上为害，自 6 月开始结茧化蛹，在树干裂缝或石缝内产卵越冬。

（2）主要虫害的防治。一是柿蒂虫的防治，主要采取冬季刮树皮，11 ~ 12 月，冬季刮除枝干上的老粗皮，消灭越冬幼虫。要求把树干、主枝及分杈处的粗皮刮净，一次刮彻底，可以数年不刮。柿树生长期摘虫果，在幼虫危害期，将被害果实连同柿蒂一起摘下，集中处理。第二代危害时，果已接近成熟，摘下的虫果可以加工利用。摘虫果要及时、彻底，每年连摘 2 ~ 3 次；成虫危害期喷布药剂防治，成虫发生盛期喷布 40% 吡虫啉 1 000 倍液，或 90% 敌百虫、50% 敌敌畏各 1 000 倍液喷雾，连续喷布防治 1 ~ 2 次，可收到良好的效果。柿蒂虫在湿度较高的地方，树皮下结茧的幼虫可被白僵菌寄生，注意保护，自然灭杀。二是柿绵蚧的防治，柿绵蚧越冬期防治，3 月上旬，早春柿树发芽前，喷布一次 5 波美度石硫合剂，防治越冬若虫。3 月下旬，出蛰期防治，使用 40% 氯氰菊酯 1 500 倍液或 50% 敌敌畏 1 000 倍液周密喷布在柿树周围，效果良好。三是草履蚧的防治，即树干涂黏虫拦虫虎药物，若虫开始上树前，在离地面 50 ~ 100 cm 的树干上涂抹一圈 2 ~ 3 cm 宽的粘虫拦虫虎，应注意保持拦虫虎的黏度。发生期进行药剂防治，如若虫已上树，可于 3 月下旬喷布 50% 溴氰菊酯或 40% 敌敌畏 800 ~ 1 000 倍液防治。四是柿毛虫的防治，根据其生活习性，除在休眠期搜集越冬卵块消灭外，自 4 月下旬开始，利用幼虫白天下树潜伏的习性，在树下堆石块诱集幼虫，白天捕杀。在离地 30 cm 的树干上，消除一环老皮，涂上用 50% 辛硫磷 250 倍，与纤维素混合制成的药环，杀死上下树的柿毛虫。柿星尺蠖活动较柿毛虫晚些，防治方法同上。4 月下旬，树上喷布 50% 1605 乳剂 1 500 倍液，或 20% 杀灭菊酯乳剂 2 000 ~ 3 000 倍液，可以防治柿毛虫、柿小浮尖子和介壳虫。综合防治，5 月，苗圃地普遍喷布一遍氯氰菊酯 1 500 倍液或吡虫啉 1 300 倍液，防治其他各种害虫。柿果最主要的害虫是柿蒂虫和桃蛀螟。柿蒂虫一年二代。第一代幼虫 6 ~ 7 月间发生，第二代幼虫 7 月中旬后发生至柿果采收之前。幼虫自果梗与果蒂间的缝隙处蛀入，吐丝缠住果柄与果蒂，虫粪排在果内。前期被害果变黑或变黄，后期危害果成为“烘柿”。及时喷药，7 ~ 8 月，是高温多湿季节，病虫害盛发期。危害苗木的刺蛾、毛虫先后出现后，可喷布敌敌畏1 500倍液防治。8 月，第二、三代柿绵蚧危害严重，如前期防治不力，虫口密度增大，被害果早期“烘熟”脱落，这时也是刺蛾、毛虫大发生期，除使用以上介绍的药剂外，要注意相互兼治，减少喷药次数，可喷布 40% 氯氰菊酯 1 500 倍液，或 2. 5% 溴氰菊酯 3 000 倍液，或吡虫啉 1 500 倍液即可。

2）主要病害的发生与防治

（1）主要病害的发生。柿树主要病害，一是柿炭疽病，此病主要危害柿果和新梢。病菌主要以菌丝潜伏在病枝或病果内越冬。每年的 6 月下旬开始发病，7 ~ 8 月为发病盛期，一直危害到 9 ~ 10 月。二是柿角斑病。病菌以菌丝在病叶、病蒂上过冬。第二年 6 ~ 7 月形成分生孢子进行侵染。在 7 ~ 8 月多雨季节发病严重。此病造成早期落叶和落果，并能使树势衰弱，易受冻害，导致柿疯病的发生。三是柿圆斑病，主要造成早期落叶，果实早期变红变软，此病以未成熟的子囊壳在病叶中越冬。第二年 6 月子囊壳成熟，子囊孢子飞散，随风传播，由叶片的气孔侵入，一般 9 月初发病，10 月中旬以后停止。6 ~ 7 月进入夏季，气温高、多雨季节柿圆斑病可提早发病，注意预防。

（2）主要病害的防治。柿树主要病害的防治，一是柿炭疽病的防治，3 月上旬，发芽前剪除树体上的病枝、干果，集中烧毁，同时，早春发芽前喷布一次 5 波美度石硫合剂。6 ~ 7 月，夏季开始发病时，喷波尔多液 400 ~ 500 倍液，7 ~ 8 月，再喷 2 ~ 3 次。或用 65% 代森锌 800 倍液喷布叶片。二是柿角斑病的防治，夏季，在 7 ~ 8 月喷 2 ~ 3 次波尔多液 400 ~ 700 倍液，主要重点喷布把叶背面也要喷布均匀。9 月上旬，秋季清扫落叶，并彻底去除在树上的病蒂。三是柿圆斑病的防治，6 月上中旬在子囊孢子飞散之前，喷布波尔多液 400 ~ 800 倍液，隔 18 ~ 20 天再喷一次，效果较好。4 月上旬，喷布 3 ~ 5 波美度石硫合剂 900 倍液，防治越冬代初龄幼虫等。

（五）培育的目的

（1）食用作用。柿子果味甜，营养丰富，既可生食，又可加工成柿饼、柿干、柿醋和柿酒。柿干、柿饼耐储放，含糖量高，可以代粮充饥，因此柿树也是木本粮食树种之一。我国柿饼驰名中外，很受欢迎。柿霜可入药。

（2）用材作用。柿树木材细腻、色泽米黄色，有芳香气味，可加工成各种用品，很受人们喜爱。

（3）景观作用。柿树原产于我国，在《诗经》《尔雅》中即有记载，栽培历史达3 000年以上。柿树，作为观赏树木栽植在宫殿、寺院内，由庭院栽培转向大面积生产。柿树树形优美，果色由青色转为黄色，熟时成红色，果色红艳，红叶如醉，丹实似火。在城乡绿化、村庄地头、庭前种植应用广泛，具有良好的观赏价值和景观作用。

五十五、李树

李树，学名 *Prunus salicina* Lindl.，蔷薇科、李属，又名李子、嘉庆子、玉皇李、山李子，落叶小乔木，是中原地区优良乡土树种。

（一）形态特征

李树，落叶小乔木，高 8 ~ 13 m；树冠圆形，树皮灰褐色，起伏不平；老枝紫褐色或红褐色，无毛；小枝黄红色，无毛；冬芽卵圆形，红紫色，有数枚覆瓦状排列鳞片，通常无毛，稀鳞片边缘有极稀疏毛。叶片长圆倒卵形、长椭圆形，稀长圆卵形，长 6 ~ 12 cm，宽 3 ~ 4.5 cm，边缘有圆钝重锯齿，上面深绿色，有光泽，叶柄长 1 ~ 1.2 cm，通常无毛；花通常 3 朵并生；花梗 1 ~ 2 cm，通常无毛；花直径 1.5 ~ 2.3 cm；花瓣白色，长圆倒卵形；核果球形、卵球形或近圆锥形，直径 3.5 ~ 4.5 cm，栽培品种可达 6 ~ 7 cm，黄色或红色，有时为绿色或紫色，梗凹陷入，顶端微尖，基部有纵沟，外被蜡粉；核卵圆形或长圆形，有皱纹。花期 4 月，果期 7 ~ 8 月。

（二）生长习性

李树喜光，耐寒、耐瘠薄，适应性强，对土壤只要土层较深，有一定的肥力，不论何种土质都可以栽种。对空气和土壤湿度要求较高，极不耐积水，果园排水不良，常致使烂根，生长不良或易发生各种病害。宜选择土质疏松、土壤透气和排水良好、土层深和地下水位较低的地方建园。李树虽然对气候的适应性较强，耐寒又耐热，但花期易受晚霜的为害，开花期遇到多雨或多雾的天气，则妨碍授粉，影响坐果。根据李树的花有退化现象和自授粉坐果低的特点，栽植时，应配备授粉品种。李的适应性很强，我国大部分地区都有分布，是温带果树中适应性较强的一种。它对土壤要求不严，管理比较粗放，花芽容易形成、结果早、比较丰产。一般的山坡、沟旁、地边均可栽植。

（三）主要分布

李树在中原地区主要分布于平顶山、南阳、驻马店、信阳、郑州、开封、周口、商丘、舞钢、栾川、鲁山、卢氏、嵩县、叶县、确山、泌阳、林州、济源、安阳、辉县、新乡、洛阳、三门峡、焦作、周口等地；李树在我国有极悠久的历史，大约 3 000 年前即有栽培，与杏、梅相同，都是我国栽培最古老的果树。主要分布于河南、辽宁、吉林、陕西、甘肃、山东、四川、云南、贵州、湖南、湖北、江苏、浙江、江西、福建、广东、广西和台湾。山区野生在山坡灌丛中、山谷疏林中或水边、沟底、路旁等处。海拔 400 ~ 2 500 m。中国各省均有栽培，为重要温带果树之一。

（四）苗木繁育

李树优良苗木繁育常用毛桃种子作砧木嫁接而成。毛桃种子作砧木亲和力强、生长快、结果早、耐旱，果大味甜，但不耐湿，易发生根癌病、流胶病，树势早衰、寿命短；中国李苗木培育出的砧适于湿润地区，嫁接成活率高，寿命长，喜欢肥沃的土地，产量亦高，但结果的果实不及桃砧大。李树的育苗，李的栽培品种很多，各地都有当地的主要品种，如辽宁省盖县的大李子，新疆的奎冠李，北京的大红李、小核李，山东沂源的帅李、济南的红肉李、曲阜的大灰李。李树优良苗木繁育选择优质品种，适宜当地的品种为佳。

1. 苗圃地选择与整地

（1）苗圃地的选择。苗圃地要选择在土地肥沃、土壤深厚、沙壤的土地；以地下水位在 1 m 以下，避免用低洼、碱、黏地块和重茬圃地的地方为好。李树的育苗地应避免在土壤板结，已育过桃、杏等苗的重茬地块，都不应选作育苗地。应当选择土壤疏松、具有一定的肥力、排水良好、灌溉方便、背风向阳的地块作为育苗地。

（2）苗圃地的整地。圃地采取大型拖拉机旋耕，耕深 30 ~ 35 cm，除去杂物，施入腐熟农家肥 3 000 ~ 5 000 kg。地下害虫多的地块，同时施入 30% 呋喃丹颗粒剂 2.5 ~ 3 kg。然后，精耕细作、整平地面，做畦备播。

2. 大田播种与苗木保护管理

（1）种子采种。李树苗木繁育选择采种，一般选择山杏为繁育种子，在 6 月间成熟，鲜果出种率为 10% ~ 30%，每千克种子 900 ~ 2 000 粒，每亩用量为 25 ~ 50 kg。或选择山桃种子，在 7 月间成熟，鲜果出种率为 25% ~ 35%，每千克种子 250 ~ 600 粒，亩用种量为 20 ~ 35 kg。采下鲜果沤烂洗净，可装布袋悬挂放干，待大雪前后取下沙藏。山杏、山桃的种子，采后破壳催芽，立即播种，当年可获得砧苗，晚秋即可嫁接。但操作麻烦，发芽率低，很少采用。李树苗木繁育还是选择春播为好，出芽率高，整齐一致。

（2）种子储藏。12 月，采种后的山杏、山桃的种子需要冬藏的天数在 60 天左右。大雪前后，取下种子用水浸泡一天一夜，然后用 10 倍的湿沙与种子搅拌，种子量少可装入木箱内。花盆内置于闲层内储放。大量的种子可在高燥处挖储藏沟储放。

（3）储种检查。储藏的种子，检查沙子的干湿状况，沙子过干，不利于完成后熟作用。沙子过湿，则种子通气不良。沙子湿度以含水量在10%～15%，用手握之成团，不滴水为宜。温度在0～7 ℃，靠增减覆土厚度来调节。2月，上下翻动种子，以利于发芽整齐。

（4）大田播种。3月，土壤化冻后，取出种子检查发芽状况。种壳不开裂，芽眼不萌动的种子，连同冬藏时的沙子一起，置于向阳处催芽。催芽的方法可用倾斜的塑料棚，也可以直接用地膜包裹置于向阳处，白天太阳晒暖，晚上覆物保温。7～8天，即分裂核的种子，分批点播种子。未进行冬藏的种子，必须进行破壳处理。可用羊角锤敲破种壳取种仁，浸种后催芽，也可以采用物理破壳法，即在春播前30天，用40 ℃的水浸种5分钟，充分搅拌，待水自然降温后，放清水中浸几次，即可有部分裂壳，然后种子摊放在暖床上，温度保持18～25 ℃，种子上覆湿麻袋进行催芽。

（5）大田定苗。5月间，幼苗已长到4～5片真叶以上，可进行间苗、补苗、定苗的圃地管理。补苗可于阴天或傍晚进行，带土移栽，缩短缓苗期，栽后立即浇水。6～8月，注意加强肥水管理，促进苗木快速生长，达到10月，落叶时期，苗木生长高60～100 cm，地径0.5～1 cm，为第二年嫁接创造合格苗木条件。

（6）苗木嫁接。一是劈接法嫁接，3月中旬末，剪取直径1.5～2 cm的二年生枝段，剪除发育枝，保留花枝，用劈接法高接于李树的中上部枝段上，每株少接3～5个授粉枝段。用蜡封接穗断面，绑严接口。接穗成活后即可散发花粉，起到授粉的作用。二是枝接方法。3月下旬，对圃地内的漏接或未接砧木，进行劈接。砧木离皮之后也可以进行皮下接。接后立即绑好，用湿泥封严接口，并用湿润细土培成土堆保护接口和接穗，覆土厚度以超过接穗上芽3 cm左右为宜。三是芽接方法。8～9月，立秋后，即可芽接。一般采用“T”字形芽接法。李树的芽有花芽和叶芽之分，叶芽瘦小些、较尖，花芽较大。千万不要接上花芽。接穗最好现采现用，运来的接穗要放湿沙中保存好，一般应在3天之内突击用完。嫁接后15～20天，检查叶柄一触自落者，说明已成活。不成活的进行补接。砧木干旱，不易离皮，应进行浇水。

（7）苗木嫁接后管理。一是抹芽除萌。为保证嫁接苗梢的旺盛生长，4月中下旬，砧木上萌发的萌蘖应及时清除，同时喷药保护萌发的接芽新梢。二是嫁接苗梢长到30 cm时，设立支架，防止风折断新梢。3月嫁接的苗木，及时解除绑缚物，促进成活，进入快速生长。三是摘心管理。8～9月，立秋后，对苗木顶端进行摘心，促使苗茎粗壮，芽眼饱满。同时对中下部萌发的三次枝，或疏除，或摘心处理，对上部部位得当的分枝，则宜保留圃内整形。四是苗木平茬管理。11月，嫁接成活后的芽接苗，可在11月平茬，然后培土垄保护接芽，培土护芽的目的是防止冻害，不进行剪砧处理，明年春天后再去土剪砧即可，确保苗木安全越冬。

（8）嫁接苗木第二年的管理。一是2月底土壤解冻之后，立即进行苗圃地春耕或春刨等土壤松土管理措施。可先撒施基肥，然后春耕春刨掩埋。有利于保养水分，提高土壤透气性，可促使李树苗木根系发育。春耕春刨必须在3月中旬前结束，过晚不利保墒。二是4月上旬，结合浇花前水，每亩施入尿素25～30 kg，以提高苗木营养水平。三是追肥浇水，小幼苗，每亩追尿素7～10 kg，嫁接苗每亩追尿素20 kg。追肥后，浇水，人工锄地松土。四是秋季施肥，8～9月，李树苗木进入快速生长期后，及时补追速效肥料，有利于树势健壮。旺长苗木不易多施肥或少施，弱树要多施，也不能太多，以免烧伤根。

（9）除草追肥。夏季草生长快，应及时清除。高温季节。是年中苗木生长最快的时候，可分别于6月中旬、7月中旬追施速效化肥。亩用碳铵50～60 kg、尿素20 kg、磷酸二铵25 kg。

（10）施入基肥。10月，落叶期，养分回流根部，是苗木根系的发生高峰期。此时施肥，断根易于恢复。基肥要求深施于35～40 cm处，干旱年份，施肥后及时灌水。

（11）浇封冻水。11月，对所有的圃内苗，于小雪前普遍浇灌封冻水。水量不宜过大，浇后必须当天能浸入地里，地面不可持明水过夜。

（12）苗木出圃。11月，落叶后，苗木可以出圃，随栽随出圃较好。为了圃地倒茬或远运栽植，在封冻前刨出苗木，进行分级，并标明品种，调运或假植不合格的苗归圃集中再培育。合格苗的标准是：根系完整良好，除具有较完整的3～4条侧根外，还要有较多的须根，基干粗壮、发育充实，嫁接处以上10 cm处粗达0.7 cm以上，整形带处芽子饱满，无检疫对象。

3. 主要病虫害的发生与防治

1）主要虫害的发生与防治

（1）主要虫害的发生。李树主要虫害有叶蝉、卷叶虫、毛虫、金龟子、红蜘蛛、卷叶虫、刺蛾等，它们主要危害叶片，致使受害叶片千疮百孔、叶片全无；造成苗木树势衰弱，影响苗木生长，当年不能成为合格苗木。

（2）主要虫害的防治。一是1～2月防治，进行树体保护的各项工作。如刮除老树皮，消灭翘皮下越冬的各种害虫。注意千万不可刮深伤及新鲜皮层。寻找枝干蛀洞和树体伤口，发现天牛蛀洞用敌敌畏毒纸堵塞；新伤口涂以漆油；大的老伤口可用木屑混合油漆堵平，防止雨季侵蚀，腐烂口加深，导致树体衰弱和死树死枝。二是4月防治，苗期的害虫主要是金龟子、象鼻虫、地老虎等，可喷布90%敌百虫1 000～1 500倍液，或撒用30～50倍敌百虫处理的毒饵。三是6～7月防治，危害李苗梢叶的害虫有枯叶蛾、苹果巢蛾、黄斑卷叶蛾、金毛虫、天幕毛虫、刺蛾等，发生后喷布1～2次50%吡虫啉1 000～1 500倍液，可兼治桑白蚧、蚜虫、红蜘蛛和浮尘子等。6月上中旬，是危害李树严重的桑白蚧一代若虫孵化盛期，喷布50%敌敌畏乳剂800～1 000倍液，或溴氰菊酯1 000倍液，可兼治李小食心虫、桃蛀螟和蚜虫。在5月下旬至6月上旬，地面喷洒杀灭菊酯2 500～3 000倍液，或溴氰菊酯4 000倍液防治食叶害虫危害。四是立秋前后防治，全面喷布1次50%敌敌畏乳剂1 000～1 500倍液或马拉硫磷乳剂1 000倍液，或杀灭菊酯3 000倍液，可防治刺蛾、叶蝉、卷叶虫、毛虫、金龟子等害虫。混入0.3%尿素或二氢钾根外追肥。蚜虫危害新梢，可用烟叶浸出液，连续喷洒2～3次，每隔8～10天喷洒1次。主要防治李树的球坚蚧、桑白蚧。球坚蚧的越冬若虫3月上中旬恢复活动能力，寻找适当场所固着为害。桑白蚧的雌虫和卵也开始活动。因此，此时是防治蚧类的关键时机，及时防治，减少危害，提高苗木质量。

2）主要病害的发生与防治

（1）主要病害的发生。李树主要病害有：褐斑病、白粉病、炭疽病危害叶部，流胶病危害枝干、枝树皮等，尤其是在苗木繁育上主要病害是立枯病，是上一年的病菌引起的，致使新生苗木或幼苗出土后，根颈部发生水渍状病斑，幼苗很快死亡。造成苗木减产、质量下降，经济损失严重。

（2）主要病害的防治。3 月中旬，喷布 3 ~5 波美度石硫合剂防治褐斑病、白粉病、炭疽病；3 月上旬，早春发芽前喷 5 波美度的石硫合剂，或喷 1∶1∶100 的波尔多液。预防各种病害的发生。6 ~8 月，夏、秋季对已感病的树用 800 倍代森铵或 800 倍托布津喷射，并刮除病部。发生细菌性穿孔病等病害，可用 0.5% 石灰倍量式波尔多液喷布防治；在 4 月下旬或 5 月初喷 1 次，以后每隔 15 ~20 天再喷 2 ~3 次。发生细菌性穿孔病，可用 72% 农用链霉素可溶性粉剂 3 000 倍液喷洒叶片，或喷布 70% 甲基托布津 800 ~1 000倍液，或 50% 多菌灵 600 ~700 倍液。同时，可人工抽净树下落果，深埋或碾碎。发生立枯病，除播种前亩施硫酸亚铁 50 kg 进行土壤处理外，发现病株，可喷布 70% 甲基托布津 1 000 倍液。在发病处撒施草木灰，防治效果良好。

（五）培育的目的

（1）食用作用。李树果实为核果，其果仁可供食用，也可加工成果脯、果干和果酒；李果成熟在杏后，各种大宗水果成熟之前，果实鲜艳、光洁，较耐放，很受市场的欢迎。李除供鲜食外，还可以加工成罐头、李酒、密饯等。因此，人们极为喜欢。是具有较高经济效益的果树。

（2）景观作用。李树性状优良，是中国重要的观花、观叶、观果植物，园林美化中，广泛应用于园林植物造景、风景区种植、城乡发展经济林等，是具有观赏或作为果树栽植的优良乡土树种。具有广泛的生态适应能力、多样化的观赏价值。

五十六、枣树

枣树，学名 *Zizyphus jujuba* mill，鼠李科、枣属，落叶乔木，又名枣子、大枣、刺枣、贯枣、野枣等，是中原地区优良乡土树种，是我国特有的果树之一，在我国有“木本粮食”“铁杆庄稼”之称。

（一）形态特征

枣树，落叶小乔木或灌木，高达 6 ~12 m；树皮褐色或灰褐色；有长枝，短枝和无芽小枝（新枝）之分，三种枝相比较长枝光滑，皮紫红色或灰褐色，枝呈之字形曲折，并长刺可达 3 cm，粗直，短刺下弯，长 4 ~7 mm；短枝短粗，矩状，自老枝发出；当年生小枝绿色，下垂，单生或 2 ~7 个簇生于短枝上。叶纸质，卵形，卵状椭圆形，或卵状矩圆形；长 3 ~7 cm，宽 1.5 ~3.5 cm，上面深绿色，无毛，下面浅绿色，无毛或仅沿脉多少被疏微毛，叶柄长 1 ~6 mm，或在长枝上的可达 0.5 ~1 cm，无毛或有疏微毛；托叶刺纤细，后期常脱落。花黄绿色，两性；花梗长 2 ~3 mm；花瓣倒卵圆形，核果矩圆形或长卵圆形，长2 ~3.5 cm，直径 1.5 ~2 cm，成熟时红色，后变红紫色，中果皮肉质，厚，味甜，具1 或2 种子，果梗长 2 ~6 mm；种子扁椭圆形，长0.6 ~1 cm，宽 7～8 mm。花期 5～7 月，果期 8～9 月。

（二）生长习性

枣树，耐旱、耐涝性较强，喜光性强，对光反应较敏感，对土壤适应性强，耐贫瘠、耐盐碱。但开花期要求较高的空气湿度，否则不利于授粉坐果。怕风，所以在建园过程中应注意避开风口，始于山区、丘陵或平原种植，属于喜温果树，年均温 15 ℃左右，芽萌动期温度需要在 13～15 ℃，抽枝展叶期温度在 17 ℃，开花坐果期温度在22～25 ℃，果实成熟期温度在 18～22 ℃即可丰产丰收。

（三）主要分布

枣树在中原地区主要分布于平顶山、郑州、开封、舞钢、栾川、鲁山、卢氏、嵩县、叶县、林州、济源、安阳、辉县、新乡、洛阳、三门峡、焦作等地；枣树分布范围广，全国各地除黑龙江、西藏等极寒地区外，都有分布，其中仍以北方的河北、山东、河南、山西、陕西是枣树的重点产区。主要品种有乐陵小枣，河北赞皇大枣，山西板枣、骏枣，河南灰枣、灵宝圆枣，陕西的大荔圆枣，晋枣等。该种原产中国，吉林、辽宁、河北、山东、山西、陕西、河南、甘肃、新疆、安徽、江苏、浙江、江西、福建、广东、广西、湖南、湖北、四川、云南、贵州等地山区、丘陵或平原广为栽培发展。

（四）苗木繁育

1. 苗圃地选择与整地

（1）苗圃地的选择。枣树适应性强，但要作为苗圃地，还是宜用壤土或沙壤土。沙壤土不易板结，透气性好，根系发达，有利于苗木生长。

（2）苗圃地的整地。3 月，选择大型拖拉机旋耕土地，每亩施农家肥 1 500～3 000 kg 以上，耕播 25～30 cm，整平筑畦备播。

2. 大田播种与苗木保护管理

（1）种子采收。9～10 月，选择野生酸枣母树无病虫害的种子采收。采收的种子去除杂质和果肉，清洗干净，晾干即可备播。

（2）种子沙藏。酸枣的后熟期为 80 天左右。12 月，大雪后，取出种子用清水浸泡 1～2 天，然后将种子和沙按 1∶5比例混合层积。入沟沙藏的方法及保存管理。

（3）催芽播种。3 月中旬，储藏的种子还不发芽时，连同混拌的沙子一起，放于向阳处，覆盖地膜催芽。种子萌动裂核时播种。山枣有刺，为便于圃地的嫁接，宜采用行距为 60 cm、株距 35 cm 的大小行播种。开深 3～5 cm 的浅沟，条播或点播。点播株距 20 cm，每点放 2 粒种子。播后覆土 2～3 cm，然后再覆地膜。盖膜前地面上先喷 50%吡虫啉1 500倍液，或 50% 敌百虫 800 倍液，防止膜下害虫啃食出土后的幼苗。出苗后随时点破地膜，以利于幼苗出膜。

（4）新栽树护理。4 月中旬芽期，对新生苗木普遍浇水 1 次。同时，防止摇动和牲畜啃食危害苗木。及时浇水保持湿度和提高地温，减少僵化假死苗。

（5）开沟分株育苗。4 月，在生长健壮的优良品种树下，距树干 2～4 m 处，挖宽

35 cm、深 50 cm 的长沟，切断枣根，间隔 1 m 挖 1 条，大树下可挖 3 ~ 4 条沟，沟内施入适量的草木灰及土粪后覆土。5 月间，断根处可生出根蘖长到 30 cm 时施肥，间隔 50 cm 留 1 株，去掉密苗并及早剪除苗茎分枝，促使蘖苗加速生长成苗。

（6）苗木定苗。5 ~ 6 月，苗高 10 cm 左右，去掉双株苗和覆膜，锄净杂草。条播苗按株距 15 ~ 20 cm 定苗，多余的苗可移栽。移栽时去掉主根尖段，有利于侧根的发达。

（7）苗木管理。7 ~ 8 月，高温多湿季节，苗圃地重点是除草。间作的绿肥和杂草可翻压树下或集中沤制绿肥。高温干旱，可导致幼枣苗木萎蔫脱落，应灌水，保证苗木的生长发育。11 ~ 12 月，结合修剪清除枯枝、病枝，清除落叶、干枣等杂物。

（8）采穗采集。11 ~ 12 月，计划春季嫁接枝接的用穗，一般结合冬剪采集备足。接穗必须采自健康的良种母树，用基部直径在 0.7 ~ 2 cm 以上的一次枝和二次枝，枝龄以 1 ~ 3 年生为限。过老的接穗，虽能成活，但不易抽发旺枝。将接穗捆好，标明品种，然后沙藏。当地无良种条时，外调接穗要保湿运回，在背阴处挖沟沙藏。

（9）苗木嫁接。枣树于 5 月上旬嫁接，成活率很高。此时砧木完全离皮，用储藏的不发芽的接穗“皮下接”。5 月下旬后，直接从生长的树采穗，剪除脱落性结果枝，盛于少量水中保存或用湿布保湿。外地调进接穗，或用麻袋草包、湿草包装，运输途中保持通风湿润，运到后，立即在通风背阴处或凉爽室内，把接穗斜插在 17 cm 厚的湿沙中，每天喷 2 ~ 3 次清水，可保持 5 ~ 7 天。嫁接后用塑料条绑扎，再用大叶片树叶包裹接口和接穗，保持湿度。5 月下旬至 7 月上旬期间，用 8 ~ 12 片叶保湿。7 月中旬至 8 月底，因湿度大、温度高，发芽快，可包叶 6 ~ 8 片。前期嫁接后 10 ~ 15 天，将包叶顶端撕破开口“放风”。后期嫁接后 7 ~ 10 天“放风”。宜在傍晚或阴天进行“放风”，3 ~ 5 天后嫩芽逐渐适应外部条件，便可解除全部包叶。或采取嫩梢芽接。5 ~ 6 月，操作简单，也是生产季节进行嫁接的主要方法，其操作步骤如下：用枣头作接穗，剪除二次枝，留块短桩，在芽上 0.5 cm 处和芽下 1 cm 处剪断，再将其竖切成两半，取有芽的一半为接芽。接芽削成上厚下薄，削面要平滑。削好的芽用“T”字形芽接法嫁接，接后用塑料条绑扎好，立即剪砧。为便于绑缚萌发的接芽，接口上可留一段砧桩。及时除掉砧蘖，促使接芽及早萌发和加快生长。或采取芽接嫁接。7 ~ 8 月，枣树生长季节“皮下接”，带木质部芽接，都是接后当年促发新梢。秋季用普通的“T”字形芽接，是接后当年不再促发新梢。接穗用当年枣头一二年生枝的隐芽。削芽时，由于接穗上的二次枝基部着生主梢的一个隐芽，取芽不便，一般采用三刀削芽法。即紧贴二次枝基部向上横切一刀，然后在芽两侧各切一刀，两侧的切口在芽下部 1 cm 处相交，再用手将芽扭下，按“T”字形接于砧木上，用塑料条包严。芽接前先浇水，同时剪除砧木下部的二次枝，便于操作。芽接一般用于 1 ~ 2 年生较细的砧苗。

（10）肥水管理。繁育的苗木，5 月间定苗后，苗追施磷酸二铵 20 kg 或尿素 15 ~ 20 kg。二年以上的嫁接苗亩追施硫酸铵 50 kg，或碳铵 50 ~ 70 kg，施肥结合浇水，促使苗木加快生长。施肥，9 ~ 10 月，苗木快速生长期基本结束，但是，苗木根系活动加强，此时翻地松土，有利于根系的生长。翻地结合基肥，可促进苗木树势健壮。施肥以牛羊栏肥、堆肥等有机肥料为主，配合速效化肥。施用每亩 40 ~ 50 kg 枣果的大树。施入农家肥 100 kg 左右、尿素 200 g、过磷酸钙 0.5 ~ 1 kg。

（11）苗木出圃。11 ~ 12 月，落叶后，就地建园和外调用苗，需出圃，分级，或捆扎、包装。根系不可暴露久放，应做到随起苗随栽植或包装外运，成活率高。

3. 主要病虫害的发生与防治

1）主要虫害的发生与防治

（1）主要虫害的发生。主要虫害，一是枣瘿蚊，又名枣蛆或枣芽蛆，是枣树叶部主要害虫之一。每年第 1 代发生 4 代。第 1 代发生时，正值枣树发芽展叶期，以幼虫为害尚未展开的枣树嫩叶及食嫩叶表面汁液，造成大量嫩叶不能展开，被害叶显浅红色至紫红色，叶片硬而脆，最后干枯脱落。对枣树苗木生长极为不利。二是绿盲蝽，又名放屁虫，5 月上旬危害盛期，老熟幼虫于 8 月下旬以后入土，做茧越冬。绿盲蝽俗称小臭虫，是世界性杂食性害虫，以成虫和若虫的刺吸式口器为害寄主的嫩芽和花蕾，植物幼嫩组织被害后，先出现枯死小点，随后变黄枯萎，被害枣吊不能正常伸展，花蕾受害后停止发育，以致枯落。枣树发芽后，幼虫即开始上树为害，5 月上旬枣树展叶期为危害盛期，5 月下旬以后气温升高，虫口密度减小，2 ~ 4 代分别在 6 ~ 8 月出现。三是枣尺蠖，又名枣步曲，是枣树最重要的虫害之一，其幼虫暴食性强，主要为害枣的嫩芽、叶片、枣吊、花蕾等所有绿色组织。每年发生 1 代，以蛹在树冠周围 10 ~ 15 cm 深的土壤中越冬，翌年 3 月下旬羽化为成虫，交尾后产卵，雌成虫无翅，须爬到树干上产卵，经过 25 天左右的卵期，4 月中下旬至 5 月中旬幼虫孵化上树危害，于 5 月下旬至 6 月中旬开始入土化蛹越夏并越冬，第二年继续危害。

（2）主要虫害的防治。一是枣瘿蚊的防治，当地林农对枣瘿蚊的生活习性及危害特点认识不足，不能抓住其防治关键时期对症下药，致使防控效果不佳。人工防治。秋末冬初或早春，深翻枣园，把老茧幼虫和蛹翻到深层土壤，阻止它春天正常羽化出土，消灭越冬成虫或蛹。或地面毒杀。在枣芽萌动时，成虫羽化出土前，使用 2.5% 敌百虫粉剂，均匀撒施后耙地 1 次，毒杀羽化出土的成虫，或喷布药剂防治。重点防治越冬代和第 1 代，可喷布 20% 甲氰菊酯乳油 2 000 倍液或 40% 吡虫啉水分散粒剂 3 000 倍液，每 10 天喷 1 次，连喷续 2 ~ 3 次，防治效果较好。二是绿盲蝽的防治，人工灭卵。松土苗圃地，铲除杂草，消灭越冬虫卵。喷布药剂防治。早春越冬卵孵化后，对其越冬作物喷洒 50% 敌敌畏乳油 1 500 倍液或 20% 氯氰菊酯 2 000 倍液。5 月上中旬和第 1 代危害期，进一步进行药剂防治。三是枣尺蠖的防治，人工挖越冬蛹，捕捉幼虫。3 月上旬，在树干周围直径为80 ~ 100 cm、深 10 cm 的范围内，翻刨土层，将越冬蛹挖出，加以消灭；也可结合初冬或早春刨树盘时，将其蛹随时拣出；还可以利用幼虫受惊后假死落地的特性，在幼虫危害期摇树振落幼虫，就地捕杀。喷布药物防治。根据枣尺蠖的特性及危害规律，可分 2 次用药防治，以幼虫体长 4 ~ 10 mm 时连续进行药物防治 1 ~ 3 次，可选用 2.5% 溴氰菊酯乳油，或 20% 氰戊菊酯乳油 4 000 倍液、25% 甲萘威可湿性粉剂 300 倍液等药剂防治。

2）主要病害的发生与防治

（1）主要病害的发生。一是枣疯病，当地果农又称其为“扫帚病”或“疯枣树”，是类菌原体引起的病害。该病主要为害枣树和野生酸枣树，是枣树的毁灭性病害。枣树染病后，地上部分和地下部分都表现出不正常的生育状态。地上部分表现在花变叶，芽不正常发育和生长所引起的枝叶丛生，以及嫩叶黄化、卷曲呈匙状等；地下部分则主要表现在根蘖丛生。幼树发病 1 ~ 2 次就会枯死，大树染病，2 ~ 3 年逐渐干枯死亡。枣疯病通过嫁接传染或田间叶蝉类害虫刺吸传播。发病初期，多半是从一个或几个大枝及根孽开始，同时也会有全株同时发病的。二是枣苗茎腐病，又称枣苗烂根病，枣实生苗及归圃苗的幼苗均有发生。枣苗生长至 3 ~ 9 片叶时，茎及叶片呈淡黄色，继而苍白、枯萎而亡，但枯叶不落。挖土观察根颈部，发现主茎皮层有黑褐色腐烂，木质部及髓部均坏死，输导组织中断，苗木枯死。该病在北方苗圃地均有发生。

（2）主要病害的防治。一是枣疯病的防治。清除枣疯病株。7 ~ 8 月，发现病枝及时锯去，可试用1 000 mg/L 的四环素或土霉素注射病株。全树感病后连根刨除，防止扩延。喷布药物防治传病媒介害虫，喷布 20% 氰戊马拉硫磷乳油 2 500 倍液防治即可。二是枣苗茎腐病的防治。苗圃地增施优质有机肥，促进幼苗健壮生长，选择强壮苗木定植，提高枣苗的抗病能力。根部施药用 40% 五氯硝基苯可湿性粉剂，配比为 3∶1混合剂 600 倍液灌根，既可防病，又可促进根系生长，提高抗病能力。或土壤消毒，在枣树萌芽期对苗床普喷 50% 异菌 · 福美双可湿性粉剂 800 ~ 1 000 倍液，对土壤进行杀菌消毒防控。

（五）培育的目的

（1）食用作用。枣果易储耐运，除可鲜食外，尚可加工成各种枣制品，如蜜枣、红枣、熏枣、黑枣、酒枣、枣泥、枣酒、枣醋等，是食品工业的原料，有“木本粮食”“铁杆庄稼”之称。枣可入药，味甘无毒，是常用的滋补品。

（2）造林作用。枣树对土壤适应性很广，贫瘠、沙砾土上都能生长。枣树管理较简便，盛果期长。枣树根系疏广耐瘠，枝叶稀疏、较小，可套种粮食作物。粮、枣间作，可以提高土地利用率，增加单位面积经济收益。材质坚硬、用途广泛，是林农喜爱的果树，又是很好的山区造林绿化树种。

五十七、梨树

梨树，学名 *Pyrus* spp，蔷薇科、梨属，落叶乔木，是中原地区优良乡土树种。

（一）形态特征

梨树，高大乔木，高 18 ~ 23 m，寿命很长。梨干性强，树冠层性明显，顶端优势比苹果强，树体易出现上强下弱现象。幼树枝条生长旺盛，新梢长达 80 ~ 150 cm，叶片多呈卵形，大小因品种不同而各异。花为白色，或略带黄色、粉红色，有 5 瓣。果实形状有圆形的，也有基部较细尾部较粗的，即俗称的“梨形”；不同品种的果皮颜色大相径庭，有黄色、绿色、黄中带绿、绿中带黄、黄褐色、绿褐色、红褐色、褐色，个别品种亦有紫红色；野生梨的果径较小。梨树花期 2 ~ 5 月中旬开花；果实，仁果，果期 7 ~ 9 月。梨树果实可食用，具有很高的营养和药用价值。

（二）生长习性

梨树性喜温暖，喜阳光，耐寒，喜湿润，耐旱，耐瘠薄，喜肥沃、排水良好的土壤，适应性强，梨树为高大乔木，寿命很长。梨树干性强，树冠层性明显，树冠呈自然半圆形。浅山丘陵、平原地带都适应种植发展。

（三）主要分布

梨树在中原地区主要分布于平顶山、南阳、驻马店、信阳、郑州、开封、周口、商丘、舞钢、栾川、鲁山、卢氏、嵩县、叶县、确山、泌阳、林州、济源、安阳、辉县、新乡、洛阳、三门峡、焦作、周口等地；在我国主要分布于河南、河北、山东、辽宁、江苏、四川、云南、新疆、甘肃等地。

（四）苗木繁育

梨树优质苗木的繁殖方法是嫁接。嫁接用的砧木有棠梨、杜梨和豆梨等野生种子。在砧木培育上，野生棠梨、杜梨和豆梨的根蘖苗、实生苗均可当作砧木采用。

1. 苗圃地选择与整地

（1）苗圃地的选择。苗圃地应选择地势平坦、土壤肥沃、排水良好和便于灌溉的地方。

（2）苗圃地的整地。12 月，冬季进行整地，采用大型拖拉机旋耕土地，同时，每亩施基肥 5 000 ~ 9 000 kg 农家肥，要做到深耕、细耙备播。

2. 大田播种与苗木保护管理

（1）种子采收。10 月间，当野生棠梨、杜梨等果实充分成熟时，及时进行采种，采下的果实经过 7 ~ 10 天的堆积发酵后取出种子，用清水洗净在背阴处凉干。12 月用 3 ~ 5 份湿沙、1 份种子拌匀进行沙藏，沙的湿度用手捏时能成团但不滴水，松手时沙团不散开就可以。在层积过程中，应当检查 2 ~ 3 次。发现沙干时可再适当加些湿沙。储藏到第二年 3 月，种子开始萌动露白尖，即可播种。

（2）大田播种。3 月，春季播种育苗，一般采用条播的方式进行。2 月下旬，开春解冻后，立即打畦。畦长 8 ~ 10 m，畦埂宽 30 ~ 35 cm，高 10 ~ 12 cm，并将畦埂踏实、拍平。一般采取条播，每畦播 2 行，播后覆土一指。若土壤干旱，可先浇水而后播种，每亩播种量 2.5 ~ 3 kg。

（3）苗木定苗。5 ~ 6 月，苗高 10 cm 左右，人工锄净杂草。7 ~ 8 月，高温多湿季节，苗圃地重点是除草。同时加强肥水管理，根据气温、干旱情况，做好浇水 2 ~ 3 次，每次每亩施入复合肥 10 ~ 15 kg，为新生幼苗提供足够的养分，促进苗木当年增粗达到 0.5 ~ 1 cm，为第二年嫁接做好准备。

（4）苗木嫁接。嫁接采用枝接或芽接两种。一是枝接。在春季 2 ~ 3 月进行。把砧木自地面以上 3 ~ 5 cm 处剪断，用刀将砧木垂直劈开，深约 3 cm。再将接穗下端削成楔形，每个接穗带 2 ~ 3 个芽即可。接穗削好后立即插入砧木切口，二者的形成层要对准，然后用塑料条绑缚、盖土。接穗成活发芽后，轻轻将培土扒开，选留一个旺盛的新梢培养成幼苗，将多余的芽条及早除去。二是芽接。在夏季新梢停止生长、皮层容易剥开时进行。在7月中旬至9月中旬，先用芽接刀将接穗割成方形芽片，长1.2～1.5 cm、宽1.0～1.2 cm，芽的上部约占2/5，下部占3/5，然后迅速地在砧木距地面5～10 cm高处的光滑面，用刀割成"T"形，深达木质部，再用刀尖轻轻将皮部向左右拨开，将芽片插入，用麻把伤口扎好，松紧要适度。嫁接后12～15天时即可检查成活率并解塑膜。凡是芽片具新鲜状态的，手触叶柄即脱落为成活芽；反之，没有成活，要及时补接，接芽成活后一般不萌发，第二年3月上旬发芽前将接芽以上的砧木剪去，3月下旬至4月上旬对砧木上萌生的一切萌蘖应及时除去，促进嫁接芽根健壮生长。当梨苗长到1～1.2 m时，可出圃栽植或销售。

3. 主要病虫害的发生与防治

1）主要虫害的发生与防治

（1）主要虫害的发生。主要虫害，一是蚜虫，该害虫群集在芽、叶面上吸食汁液，使叶片纵卷成筒状，继而消弱树势，影响梨树产量。二是梨星毛虫，以幼虫为害花芽、花蕾、叶片，一年可发生两次，影响苗木生长质量。

（2）主要虫害的防治。一是蚜虫的防治。首先加强果园管理，及时将被害卷叶摘除，进行深埋或烧毁处理；其次待梨树处于花芽膨大至花蕾分离期时，及时喷布苦参碱1 200倍液的药剂防治；在害虫越冬卵孵化后至叶片未卷叶前喷洒马拉硫磷1 500倍液或吡虫啉1 000倍液等进行防治。二是梨星毛虫的防治，3～4月和8～9月各防治一次，喷布溴氰菊酯1 200倍液。3月下旬，幼虫出蛰时就是防治适期，即梨树芽露出青色时期。选择50%对硫磷乳剂1 500倍液，或氯氰菊酯1 000倍液，或50%杀螟松乳剂1 000倍液，或50%敌敌畏乳剂1 000倍液，或20%杀灭菊酯乳液3 000倍液防治。

2）主要病害的发生与防治

（1）主要病害的发生。一是梨锈病。主要是减少中间寄主。梨锈病必须转主寄生才能完成其生活史，有无桧柏等中间寄主是锈病发生的先决条件。所以，苗圃地周围不要种植桧柏。梨锈病只要喷1～2次药则可完全治愈。二是梨黑斑病，该病是梨树常见多发病，主要危害苗木的叶片和新梢。气温平均气温13～15 ℃时开始出现叶斑，5～6月发病最重，造成苗木生长受害，部分苗木死亡。

（2）主要病害的防治。一是梨锈病的防治。3～4月发现叶片上出现有橙黄色病斑时开始喷药，25%粉锈灵可湿性粉剂1 000倍液对锈病的防治效果很好。14～15天后，若发现新病斑，再喷一次吡虫啉1 000倍液。二是梨黑斑病的防治。防治措施是，加强栽培管理，增施有机肥，避免偏施氮肥。结合冬季修剪，清除园内枯枝、落叶及病果，深埋。苗圃地苗木发芽前喷0.3%五氯酚钠加5波美度石硫合剂混合液喷布，以及落花后再喷一次200倍石灰倍量式波尔多液，或百菌清1 000倍液、退菌特可湿性粉剂600～800倍液、10%多氧霉素可湿性粉剂1 000～1 500倍液，但施药一年不能超过3次。上述药剂与波尔多液交替使用可提高防效、降低成本，效果显著。

（五）培育的目的

（1）食用作用。梨果实为百果之宗，梨不仅鲜甜可口、香脆多汁，而且营养丰富。

果实多汁，味道香甜且耐储藏，除生食外，还可制梨酒、梨膏、梨醋、梨干及各种罐头等。梨子有降火、清心、润肺、化痰、止咳、退热、解疮毒和酒毒的功效，常食可补充人体的营养。

（2）绿化作用。梨树是我国主要果树之一。梨的营养价值很高，梨树对土壤、气候等条件要求不严，根深、萌芽力强，寿命可达200年以上。梨树耐旱涝、耐盐碱、耐寒、耐瘠薄，是不论山区、平原、沙荒都能种植生长的优良绿化造林树种。

参考文献

[1] 河北农业大学. 果树栽培学总论［M］. 北京：农业出版社，1990.
[2] 辛铁君. 银杏矮化速生种植技术［M］. 北京：金盾出版社，2001.
[3] 陈学林. 运用萎凋工艺改进银杏叶茶品质的研究［J］. 林业科技开发，2004，18（1）：30-31.
[4] 赵学农，沙继国，高松峰，等. 银杏茶专用叶园栽培技术及其加工工艺［J］. 林业科技开发，2007，21（5）：86-88.
[5] 万少侠. 林果栽培管理实用技术［M］. 郑州：黄河水利出版社，2013.
[6] 万少侠. 落叶果树丰产栽培技术［M］. 郑州：黄河水利出版社，2015.
[7] 万少侠. 优良园林绿化树种繁育技术［M］. 郑州：黄河水利出版社，2018.
[8] 万少侠. 园林果树主要病虫害发生与防治［M］. 郑州：黄河水利出版社，2019.
[9] 国家林业局关于印发《中国主要栽培珍贵树种参考名录（2017 年版）》的通知：造林发〔2017〕123 号.

《优良乡土树种及繁育技术》参加编著人员简介

李伟,男,工程师,河南省西平县谭店乡农业服务中心,县级优秀科技人才,县级劳动模范;

吕慧娟,女,工程师,河南省平顶山市园林绿化中心;

赵二云,女,工程师,河南省上蔡县林业技术推广站;

吴晓军,男,工程师,河南省西平县林业发展中心;

汪云,女,工程师,河南省平顶山市园林科学研究所;

刘二冬,男,高级讲师,河南省驻马店农业学校;

王书征,女,工程师,河南省遂平县林业发展服务中心;

张晓东,男,工程师,河南省国有禹州市林场;

刘玉红,女,工程师,河南省舞阳县林业技术推广总站;

张红涛,男,工程师,河南省固始县林业技术推广站;

成濮生,男,工程师,河南省濮阳市林业局;

廖秉华,男,副教授,平顶山学院化学与环境学院低山丘陵区生态修复院士工作站;

祁建华,男,工程技术应用研究员,山东省菏泽市林木保护站;

孙玮,女,工程技术应用研究员,山东省临沂市森林湿地保护中心;

张继玲,女,高级工程师,山东省菏泽市牡丹区园林处;

刘铁干,男,高级农艺师,河南省平顶山市农业干校;

杜红莉,女,工程师,平顶山市园林绿化中心河滨公园;

朱克斌,男,高级工程师,工程硕士学位,河南省平顶山市农田水利技术指导站;

白鑫鑫,女,工程师,河南省舞阳县林业技术推广总站;

赵明华,男,工程师,河南省新乡市林业技术推广站;

孙玉丽,女,工程师,河南省永城市园林绿化环境卫生中心;

宋侠,女,工程师,河南省永城市园林绿化环境卫生中心;

刘小鸟,女,工程师,河南省正阳县园林技术推广中心;

姜建霞,女,工程师,河南省内黄县住房和城乡建设局;

薛景,女,工程师,河南省安阳市园林绿化科研所;

赵淑霞,女,工程师,河南省漯河市召陵区林业技术推广站;

张海洋,男,工程师,河南省栾川县城区森林公园服务中心;

谷松雅,女,中小学高级教师,河南省舞钢市第七小学校长;

李红梅,女,中小学高级教师,河南省舞钢市八台镇安庄幼儿园园长;

魏巍,女,博士研究生,副教授,天津农学院水利学院教师;

杨黎慧,女,工程师,河南省舞钢市国有林场;
马志强,男,工程师,河南省方城县林业局森防站;
葛岩红,男,工程师,河南省舞钢市科学技术协会;
陈智慧,男、中学高级教师,河南省舞钢市第二初级中学;
雍丽珍,女,林业工程师,河南省国有中牟县林场;
郭蕊,女,工程师,河南省汝阳县林业科学研究所;
武晓静,女,工程师,河南省禹州市林业技术推广中心;
刘伟平,女,助理工程师,河南省鹤壁市淇县林业技术推广站;
宋蕾,女,高级工程师,河南省安阳市易园管理站;
辛春霞,女,工程师,河南省栾川县林业科学研究所;
陈建霞,女,工程师,河南省正阳县园林技术推广中心;
李大力,女,助理工程师,河南省遂平县自然资源局;
闫立静,女,工程师,河南省遂平县林业技术推广站;
刘鹏辉,男,工程师,河南省遂平县林业技术推广站;
卢科企,男,工程师,河南省西平县林业发展服务中心;
张振杰,女,工程师,河南省南阳市卧龙区林业技术推广站;
梁玲利,女,助理工程师,河南省嵩县五马寺林场;
张光海,男,高级工程师,河南省获嘉县林业发展服务中心;
刁乾涛,男,河南省安阳市易园管理站;
李新涛,男,助理工程师,河南省栾川县龙峪湾林场;
张金霞,女,助理工程师,河南省栾川县龙峪湾林场;
王新丽,女,助理工程师,河南省栾川县龙峪湾林场;
鲁雪丽,女,助理工程师,河南省栾川县龙峪湾林场;
林峰,女,工程师,河南省驻马店市薄山林场;
胡清妍,女,助理工程师,河南省驻马店市薄山林场;
程喜华,女,工程师,河南省新野县白河滩公园管理处;
张海英,女,农艺师,河南省新乡市封丘县廉政教育中心;
朱斌,男,工程师,华邦建设集团股份有限公司;
张佳伟,男,硕士研究生,初级,河南省平顶山市农业科学院;
栗苗苗,女,研究实习员,河南省平顶山市农业科学院;
尹华,女,工程师,河南省洛阳农林科学院;
沈红,女,工程师,河南省洛阳市森林病虫害防治检疫站;
郭占军,男,工程师,河南省鲁山县国有鲁山林场;
赵磊,男,工程师,河南省鲁山县国有鲁山林场;
吕艳辉,女,助理工程师,河南省西平县林业发展服务中心;
朱星红,女,助理工程师,河南省国有禹州市林场;
王松艳,女,助理工程师,河南省国有禹州市林场;
樊春华,男,工程师,河南省驻马店市林业技术推广站;

张志彬,男,助理工程师,河南省舞阳县林业技术推广总站;
丁鸽,女,助理工程师,河南省西平县林业发展服务中心;
马元旭,男,高级工程师,河南省安阳市道路绿化管理站;
王帅民,男,中小学高级教师,河南省舞钢市第五小学;
周甜,女,硕士研究生,河南省永城市园林绿化环境卫生中心;
万名锐,男,农艺师,河南省舞钢市人民政府蔬菜办公室;
范大整,女,教授级高级工程师,河南省驻马店市森林病虫害防治检疫站;
张召辉,男,中级职称,平顶山市公共资源交易中心综合科,驻村第一书记;
张爱玲,女,正高级工程师,河南省平顶山市园林绿化中心,总工程师;
李凯,男,工程师,河南省鲁山县林业局;
师玉彪,男,农艺师,河南省汝阳县刘店镇农业服务中心;
王璞玉,女,高级工程师,河南省舞钢市林业局林政稽查队;
李建成,男,高级工程师,河南省平顶山市林业技术推广站;
朱亚杰,女,高级工程师,河南省上蔡县林业发展服务中心;
李继东,男,副教授,河南农业大学;
张文军,男,博士(后),副教授,河南城建学院建筑与城市规划学院风景园林教师;
王淑娜,女,工程师,河南省舞阳县林业技术推广站;
秦玉峰,男,高级工程师,河南省嵩县五马寺林场;
万少侠,男,教授级高级工程师,河南省舞钢市林业工作站。

图书在版编目(CIP)数据

优良乡土树种及繁育技术/张文军等主编.—郑州:黄河水利出版社,2020.7
ISBN 978-7-5509-2729-2

Ⅰ.①优…　Ⅱ.①张…　Ⅲ.①园林树木-树种-育苗
Ⅳ.①S680.4

中国版本图书馆 CIP 数据核字(2020)第 121425 号

策划编辑:李洪良　电话:0371-66026352　E-mail:hongliang0013@ 163. com

出 版 社:黄河水利出版社　网址:www.yrcp.com
地址:河南省郑州市顺河路黄委会综合楼 14 层　邮政编码:450003
发行单位:黄河水利出版社
发行部电话:0371-66026940、66020550、66028024、66022620(传真)
E-mail:hhslcbs@ 126.com
承印单位:河南匠心印刷有限公司
开本:787 mm×1 092 mm　1/16
印张:12.25　插页:8
字数:306 千字　印数:1—1 000
版次:2020 年 7 月第 1 版　印次:2020 年 7 月第 1 次印刷

定价:80.00 元